图解

育儿圣经

◎主编 吴广琴

军事医学科学出版社
·北京·

图书在版编目（CIP）数据

图解育儿圣经 / 吴广琴主编. -- 北京：军事医学
科学出版社, 2015.9
ISBN 978-7-5163-0683-3

Ⅰ.①图… Ⅱ.①吴… Ⅲ.①婴幼儿—哺育—图集
Ⅳ.①TS976.31-64

中国版本图书馆CIP数据核字(2015)第199297号

图解育儿圣经

策划编辑： 孙　宇		**责任编辑：** 孟丹丹	

出　　版： 军事医学科学出版社

社　　址： 北京市海淀区太平路27号

邮　　编： 100850

联系电话： 发行部：（010）66931051,66931049

编辑部：（010）66931127,66931039,66931038

传　　真： （010）63801284

网　　址： http://www.mmsp.cn

印　　刷： 北京彩虹伟业印刷有限公司

发　　行： 新华书店

开　　本： 710mm×1000mm　　1/16

印　　张： 15

字　　数： 384千字

版　　次： 2015年10月第1版

印　　次： 2015年10月第1次印刷

定　　价： 59.00元

本社图书凡缺、损、倒、脱页者，本社发行部负责调换

前言···

　　俗话说："三岁看到老。"面对0～3岁的宝宝，你是否有些不知所措呢？然而，作为新手父母的你，面对许多书上罗列的知识似乎又抓不住重点。显然，繁忙的你需要一本重点突出而又专业的育儿指南。作者常年奋战在儿科第一线，深知初为人父人母的这一心情和需要，于是有了本书的诞生。

　　0～3岁是宝宝发育的关键期，婴儿出生脑重为成人的25%，但到3岁大脑重量基本接近成人。人的智力发展一般情况是：50%的智力是在3岁前获得的；40%的智力是在4～7岁时获得；10%的智力是在8～17岁时获得的。这明显可以看出，0～3岁是儿童智力和身体发展的"关键年龄"和"敏感时期"。因此，无论从大脑发育、身体增长，还是智力开发、性格培养，0～3岁都是孩子一生中最重要的时期之一，幼儿早期培育就好像是往他们的神经银行里储蓄，积蓄越多，将来收益越大。父母只有深谙育儿之道，抓住这一人生成长的黄金期，才能赢得孩子未来的成功和胜利。

本书根据不同阶段婴幼儿身心发育的特点，为新手父母们在养育宝宝过程中提供了各方面的知识，教你在孩子成长的不同时期采用不同的养育方法，让你轻松应对养育中的难题。相信在本书的建议、帮助下，你能轻松应对宝宝养育过程中的难题，让你的宝宝既健康又聪明，而这正是本书非常看重的一点。相信本书能成为你养育孩子的好帮手。

编者

目录

CONTENTS

1

图解育儿圣经

3

图解育儿圣经

第一章 给宝宝一个健康的开端
——宝宝降生前的准备

终于要做爸爸妈妈了！这对于每一对走进甜蜜婚姻生活的夫妻来说，无疑是一件激动人心的事情。抚摸着肚子里的小宝贝，想象着他（她）乖巧玲珑的样子，准爸爸与准妈妈们自然会感到无比的幸福。可是，在宝宝还没有诞生之前，你是否已经做好充分的准备迎接这个小天使的到来呢？

1. 不要把做父母看得过于复杂

每个宝宝都是父母一把屎一把尿带大的，说起育儿的艰辛，也许会让准父母们觉得很害怕。自己从来没有带过小孩，做父母是不是很复杂呢？这是很多人都会担心的问题。

★ 准妈妈要调整好心理状态

妊娠和分娩是正常的生理现象，准妈妈不必过于忧虑和紧张。宝宝诞生之后，虽然需要细心照料，但这也是一种体验幸福的过程，夫妻可以分工合作，看着宝宝一天天长大。因此，准妈妈一定要在心理上做好充分的准备，保持乐观的心情，这样可减少疼痛，使产程进展顺利，从而愉快地迎接宝宝的降临。要坚定母乳喂养的信心，用自己的乳汁培育宝宝健康成长。

★ 准爸爸要积极迎接宝宝的到来

父亲是一家之主，在宝宝出生前的关键时刻，准爸爸要发挥好主心骨的作用。丈夫要多关心妻子，让妻子体会到比平时更多的爱和关怀，如在生活上更加照顾妻子，协助妻子做好孕期监测，与妻子一起勾画未来家庭的蓝图，给未出世的宝宝起名字等。这样，妻子会对未来的生活充满憧憬，对腹内的胎儿也充满了爱意。更重要的是，由于妻子不再认为怀孕和分娩是一种负担，会十分珍惜这一段充满温馨的岁月，对未出世的宝宝才能转怨为爱。丈夫也不要表现出对胎儿性别的偏好，否则会加重孕妇的心理负担。

丈夫要多关心妻子。丈夫刘波让妻子郭遇秋体会到了比平时更多的爱和关怀。

★ 夫妻共同学习育儿知识

做父母并不是一件很复杂的事情，对于没有育儿经验的夫妻来说，可以在宝宝未出生之前，一起了解相关的育儿知识。丈夫可以为妻子买来各种育儿的书籍，夫妻二人共同探讨，一起交流，也可以请有经验的人介绍经验，比如说双方的母亲。总之，丈夫要与妻子一起学习有关的科学知识，了解抚养宝宝的一些常识，这样在宝宝生下来之后就不会很盲目，同时也可以减少夫妻在宝宝降生之前的担忧和焦虑，保持良好的家庭气氛。

2. 勇敢面对新生命

有人说："没有做过母亲的女人，这一辈子都不是完美的女人。"因为她们没有经历过十月怀胎，因为她们没有亲身感受到生命孕育的奇妙。但是新生命要到来时，您可以勇敢地去面对吗？

★ 情绪乐观最重要

在怀孕的过程中，孕妈妈要尽量放松自己的心态，及时调整和转移自己的不良情绪，有效而便捷的做法是：夫妻俩要经常谈心，相互鼓励。给胎儿唱唱歌，共同欣赏音乐也是不错的方法。如果孕妈妈真的出现了激烈的情绪反应，可找心理医生咨询，进行心理治疗。

★ 生男生女都一样

我国传统的"重男轻女"思想，不仅深深地影响着老辈人，对当代的年轻人也同样有影响。对于这一点，不仅需要准妈妈和准爸爸必须要有正确的认识，而且还应该成为所有家庭成员的共识，特别是老一辈人要从"重男轻女"的思想桎梏中解脱出来，这样才能从根本上解除孕妈妈的思想压力。

★体育锻炼很关键

为了你和宝宝的健康，你应该根据自身的实际情况，选择适宜的运动。如果自己拿不准，可以与有生育经验的熟人、朋友聊一聊，请过来人现身说法，或者咨询医生，总之一定要重视户外活动，创造机会尽可能多地做些户外活动，这样不仅有利于血液循环和内分泌的调节，还可以放松紧张与焦虑的心态。积极的体育活动，加上户外的阳光和清风，能够让你振奋精神，帮助你摆脱胡思乱想和郁闷情绪，为胎儿的健康发育营造心理支持。

专家答疑

准妈妈要保持良好情绪

长期情绪紧张的孕妇，会使身体变得衰弱，而身体衰弱的人很容易感染疾病。因为这种情绪会对免疫力产生不良影响，引起大脑发生一系列反应。当下丘脑受到紧张情绪刺激后，垂体也随之受到刺激，促使肾上腺分泌糖皮质激素增高，导致抗体产生减少，大大削弱孕妇对疾病的免疫力。

3. 掌握分娩知识

分娩，对每一位产妇来说，都是既高兴而又紧张的事。妊娠经过 280 天，胎儿发育成熟，就要自然脱离母体，这就是人们常说的"十月怀胎，一朝分娩"。正确认识分娩是必不可少的一步。

★分娩种类

通常分娩分为三种方式：自然阴道分娩；产钳助产；剖宫产术。

自然阴道分娩：胎儿经阴道自然娩出，称为自然阴道分娩。自然阴道分娩是最理想、对母婴最安全的分娩方式。

产钳助产：当子宫收缩乏力，第二产程延长；或产妇患有某些疾病，不宜在第二产程过度用力；或胎儿在宫内缺氧，医生建议用产钳助产。

剖宫产术：经腹部切开子宫，将胎儿取出，称为剖宫产术。当母亲或胎儿或胎盘等出现异常情况，不宜阴道分娩时，剖宫产是处理难产的重要手段，但剖宫产不是最理想的分娩方式。有手术并发症发生的危险，可能对新生儿产生一定的影响。

★掌握分娩先兆

在即将生产的前一个星期，准妈妈会感到胎头下降或少许的轻快感，不过还是必须等到以下三种情况发生时，才是生产的征兆。

见红：即掺杂有鲜红色或褐色血丝的黏液分泌物，一般发生在阵痛和破水的前一两天，这是子宫颈正在扩张的征兆，可以引发分娩。

破水：突然感到一大股水自体内流出，大部分破水之后在 12 小时之内，就会开始阵痛。

阵痛：分为假阵痛和真阵痛。假阵痛多在夜间出现、清晨消失，腹痛持续时间短且不固定，间隔长但不规律腹痛程度不增加。

★避免意外情况

因意外情况导致早产而发生危险分娩的事也时有发生。如严重的肠道疾病、暴力外伤、外出旅行车船颠簸等。因此，凡妊娠 7 个月以后，有肠炎、痢疾、严重咳嗽等病，要及时治疗；平时行动宜轻缓，避免暴力外伤、剧烈运动，没有十分必要不要外出旅行与探亲。

剖宫产术是经腹部切开子宫，将胎儿取出，是处理难产的重要手段。

4. 谨慎选择医院

当您惊喜地知道您已经成为一名准妈妈时，您就一定要开始选择产科医院了。而针对现在数不清的大小医院，到底什么样的医院才是首选？服务最佳的还是价钱最实惠的？

★医院类型

是选择妇幼保健院，还是去大型综合性医院，对于准妈妈来说确实是个问题。选择生产医院，首先要考虑自己的身体情况，如果有妊娠期高血压疾病、妊娠期糖尿病、胎膜早破等产科并发症，适宜在妇产专科医院分娩。孕妇如果合并有如胰腺炎、心脏病等内外科疾病，适宜在综合医院的产科分娩。

★服务与技术同样重要

选择医院时，能否随时与自己的主诊医生随时沟通也很重要，因为现在虽然有很多渠道了解孕期知识，但万一碰到一些意外情况还是会特别紧张，可是也许这些所谓的意外在医生眼中只是无关紧要的，医生的一句话就能消除这种紧张，也不用再大老远地排队挂号。

★衡量医院水平

医生的水平如何，这一点对于外行人来说是很难判断的。可以先从多种渠道收集一下有关信息，再做选择。比如可以听听自己

分娩期临近，选择合适的分娩医院也是一项重要的工作。

的同事和亲戚当中已经做了妈妈的人的介绍或者护士的介绍，以及了解医院的相关情况，如硬件设施、医生的技术水平等。有关住院条件、床位是否紧张，配餐、病房是否可以自由选择，紧急抢救设备或血源是否充足，能否选择分娩方法，分娩时能否家人陪伴，产后有无专人护理和剖宫产率是否很高，新生儿的检查制度是否完善等，这些都是评判一个医院医疗和服务水平高低的重要指标。

5. 做好住院前的准备

孕妇在妊娠37周后就算妊娠足月，随时可能临产而住院。故在此之前应该做好各项准备，以免临时手忙脚乱。

★精神准备

俗话说："十月怀胎好过，一朝分娩难熬。"这就是说分娩对于产妇是一项艰巨的任务，要做好充分的思想准备，不要着急，不要怕腹痛，要有勇气，树立信心，分娩才能顺利完成。另外，注意个人卫生，保证有充分营养及充分睡眠，以积蓄体力。

★住院准备

联系好交通工具，临产时能及时送往医院，最好做上几手准备，以备不时之需。准备好日用杂物，包括洗漱用品、水杯、汤匙、餐具、消毒的卫生纸及卫生巾、月经带和乳罩等。最好再准备少量鸡蛋、红糖和点心供产程中或产后食用。

准备好婴儿用品。衣服要选择具有吸湿性、保暖性（冬季），手感好，通气好，对皮肤没有刺激性，而且易洗涤的织物。要穿脱方便（最好前开襟），样式宽松，使宝宝能自由活动。不要缝制纽扣，以系带为妥。尿布及尿布垫选用吸水性强、耐洗的材料。

★出院准备

包括宝宝的衣服、尿布、包单、被子，

天冷时还要准备帽子以及产妇的衣服、鞋、袜、头巾（或帽子）。

★家中准备

产妇和宝宝即将出院时，家中要给母子准备好卧室，室内要清洁，温度、湿度要适宜，通风（但不要让风直接吹着），冬季要有良好的取暖设施，有条件的家庭应为新生儿单独准备一张小床，以木板床为好。

★其他

整理住院所需的证件，包括双方的身份证、社保卡、生育保健卡、结婚证、有关病历等。还要准备足够的钱或者一张可以透支的信用卡。为了办宝宝的出生证，要提前想好宝宝的名字，但不要准备很多。这些东西要放在家中醒目、方便拿取的地方，在出现状况时可以随时拿到医院。

6. 了解各项医疗费用

孕妇在整个怀孕过程中，从妊娠初期到分娩，所需的几项主要费用是诊疗费、检查费、分娩费和住院费。如果没有异常症状，其间所需的各项医疗费用没有太大差别。但这也是因人而异的，尤其在住院费方面，要求档次不同，费用也自然有悬殊。

★诊疗费

不管是综合性医院、专科医院，还是私人医院，基本诊疗费没有大的差异。妊娠初期或中期，一月一次进行定期检查，这时只需要支付诊疗费即可。只是其间若增加超声波检查或羊水检查则需要追加费用。

★检查费

这里主要是指特殊检查费。预产期临近，为保证安全顺利分娩，还需要做各种检查，当然定期检查的次数也比初期或中期多，还有检查产妇或胎儿有无异常的各种检查。如超声波检查、NST（胎心监测）、胎盘功能检查、畸形儿检查、通过胎儿监视装置进行的胎儿安全检查等。这类检查比一般妊娠初期或中期的检查费用昂贵些，但必要时也一定要接受检查。

★分娩费

分娩费因分娩方式及分娩时间的不同而稍有差异。孕妇分娩包括自然分娩、剖宫产分娩、无痛分娩三种方式，分娩方式不同，收费也不同。夜间分娩和白天分娩的费用也不同，这是由医院工作人员的正常上班时间所决定的。此外，若分娩过程中出现意外状况，就需要采取各种措施来应对，这样，费用自然又会增加。

★住院费

孕妇分娩前后的住院费是依据住院时间长短支付，这也是由分娩方式以及分娩顺利与否决定的。一般说来，自然分娩，住院的时间是三天两夜；如果是剖宫产分娩，则时间为七天六夜。根据所住的病房不同，住院费也有很大差别。与私人医院相比，综合性医院费用相对贵些，而单人病房又比多人病房贵。

7. 创造良好的家居环境

新生宝宝从妈妈温暖的、恒定的腹部来到多变的、复杂的外部世界，环境发生了翻天覆地的变化。为新生宝宝营造一个安全、舒适的家居环境，帮助宝宝逐渐适应生活环境，对其一生的成长都是非常重要的。

★宝宝居室的基本条件

宝宝居室尽量选择朝南向阳、光线充足的房间。有条件的话，最好给新生宝宝和宝宝的妈妈留有专用的房间，也可把房间的某一处合适位置列为宝宝和妈妈的专用活动区域，摆放婴儿床。婴儿床的四周要留出足够的余地，以免大人做家务影响宝宝或者发生隐患；同时远离灯座和任何挂有悬垂线圈的物品；四周铺上厚地毯，万一宝宝掉落，可以避免更大的伤害。

★去尘防灰，清洁卫生

新生宝宝对外界病菌的抵抗能力很弱，因而要特别注意室内环境的清洁。婴儿居室不论春夏秋冬，每天应定时开窗通风，保持空气清新；室内应禁止抽烟。一个月以内，尽量避免众多亲朋好友的来访探视，当心室内空气污染和细菌侵入。家人外出归来，应清洗双手并更换外衣后再接触宝宝。家中最好不要养宠物。

★保持室内的温度和湿度

宝宝房间的温度以 18 ~ 22℃为宜，湿度应保持在 50% 左右。冬季，可以借助于空调、取暖器等设备来维持房间内的温度。为了保证房间内空气的新鲜和湿度的适宜，一定要注意定时开窗通风换气。保持室内的湿度是父母常常疏忽的，可以在室内挂湿毛巾，或使用加湿器等。夏季，新生儿的居室要凉爽通风，但要避免直吹"过堂风"。

★柔和的音乐和明快的色彩

宝宝居室要保持安静，避免嘈杂喧闹。优美柔和的音乐可定时交替播放，但要注意控制音量，声源不要靠近宝宝。研究表明，在明快的色彩环境下生活的宝宝，其创造力远比在普通环境下生活的宝宝要高。因此，有意识地增加各种明快的色彩，给宝宝形成良好的刺激，有利于身心发展。

8. 购置宝宝的床上用品

在给宝宝选购床上用品时，通常实用及安全性，会更重要于美观性；所以，当我们在购买时，一定要把握住这样的原则，才不会对宝宝身体或健康造成另外的伤害。

专家答疑

宝宝睡席梦思是否有危害

有人喜欢晚上经常带宝宝一起睡在席梦思床上，便于照顾，同时也听说宝宝睡席梦思容易驼背，必须睡硬板床。其实小孩睡硬板床，有助于脊柱骨骼的发育，生理弯曲形成不受影响，而如果席梦思床质量很好，不是很软，也可以睡，对宝宝影响不会太大。

★健康第一

宝宝的世界更需要精心呵护，尤其是他们的生活空间。要给宝宝们一个真正的欢乐世界，健康是第一位的。那么，购买宝宝床上用品的地点和品牌都要谨慎选择。大型家居卖场、中高档百货商场都是不错的选择，一来有先行赔付、差价返还等保障措施；二来也会有更多优质品牌作为选择。

★舒适美观

无论是睡觉还是玩耍，床是宝宝逗留最多的地方，在保证健康的前提下，满足宝宝的触觉、视觉喜好可能是父母更关注的。通常棉质、丝质的儿童床上用品最受青睐。拿枕头来说首先是软硬要适度，同时，儿童晚上睡觉容易出汗，这要求枕头的吸湿性良好。从儿童的审美取向来看，亮丽柔和的色彩和走在儿童世界时尚前沿的卡通图案将是小朋友们的最爱。一旦把握了宝贝们的口味，挑选他们喜欢的床上用品并不太难。

★符合个性

一般而言，家长们往往会从主观角度出发，认为宝宝还不具备自己为自己挑选喜欢的家居用品的能力，因此一厢情愿地为宝宝全权做主。其实，如果宝宝有了自己的审美标准，大可以让其自己选择。如果需要家长代劳，也应该选择符合宝宝年龄、性别、个性的花色、款式，否则宝宝可能会因为不喜欢父母布置的床而拒绝乖乖睡觉。

9. 为宝宝置办舒适的衣物

也许妈妈在怀孕的时候，就已经忙忙碌碌地为肚子里的宝宝准备了许多漂亮的小衣服了。现在再回过头来看一看，以前准备的衣服是否适合小宝宝穿呢？

★ 确保安全性

婴幼儿的抵抗力较弱，但由于皮肤细嫩，成长较快，婴儿对有害物质的吸收能力却比成人要高，因此有害物质对宝宝的健康造成的危害更大。在为宝宝选择服装时，首先要考虑它的安全性。尽量选择颜色浅的内衣，在选择白色纯棉内衣时应注意真正天然的、不加荧光剂的白色或略微有点黄。另外胸前涂有鲜艳的印花图案容易使甲醛含量超标，因此，绣花图案应比印花图案优先选择。

同时也要注意饰物的安全性。在选择有装饰物的服装时，穿前必须要检查饰物的牢固程度。尽量选择饰物少，特别是金属饰物少的服装，否则容易存在脱落吞服重金属危害的隐患。

★ 尽量选择优质面料

宝宝服装尽量选择全棉面料，既穿着舒服又减少服装的可燃性。在选择时要考虑缩水问题，但号码不必过大也不能过小，否则会影响宝宝的肢体活动。当然，并不是所有衣物都是纯棉，因此，部分含涤纶或毛的优质混纺面料也是选择之一。

★ 注意合理款式

宝宝好动，选择服装要有一定宽松量，不要把宝宝束缚在紧紧的衣服里，宝宝需要常常练习其新学习到的动作，只有宽松的衣服才能让宝宝有大施拳脚的机会。又由于宝宝头较大，适宜选择肩开口、V领或开衫等容易穿脱的衣服，此外还要注意衣服的颈部、腋下、裆部缝制是否平整和牢固。

★ 充分洗涤

新购买的宝宝服装应充分洗涤一次后再穿，这样可洗涤衣服上的"浮色"和织物中残留的大部分游离甲醛，同时也可除掉衣物在生产、销售过程中可能附着的脏污等，洗涤时应与成人衣物分开洗，最好使用专用洗衣液或皂粉。在阳光下晒干待用，但不可放入樟脑箱中或与樟脑球同放，避免新生的宝宝黄疸加重。

10. 准备柔软的尿布

尿布是宝宝的必需品，在两三岁之前都要包尿布，直到宝宝受到训练自己能上厕所为止。宝宝新陈代谢旺盛，大小便次数多，因此尿布的选择和使用更为重要。

★ 科学合理选材

由于宝宝的皮肤十分娇嫩，所以选用尿布的材料并不要求高档、新颖，而要讲究柔软、清洁、吸水性能好。可用棉布制作尿布，颜色以白、浅黄、浅粉为宜，忌用深色，尤其是蓝、青、紫色的。深色不易观察大小便颜色。

★ 掌握尺寸大小

尿布尺寸一般以 36 厘米 × 36 厘米见方为宜，也可做成 36 厘米 × 12 厘米的长方形。正方形尿布可折叠成三层，也可用两块长方形尿布折叠使用。尿布的带子最好用布条，不要使用松紧带，勿垫塑料、橡皮布。尿布的数量要充足，一个宝宝一昼夜需 20 ～ 30 块。

★ 勤换、勤洗

每次喂奶前应更换一次尿布。宝宝啼哭要想到尿布是否潮湿。清洗尿布时应用肥皂搓洗，不宜用洗衣粉、药皂和碱性太大的肥皂液洗尿布。碱性大的洗出的尿布易造成臀部波肤红，重者可破溃。换尿布时应认真观察宝宝臀部及会阴部的皮肤是否异常。暴晒的尿布应待其凉透后再用，寒冷季节应焙热再用。

★包裹务必正确

先用长方形尿布兜住肛门及外生殖器。男婴尿流方向向上，腹部宜叠厚一些，但不要包过肚脐，防止尿液浸渍脐部；女婴尿液往下流，尿布可在腰部垫厚一些。

★讲究擦拭方向

更换尿布时还要讲究擦拭方向，女婴因为尿道短，为女婴换尿布时应从前向后擦拭，而不应从后向前擦拭，否则容易将肛门口的细菌带到尿道及阴道口，导致尿道、阴道感染。

★少用纸尿裤

只有在家长尚未掌握宝宝大小便规律时，或宝宝的大小便还没有形成一定的规律时，可暂时在夜间使用，以免影响休息。在外出时间较长时，为了方便也可暂时使用纸尿裤。

11. 选择安全的护肤用品

由于宝宝的皮肤容易吸收外物特性，对于同样量的洗护用品中的化学物质，宝宝皮肤的吸收量要比成人多，同时，对过敏物质或毒性物质的反应也强烈得多。所以，保护好宝宝的皮肤，妈妈要做的第一步就是选择合适的护肤用品。

★因人而异

因为宝宝个体差异的原因，别人的宝宝用得好的产品并不一定适合你的宝宝，所以用的时候要谨慎一点。除了先看生产日期、有效期、皮肤过敏者慎用等说明外，用的时候最好先在宝宝手臂内侧或耳后根抹一点观察一下，如果没出现异常反应再使用。需要强调的是，一旦宝宝在使用护肤品后，出现皮肤瘙痒、红肿、疹子等过敏反应，就要立即停用。

★不要忽略柔嫩的唇

相比脸和手足部分，宝宝的嘴唇最容易被忽略。其实跟大人一样，冬天宝宝的小嘴唇也很容易变干甚至脱皮。因为唇部没有汗腺及油脂分泌，宝宝又喜欢舔嘴唇，不仅不能湿润嘴唇，反而会加速唇部的水分蒸发，使双唇更加干涩。妈妈最好选用含维生素 E 等滋润成分的儿童润唇膏来保持宝宝唇部的柔润，现在超市里都能买到，只要是专门的儿童唇膏，宝宝即使稍微舔一点到肚子里，关系也不是很大。

★成分越简单越好

总体来说，宝宝专用的润肤产品一般分润肤露、润肤霜和润肤油三种类型，后一种会比前一种更油一些。相比之下，含天然滋润成分的润肤露、润肤霜一般含有保湿因子，能有效滋润宝宝的皮肤；润肤油一般含有天然矿物油，能够预防干裂，滋润皮肤的效果更强一些。另外，市面上销售的护肤品按 1 周岁为界区分，1 周岁以下的宝宝可以选择专门的婴儿护理品，1 周岁以上的则可以选用儿童护理品。在买儿童护肤品的时候首先要选专业的产品，不是专业、正规生产儿童护肤品厂家的产品很可能含有成人用品成分，最好不要买。

12. 购买喂奶用具

人工喂养或混合喂养时，需要用奶瓶、奶嘴等器皿，有时喂奶用品的选择不好会影响宝宝的喂养，稍不注意就可引起宝宝腹泻或是鹅口疮。如何选择和使用喂奶用品呢？

★吸奶器

吸奶器是用于挤出积聚在乳腺里的母乳的工具。一般是适用于婴儿无法直接吮吸母乳的时候，或是母亲的乳头扁平或凹陷，但仍然希望母乳喂养的情况下，可以使用吸奶器有电动型、手动型。另外，母乳可能从两侧的乳房同时流出，所以还备有两侧乳房同时使用以及单侧分别使用的两种类型。实际使用时，只要挑选适合自身情况的产品就可以了。

★奶瓶

即使你打算母乳喂养，直接给宝宝喂奶，也至少要准备3个奶瓶，以便用于给宝宝喂水。如果你事先就打算不母乳喂养，那就要多买几个奶瓶，喂奶和喂水的奶瓶分开。除此之外，还需要准备一个奶瓶刷，用于彻底清洁奶瓶及奶嘴内部，应保持专用与清洁。

★奶嘴

如果给宝宝用奶瓶喂奶，需要准备几个奶嘴，同喂奶的孔要大些，喂水的孔要小些。孔小的喂奶宝宝会很累，孔大的喂水会呛着宝宝。即使用母乳喂奶，也需要准备几个。材质一般分为天然乳胶、硅胶、乳胶硅胶合成三种，应选购符合国家安全检验合格者。以触感柔软、弹性佳为宜。硅胶制奶嘴比较贵，但是不容易被奶油和热水腐蚀。

★围兜

圆形小围兜很有用，能防止宝宝的口水流到衣服上。幼儿或者大一点儿的宝宝吃食物的时候，总是洒得到处都是。要解决这个问题，可以给宝宝戴一个大围兜。使用毛圈围兜时，如果它上面有干净的边角，还可以拿它给宝宝擦嘴。

13. 户外用品的选择

宝宝只要待在室内就会满足了吗？他只要看看漂亮的画片，五彩的玩具就会快乐了吗？年轻的父母们，你们也这样想吗？那你们就全错了。小宝宝也需要时常亲近大自然，在那里，他会得到许多在家里得不到的好东西。

★穿的方面

穿好外套、鞋、袜，戴上帽子，尽量打扮轻松，才不会妨碍宝宝的活动。尤其是帽子，它有保暖、遮阳、挡雨、防风等功能，在树木多的地方，还可以避免虫子或蜘蛛丝侵扰，对宝宝、幼童而言，都不可缺少；如果你的宝宝头上有湿疹就尽量不要戴帽子，因为宝宝出的汗可能加重湿疹。冬天宝宝的脖子也特别需要保暖，尤其是领口，否则寒风就会偷偷吹入衣内，容易使宝宝着凉。而给宝宝选择保暖的围巾时一定要注意材质，有些材质可能会对宝宝的皮肤有刺激。

★幼儿用品

围兜、手帕、小毛巾、奶嘴、安抚的玩具、尿布或纸尿裤、湿巾、用来装脏尿布的塑胶袋等，另外带上成人用的消毒湿巾来清洁双手。

★吃的方面

最好能在家里准备好食物，带出门时给宝宝吃，可以避免宝宝吃外面的不洁食物。奶粉、奶瓶、冷热开水、宝宝专用杯子或汤匙、小碗等。较大的宝宝还要准备点心、水果、稀释的果汁。若喂牛奶，请多准备一瓶（喂母乳，可能要换乳垫）。

★其他

手推车，蚊虫药，纸巾，干净塑胶袋等。尤其是手推车，这样做的原因不言而喻，因为长时间抱着或背着宝宝，父母非但会很吃力，宝宝也未必很舒服。因此，准备一部安全、轻巧的手推车非常重要。手推车选购要点：座布材料要能透气，方便拆下清洗；座椅可有多段式调整，可以舒服地坐或睡；要有遮篷；把手可做前向、后向调整；有双重安全锁，停放时可避免滑动，下坡时也较安全。

一般新生儿需要准备的洗护用品有：洗发水、沐浴露、润肤乳液、面霜、按摩油、护臀霜、爽身粉。

14. 做好最后的产前检查

怀孕晚期，由于胎儿生长发育日趋成熟，孕妇的负担越来越重，要针对怀孕晚期的生理变化特点，做些必要的产科检查。只有通过产科检查，才能做到心中有数，才能很好地配合医生，让孕妇和胎儿安全顺利度过生产期。

★检查目的

妊娠28～40周（7～10个月）为妊娠中晚期，这期间35周前每2周做一次产前检查，36周后每1周做一次产前检查。孕妇要在妊娠晚期（8个月左右）做一次产前鉴定，鉴定的目的是回顾孕妇的全部情况及过程，找出存在的主要问题，预测分娩方式，做好准备。

★检查场所

产科检查，一定要到正规医院妇产科围产保健门诊进行。这对怀孕晚期尤为重要，这是关系到孕妇和胎儿安全的大事，绝对不能大意，不能只图方便或者省钱，一时铸成大错，必将悔恨终身。

★检查内容

一般检查是为了了解病史；测血压、数脉搏、听心肺等；观察面容有无贫血；检查下肢有无水肿。

阴道检查：了解产道有无异常。

腹部检查：测量腹围、宫高、检查胎位、胎心、胎头是否入骨盆、估计胎儿大小。

骨盆测量：了解骨盆的大小，以准确估计能否自然分娩，是否需要剖宫产，以便医生及孕妇都能心中有数。

肛门检查：了解骨盆有无异常（包括坐骨棘、尾骨等）。

实验室检查：血、尿、便常规，肝、肾功能，查尿中E3[1]值或E／C[2]比值，血HPL[3]测定，乙肝五项、抗HCV[4]检测，有关凝血功能检查。

心电图检查和超声波检查帮助了解孕妇和胎儿状况。

15. 解除分娩恐惧心理

据国家计生委人口宣教中心的资料显示，82%的产妇对住院有心理负担，98%的产妇在分娩时有恐惧症。对于准妈妈来说，由于缺乏关于分娩的经验，因此总会有些精神紧张或不知所措，这对分娩会有较大影响。

★认识自然分娩的好处

有些产妇及家人错误的认为，剖宫产可免受痛苦，既不改变体形，又能保证宝宝的安全，剖宫产生的宝宝很聪明等，因此盲目地追求剖宫产。这主要是对正常分娩缺乏正确的认识。阴道分娩才是正常的分娩途径。孕妇在妊娠后应有充分的思想及心理准备。如果没有异常情况，为了母亲和宝宝的健康，应尽量争取阴道分娩。

★学习减轻分娩时的疼痛

焦虑、恐惧等不良的情绪反应可使痛阈下降，加重疼痛。而疼痛又加重焦虑、恐惧等情绪，形成恶性循环。可以通过以下方法来改进：增强分娩的信心，保持良好的情绪，可提高对疼痛的耐受性；想象及暗示；微弱宣泄；分散注意力等。

★不要过分担心宝宝健康

还有的准妈妈因为过度担心胎儿的健康，到了分娩时刻，更为紧张，这种紧张不但于事无补，反而影响自己的分娩状态；也有些准妈妈基于家庭压力或个人偏好，对胎儿的性别过于执著，也加重了对分娩的恐惧，其实是男是女，在精卵结合的一刹那已经决定，准妈妈应抱平和的心态接受现实。

★学习获取社会和家庭支持

社会和家庭的支持，是影响心理状态的主要因素。让孕妇有一个充满温馨和谐的家庭环境，心理负担减轻，全身心投入到分娩准备中去；和医护人员做好沟通工作，熟悉分娩环境和医护人员，减少入院分娩的紧张情绪。

图解育儿圣经

注：①E3（雌三醇）　②E／C的值（雌三醇和肌酐比值）　③HPL（胎盘泌乳素）　④HCV（丙肝）

第二章

需细心呵护的新生儿期

——第1个月

重要的一刻终于来临了，父母终于见到了朝思暮想的宝宝。当宝宝顺利分娩后，准爸爸、准妈妈就变成了真正意义上的爸爸妈妈。接下来，为人父母的你们就需要在以后的生活中科学、细心地来呵护、照料小宝宝，以保证宝宝能够更加健康、快乐地成长起来。

1. 新生命降临的那一刻

随着一声响亮的啼哭，小生命向父母宣告了他的来临，妈妈爸爸和等待在外的家人终于松了一口气。新生儿刚出生的时候可不像后来看到的那样可爱，瘦瘦小小的不说，身上还有羊水和各种异物，脐带也没有剪断，真是邋遢得很。所以，宝宝一出生就要立刻进行各项应急处理，包括异物的清理、剪断脐带以及消毒和洗澡。完毕之后，宝宝就能干干净净地和妈妈见面了。

剪断宝宝脐带使胎儿与母体分离。

★异物的清理

胎儿生活在母腹期间通过脐带吸收氧气和营养物质。在母体内，即使羊水、胎粪等异物进入胎儿肺部也没什么大碍，但胎儿娩出母体后，嘴、气管、食管等处的羊水或异物会妨碍宝宝呼吸，必须立刻清除干净。具体做法是，用细长的管子将婴儿肺部的异物吸出，这个过程不是一步就能完成的，在宝宝自己呼吸后仍然要继续进行。宝宝送往新生儿室后，应放低其头部，持续观察几个小时，确保异物全部清除干净。

★剪断脐带

胎儿娩出母体后，首先要将脐带留10cm夹紧。将母体一侧的脐带和胎儿一侧的脐带结扎，并在中间处剪断，剪断后用塑料夹夹起或皮套套紧，并进行消毒，然后用脱脂棉包好。刚剪下的脐带富有弹性，呈现白色，几天后会变干、变黑，每天局部消毒，1周后会自行脱落。脱落前局部少许血性分泌物用75%酒精清洗即可，如周围皮肤红肿或有脓性分泌物或有异味要到医院处理。

★为新生儿洗澡

宝宝娩出后立即清理呼吸道及气道粘液，清理干净后即开始呼吸，也就是第一声啼哭，后建立规律呼吸，出生第一天的宝宝，时常大声啼哭，这种作用是使肺泡张开，换气功能加强。宝宝会发出第一声啼哭并开始呼吸，这时应将他（她）在母腹中沾上的胎脂或娩出产道时沾的血迹擦干净。洗澡后再次给脐带消毒，用裹被包好后，宝宝就可以与妈妈见面了。

★进行眼部消毒

大部分宝宝都是闭着眼睛来到这个世界的。只要将他们眼皮上的异物清除干净，小宝宝就能睁开眼睛看这个世界了。新生儿经产道出生时，细菌有可能污染眼睛，所以要及时点眼药水。进行眼部清洁时，应用消毒棉球、洁净水从眼内向外轻轻地擦拭。

★盖脚印

盖脚印做新生儿的印鉴图章。将出生时间、身高、体重等基本信息记录在宝宝的足印表中。

2. 新生儿特有的生理现象

新生儿时期，宝宝会有一些特殊而又正常的生理现象，却往往引起年轻父母的焦虑和恐慌，抱着宝宝到处求医，造成不必要的麻烦，对出生的宝宝不利。父母要事前了解这些情况，做到心中有数，从容应对，让宝宝健康成长。

★乳房肿大

男女足月宝宝均有可能发生。生后10天左右出现，如蚕豆到鸽蛋大小，这是因为母亲的孕酮（即黄体酮）和催乳素经胎盘至胎儿，出生后母体雌激素影响中断所致，多于2～3周后自行消退，不需处理，更不能用手强烈挤压，否则可能导致继发感染。

★口腔脂肪垫的形成

新生儿口腔两侧颊黏膜会隆起，形成两个较厚的脂肪垫，人们常称为"螳螂嘴"，因个体差异，有的新生儿更为明显。这是新生儿正常的生理现象。因为在宝宝吮吸奶水时，口腔黏膜下脂肪组织的隆起会使口腔内的负压增大，帮助宝宝有力地吮吸。随着吮吸期的结束，"螳螂嘴"也会慢慢地消退。

★脱皮现象

足月儿或过期产儿由于胎盘功能的老化，后期营养供给不足。另外，宝宝出生后从浸在羊水中的湿润环境转变为干燥环境，新陈代谢旺盛的新生儿，腕关节、踝关节等皱褶部以及躯干部在出生2～3天后可出现脱皮甚至干皱裂口，护理时局部涂婴儿润肤油症状会缓解。

★新生儿的语言——啼哭

啼哭是新生儿的语言。健康的啼哭抑扬顿挫，不刺耳，声音响亮，节奏感强，常常无泪液流出，每天4～5次，每次时间较短，不影响饮食、睡眠、玩耍。宝宝啼哭时，大人用同样的声音回应，他就会停一下，先听听是谁的声音，然后自己再继续啼哭，但这已经不是真的啼哭了，只是用同样的口形发出声音而已。出生后20天左右，宝宝睡醒时，如果高兴就会自己"咿呀、啊咕"地发音自娱。

3. 对新生儿的健康检查

在分娩室中做完应急处理后，宝宝被送往新生儿室。在此之前务必要观察新生儿是否有异常症状。首先要检查身体表面是否有异常，然后通过基本检查，看他（她）的心脏跳动是否正常，呼吸是否规则等，以此确定他的健康状况。

★身体异常检查

宝宝出生后，身体的比例与成人相比，很不均衡。由于肌肉初期无力，腹部接近于圆形。头部与身体其他部分相比，明显过大。与身体的其他部分相比，四肢与小棍子相似。上述这些"异常"，在新生儿身上都是正常的。

★健康状况检查

通过基本诊查来确定新生儿的心脏跳动是否正常，呼吸和体温是否正常。特别是通过血液检查来断定是否有异常因素（如低血糖）以及新生儿的血型与母亲是否存在血型不合。如果新生儿除了啼哭外没有任何表达意思的手段，医生就应该用手或通过血液检查来确定宝宝是否有异常症状。

★斜颈检查

仔细观察新生儿躺着时的样子，可能会发现他（她）的头部向一侧歪斜。这种症状称为"斜颈"，它是因为新生儿颈部有肿块导致的，也叫胸锁乳突肌包块。在医院里，斜颈儿经过简单的物理治疗就可以恢复正常。检查斜颈时可以用手轻轻抚摸颈部，看是否存在硬块。

★口腔内检查

用手指掰开宝宝的口，查看其舌头、牙龈、上颌是否形成腭裂，口内是否有损伤等。例如，有的宝宝舌根部位与下颌相贴。若出现这种情况，通过手术可以使之恢复正常。

★头部检查

由头顶向四周轻轻抚摸，检查宝宝头部是否生有肿块或其他异常症状以及胎儿头部娩出产道时是否因会阴切开手术而受伤。头部是身体的重要部分，及早发现异常是非常重要的。自然产，如胎位不正可产生头皮血肿，大的血肿完全吸收要2~3个月。

★耳朵检查

用眼睛观察，用手抚摸新生儿两侧的耳朵是否有异常，耳朵眼是否通畅，耳郭形状有无异常等，用手仔细抚摸一遍就可以了。

13

★皮肤检查

新生儿的皮肤外很可能有一层白色、黏稠样的物质，称为胎儿皮脂，主要分布于面部和手部。胎儿的皮脂具有保护作用，皮脂可以在几天内被皮肤吸收。但是，如果皮脂过多地积于皮肤褶皱内，可用油剂擦洗以防对皮肤产生刺激。

★髋关节检查

用手撑开宝宝的两腿，查看腿长是否一致，撑开后的腿形是否正常。双侧大腿波纹是否对称，外展是否受限。若髋关节发生脱臼，两腿长度就会不同，张开的腿形也会不自然。应到医院进行 B 超检查。

★肛门检查

排泄是宝宝出生后不久就能开始的新陈代谢的一种形式。用手指轻轻插入宝宝的肛门部位查看肛门是否通畅。若肛门出现异常，应立即通过手术进行处理。排泄与健康紧密相连，因此要仔细检查。

★生殖器检查

检查生殖器官是否发育正常是检查步骤中的重要一步。如果是男孩，就要检查阴囊，双侧睾丸是否均降至阴囊里，足月宝宝睾丸未降也要定期追踪。用眼睛查看左右两侧大小是否有差异，若差别较大就是异常。如果是女孩，则要检查外阴唇和小阴唇是否协调。

★先天性代谢疾病的筛查

我国政府于 1995 年 6 月 1 日颁布了《母婴保健法》，其中第四章"婴儿保健"第 20 条规定"新生儿疾病筛查"就是筛查苯丙酮尿症及甲状腺功能低下两种呆傻病。因为这两种病是目前可以治疗的疾病，在出生后 3 个月内服药可减轻疾病对孩子智力的影响。产院一般在产后 72 小时采血，因为这样才能保证新生儿有至少 6 次以上哺乳机会，确保检测的准确性，目前又增加了一项耳聋基因的筛查，如此项阴性对一些易发生听力损伤的药物会很敏感。又比如全国很多地区增加了对先天性肾上腺皮质增生病的筛查；在一些蚕豆病高发的南方地区增加了对葡萄糖 –6– 磷酸脱氢酶缺乏症的筛查。

★新生儿黄疸检查

当血中胆红素量过多时，皮肤呈现黄色，即称黄疸。黄疸出现在新生儿阶段，称为新生儿黄疸。新生儿由于肝内酶活力不足，肝功能不健全等因素，于生后 2 ～ 3 天开始面、颈部，继之躯干及四肢轻度发黄，但全身情况良好，7 ～ 10 天消退，称生理性黄疸，不需任何治疗。但有些病理情况也可引起新生儿黄疸，如溶血病、早期感染等。如果黄疸出现得过早（生后 24 小时以内）、过重、消退时间延迟、黄疸退而复现、日益加重就不是生理性黄疸，必须速去医院检查。

4. 身体发育状况

新生儿是指宝宝从出生起到满 28 天为止这段时期，那么，在这段时间内，新生儿的身体发育是否正常呢？这是令很多年轻夫妇感到困惑的问题，我们可以通过一些标准来衡量。

★新生儿的身体发育

新生儿身体发育正常的标准有如下几点：首先，新生儿出生体重在 2500 ～ 3999 克；第二，身长 48 ～ 52cm；第三，皮下脂肪丰满，皮肤红润，胎毛较少，胎脂较少；第四，头发呈丝样，头颅骨质硬；第五，四肢活动活跃，哭声响亮。

★新生儿的体温状况

新生儿的正常体温应为 36 ～ 37℃，但新生儿的体温中枢功能尚不完善，体温不易稳定，受外界温度、环境的影响体温变化较大，在哭闹、喂奶、大小便或包的过厚时体温均会超过 37℃。新生儿的皮下脂肪较薄，体表面积相对较大，容易散热，因此要对宝宝注意保暖。尤其在冬季，室内温度要保持在 18 ～ 22℃，如果室温过低容易引起硬肿症。

★新生儿的排便状况

新生儿一般在出生后 12 小时开始排便，胎便呈深绿色、黑绿色或黑色黏稠糊状，这是胎儿在母体子宫内吞入羊水中胎毛、胎脂、肠道分泌物而形成的大便。3 ～ 4 天后胎便可排尽。吃奶之后，大便逐渐转成黄色。喂牛奶的宝宝大便呈淡黄色或土灰色，常常有便秘现象。而母乳喂养的宝宝多为金黄色的糊状便，次数不一，每天 1 ～ 4 次或 5 ～ 6 次甚至更多些。有的宝宝则相反，经常 2 ～ 3 天或 4 ～ 5 天才排便一次，但粪便并不干结，仍呈软便或糊状便，排便时要用力屏气，脸涨得红红的，这也是母乳喂养的宝宝常有的现象，俗称"攒肚"。

★新生儿的排尿状况

新生儿第一天的尿量很少，为 10 ～ 30 毫升，在出生后 36 小时之内排尿都属正常。随着哺乳摄入水分，宝宝的尿量逐渐增加，每天可达 10 次以上，日尿总量可达 100 ～ 300 毫升。宝宝尿的次数多，这是正常现象，不要因为宝宝尿多，就减少给水量。尤其是夏季，如果喂水少，室温又高，宝宝会出现脱水热。

5. 感觉发育状况

新生儿的感觉发育是什么样子呢？有人认为，刚生下来的宝宝只会哭，然后就是睡觉，似乎他（她）的感觉非常微弱，其实不是这样的。

★视觉发育

新生儿一出生就有视觉能力，父母和宝宝对视是表达爱的重要方式。父母可以试着让宝宝看自己的脸，因为宝宝的视焦距调节能力差，最好的视觉距离是 19 厘米。还可以在 20 厘米处放一红色圆形玩具然后移动玩具上下、左右摆动，宝宝会慢慢移动头和眼睛追随玩具。

★听觉发育

新生儿的听觉是比较敏感的，在宝宝睡醒状态下，距其耳边 10 厘米处轻轻摇动有响声的小玩具，宝宝的头会转向发出响声的方向。新生儿喜欢听妈妈的声音，不喜欢听过大声音和噪声，如果听到过大声音或噪声，宝宝的头会转到相反的方向，甚至用哭声来抗议这种干扰。妈妈在喂奶或护理时，只要宝宝醒着，就要随时随地用亲切的语声和宝宝说话交谈，还可以给宝宝播放优美的音乐。

★触觉发育

宝宝在母胎中生命的一开始就已有触觉，由于习惯于被包裹在子宫内，宝宝一出生自然喜欢紧贴着身体的温暖环境，对不同的温度、湿度、物体的质地和疼痛都有触觉感受能力，嘴唇和手是触觉最灵敏的部位。当宝宝哭时，被父母抱起并轻轻拍拍的这一过程充分体现了满足新生儿触觉安慰的需要。

★味觉发育

新生儿有良好的味觉，从出生后就能精细地辨别食品的滋味，给出生只有 1 天的宝宝喝不同浓度的糖水，发现他们对比较甜的糖水吸吮力强，吸吮快，所以喝得多；而比较淡的糖水喝得少；对咸的、酸的或苦的液体有不愉快的表情，如喝酸橘子水时皱起眉头。

专家答疑

关心宝宝的活动能力

当父母温柔地和宝宝说话时，他（她）会随着声音有节律地运动。开始头会转动，手上举，腿伸直。当继续谈话时，他（她）可表演一些舞蹈样动作，还会出现伸腿、举臂，同时有面部表情，如凝视和微笑等。

6. 新生儿的反射行为

宝宝具有一系列比较原始的反射，对新生儿来说，反射是他们最明显的组织化的行为方式。当你把新生儿放在台子上替他换尿布时，如果不小心碰了一下台子，你会发现，宝宝迅速地把两臂收到胸前。有些反射，比如眨眼睛、打呵欠、咳嗽、打喷嚏等，对人的生存有帮助，它们也不会随年龄的增长而消失，是保护人体组织的反射。

★ 觅食反射

当新生儿的面颊触到妈妈的乳房或其他部位时，就会把头转向刺激物的方向搜寻，一直到嘴接触到可吸吮的东西为止。用手指抚摸宝宝面颊时，他也会把头转向手指的方向，手指移到哪儿，头就转向哪儿。这种反射从出生半个小时就可发现，持续时间为3周，此后逐渐变为由神经控制的动作。其功能是帮助宝宝寻找奶头。

★ 身体直向反射

转动宝宝的肩或腰部，宝宝身体的其余部分会朝相同方向转动。在出生到12个月的宝宝身上可见到这种反射，其功能是帮助宝宝控制身体姿势。

★ 巴宾斯基反射

如果父母用手指沿着新生儿的脚底外缘从脚趾向脚后跟划动，就会看到他的拇趾会慢慢翘起，其余脚趾呈扇形张开。这种反射从出生持续到8～12个月。其生理功能至今无定论。

吸吮反射是婴儿先天具有的反射之一。

★ 游泳反射

把新生儿以俯卧的姿势轻轻放进水里，他的双手双脚会扑扑腾腾地做出非常协调的游泳动作。婴儿的反射能力具有巨大的"生存价值"，可以帮助他们很快地适应最初的生活。这种反射，出生即有，4～6个月逐渐消失。

★ 吸吮反射

用乳头或手指轻轻碰新生儿的口唇时，他会出现口唇及舌的吸吮动作。这种反射发生在宝宝刚刚出生时，持续到终生。吸吮反射是新生儿反射中最强、最重要的一种。当一个宝宝做吸吮动作时，他的其他一切活动都会终止。吸吮反射能使宝宝的吃奶成为自动化的动作，具有非常重要的生存价值。

★ 蜷缩反射及颈部反射

如果宝宝缩起脚背碰到平面边缘时，会做出与小猫动作相似的蜷缩动作。这种反射在宝宝8周左右消失。此外，宝宝的颈部反射活动是常见的现象，如果室内突然闪过一道亮光时，宝宝会扭转颈部，显然是尽力避开亮光。

★ 眨眼反射

在新生儿醒着的时候，突然有强光照射，他会迅速地闭眼；当宝宝睡觉时，如有强光照射，他会把眼闭得更紧。这样的表现出生即有到宝宝长到6～9周时，你把一个东西迅速移到他眼前，他也会眨眼。这种反射将持续一个人的终生，其作用是保护宝宝免受强光刺激。

★ 摩罗氏拥抱反射

母亲以水平姿势抱住宝宝，如果将其头的一端向下移动，或朝着宝宝大喊一声，他的双臂会先向两边伸展，然后向胸前合拢，做出拥抱姿势。此种反射从宝宝出生持续到6个月左右。这种反射是在人类长期进化中形成的，其功能是可以使宝宝抱住母亲的身体。

图解育儿圣经

★强直性颈部反射

在宝宝仰卧时，如果把他的头转向一侧，他这一侧的手臂和腿就会伸直，另一侧的手臂和腿弯曲起来，呈"击剑姿势"。这种反射一般在出生28天时出现，并且持续到4个月左右。其功能可能是为宝宝将来有意识的接触物体动作做准备。

★惊跳反射

对于初生儿来说，如果受到了突如其来的刺激，就会双臂伸直，手指张开，背部伸展或弯曲，头朝后仰，双腿挺直。这种反射大多在3～5个月内消失。

父母必读

反射使新生儿适应周围环境

和呼吸、吞咽这些动作一样，新生儿的机体反射具有重要的生存价值。觅食反射可以帮助宝宝寻找妈妈的乳头。游泳反射可以帮助那些意外地掉进水里的新生儿免于立即被淹死，而增加被抢救的机会。其他一些反射使宝宝免受危险和不良刺激的侵害，如眨眼反射可以使宝宝回避强光，退缩反射可使宝宝回避不舒适的触觉刺激。

7. 母乳喂养的益处

据联合国统计，全球只有39%的儿童在刚刚出生至6个月内完全靠母乳哺育。最新的一个研究证明：如果所有的妇女能够在产后1个小时开始喂养母乳，可挽救上百万新生儿生命。

★母乳中的营养

母乳中的蛋白质、脂肪、乳糖、无机盐、维生素和水分等主要成分的比例，最适合宝宝机体的需要，最易于小儿消化和吸收，并

母乳含优质蛋白质、必需氨基酸及乳糖较多，有利于婴儿脑的发育。

能诱发良好的食欲，促进小儿的生长发育。母乳中的不饱和脂肪酸含量较高且颗粒小，易于消化，对宝宝大脑的发育非常重要。

★吮吸奶头有助于发育

宝宝吮吸乳头比吮吸奶瓶要花更大的力气，这有助于下颌的发育，锻炼下颌的力量，使牙床发育得更好，为将来牙齿的健康奠定良好的基础。宝宝吮吸乳头可以很好地控制乳汁的流量，而吮吸奶瓶的宝宝则要受到奶嘴中牛奶压力的干扰。

★不容易导致细菌污染

母乳喂养的宝宝消化道中存在着大量可以防止有害细菌繁殖的双歧杆菌、乳酸杆菌等有益细菌。直接来自乳房的母乳几乎是无污染的，不像奶瓶那样容易被细菌污染而导致宝宝生病。母乳中还含有任何配方所不能配制的至少100种成分。

★提高宝宝免疫力

母乳中含有母亲体内产生的抗体，通过母乳进入宝宝体内后，有助于提高免疫能力，减少患病机会。母乳中来自母体的细胞，其中约80%是巨噬细胞，能够杀死细菌、真菌和病毒。而且，母亲体内的抗体正好是针对居住环境中存在的病原，带有这些抗体的母乳就像是为宝宝抵御环境中病原的侵害而定制一般。

★增进母子之间的情感交流

当宝宝用小手抚摸母亲的乳房或用没长牙的牙床无意识地碰撞时，母亲的全身就会感到一种快感，一种心灵上的满足，对宝宝慈爱的感情便会油然而生，这是母子之间的情感交流过程。

8. 各阶段母乳营养的差别

母亲的营养是乳汁分泌的物质基础，直接关系到乳汁分泌的质与量。但是，母乳中的营养成分不是不变的：不同乳母的乳汁成分存在一定的个体差异，同一乳母在产后的不同阶段，以及同一次哺乳的前乳部分与后乳部分乳汁的成分都有差别。

★初乳的营养特点

初乳是指母亲生下宝宝后 1 ~ 7 天所分泌的乳汁。它较普通奶的蛋白质含量更高，脂肪和糖含量更低，符合当今高蛋白、低糖、低脂的健康食品消费潮流。初乳不含蔗糖，糖类物质主要是乳糖，但含量大大低于普通乳中乳糖的含量。除乳糖外，初乳中还含有较多量不易为人体肠道消化酶降解的、能够促进肠道双歧杆菌增殖的其他低聚糖。而且，初乳的维生素和矿物质的组合相当自然完美，铁含量是普通奶的 10 ~ 17 倍，维生素 D 和维生素 A 更是普通乳的 3 倍和 10 倍。因此，从营养角度考虑，已经奠定了初乳与普通乳的差异。

★过渡乳的营养特点

产后 7 ~ 14 天的乳汁，是初乳向成熟乳间的过渡。蛋白质含量逐渐减少，脂肪、乳糖含量逐渐增加。

★成熟乳的营养特点

大约 2 周后，乳汁分泌量增加，而且其外观与成分都有所变化，呈水样液体，这就是富含丰富营养物质的"成熟乳"。成熟乳看上去比牛奶稀是正常的。

★晚乳的营养特点

一般说来，晚乳指的是产后 10 个月以后的乳汁；与之前比起来，晚乳的总量和营养成分都较少。

9. 喂养需要掌握的要领

母乳喂养并不是一件很容易的事情，对于没有经验的年轻母亲来说，如果没有掌握好要领，就会适得其反。那么，母乳喂养时，应该掌握好哪些要领呢？

★掌握宝宝需要的乳量

从解剖学上来看，所有母亲都适合喂养她们的宝宝，母亲的乳汁最适合宝宝。乳房产生的乳汁是宝宝的天然食物，宝宝不会拒绝食用。就身体而言，母亲是完全能够喂养她的宝宝的：乳房的大小和可产生的乳量无关。乳量取决于宝宝的摄食量多少，因此，供给和要求也是如此。宝宝摄食的乳量越多，母亲的乳房产生乳量也越多。

新生儿需要的乳量为：每 450 克体重每日需要 50 ~ 80 毫升。所以，一个 3 千克的宝宝每日需要 400 ~ 625 毫升乳汁。你的乳房可在每次哺乳 3 小时后产生乳汁 40 ~ 50 毫升，因此，每日产奶 720 ~ 950 毫升是足够的。

★母婴初次接触

宝宝一出世，就试着给宝宝吸吮乳房，这对母亲和宝宝都有好处。如果在医院的产房里，可以要求把宝宝放在自己的胸部上，自然地吸吮刺激荷尔蒙（即"催产素"）的产生。这种激素有助于使子宫收缩和宝宝分娩后不久排出胎盘。让宝宝吸吮也有助于形成一种很强烈的感情结合，吸吮的自然反射是很强烈的，宝宝出生后即有吞咽的能力。

★掌握开始喂奶的时间

母亲第一次给宝宝喂奶叫"开奶"。在过去很长时间里，人们大多强调母亲产后非常疲劳，需要一段时间休息，误认为应在宝宝出生后 6 ~ 12 小时才开始喂奶，好像这样才有利于母亲。其实早开奶有利于母子的健康，产后尽早让宝宝吮吸母亲乳头，新生儿强有力吸吮是对乳房最好的刺激，喂奶越早越勤，乳汁分泌得越多。新生儿出生后第1个小时是敏感期，而且出生后20～30分钟内，宝宝的吸吮反射最强，因此母乳喂养应该在产后1小时内即开奶，最晚也不要超过6小时。

★正确进行初乳喂养

宝宝出生后72小时内，乳房不产生乳汁，而产生一种稀薄的、黄色的液体，名为"初乳"。初乳是由水、蛋白质和矿物质组成。当宝宝出生后头几天母亲还没有乳汁分泌之前，初乳可满足宝宝所有的营养需要。初乳也含有非常宝贵的抗体，能帮助宝宝抵御诸如脊髓灰质炎、流行性感冒和呼吸道感染等疾病。初乳还附带有一种轻泻的作用，有助于促进排出胎粪，所以一定要给宝宝喂初乳。

★做好排乳反射准备

宝宝吸吮乳房时，母亲的垂体腺受刺激而激发"排乳反射"，母亲能够感到这种反射。事实上，每当母亲看见宝宝或听到宝宝声音的时候都可能促使泌乳，乳汁可从乳头溢出，为喂奶做好准备。

★掌握宝宝觅乳反射

母亲头几次抱着宝宝靠近乳房的时候，应该帮助和鼓励宝宝寻找乳头。用双手怀抱宝宝并在靠近乳房处轻轻抚摩他的脸颊。这样做会诱发宝宝的"觅食反射"。宝宝将会立刻转向乳头，张开口准备觅食。此时如把乳头放入宝宝嘴里，宝宝便会用双唇含住乳晕并安静地吸吮。有时，这种吸吮乳头的动作是一种刺激，往往有助于挤出一些初乳。

★正确抱持宝宝哺乳

每次把宝宝放到乳房上时，应力图将乳头正确地放入他的口内，这样做有如下好处：第一，只有宝宝将大部分乳晕含在口内，才能顺利地从乳房吸吮出乳汁。宝宝以吸和咽两种活动方式从乳晕周围形成一个密封环，只有当宝宝对乳晕后方的输乳管施加压力，乳汁才能顺利地流出来。第二，如果乳头能

哺乳时应注意哺乳姿势，母乳喂养时一只手抱好宝宝，另一只手以拇指和食指轻轻夹着乳头喂哺，以防乳头堵住宝宝鼻孔或因奶汁太急引起婴儿呛咳、吐奶。

正确地放入宝宝的口腔内，那么，乳头酸痛或皲裂就可以减少至最低限度。

10. 哺乳中应注意的事项

当你看到宝宝香甜地吮吸着你的乳汁时，每一个年轻的妈妈都会有一种很强烈的幸福感，但是，在哺乳中，有一些需要注意的事项，如果掌握不好，就会对宝宝的健康带来不利的影响。

★清洁乳房

每次哺乳前要用温开水清洗乳头和乳晕，特别是第一次哺乳更要彻底清洗，以免不洁之物带入宝宝口内。同时乳母先要洗手，免致污染乳头。乳房胀奶时，要及时按摩和用收奶器吸出过多的乳汁，避免睡眠时挤压引起乳腺炎。

★喂养得当

哺乳姿势可采用侧卧式或坐式，要注意乳房不能堵塞住宝宝鼻孔。母乳喂养提倡按需哺乳，不规定哺乳时间和次数。每次哺乳时间10～15分钟，时间过长会增加乳头的浸软程度，而易发生皲裂。每次哺乳最好完全吸空，以使下次泌乳量增加。

★保持乳量

保持乳汁的质和量，调节饮食、加强营养为第一要务。其次，心情舒畅，精神愉快，

19

睡眠充足，避免过劳，按需喂哺等也是重要的条件。

★别让宝宝含着奶头睡觉

含着奶头睡觉，既影响宝宝睡眠，也不易养成良好的吃奶习惯，而且容易造成窒息；妈妈容易出现乳头皲裂。正确做法是：宝宝哺乳结束后，可以抱起宝宝在房间内走动；也可以让宝宝听妈妈心脏的跳动，或者是哼几曲小调让宝宝快速进入梦乡。

★尽量不要躺着给宝宝喂奶

有些妈妈喜欢躺着给宝宝喂奶，感觉既省力又舒服，其实这种哺乳姿势会给宝宝带来危险隐患。正确做法是：宝宝吃完奶后，妈妈不要即刻将宝宝放在床上，而应竖直抱起，让宝宝趴在妈妈肩头，轻拍其背部，排出吞入的空气，这种方法可以防止宝宝仰睡时溢奶而导致窒息。

11.哺乳期乳房异常及其预防

乳房常见异常情况如：先天性乳头颈短平、个别内陷乳头产前未完全纠正或乳房过度充盈及乳晕部，致使乳头顶得较平坦等，是哺乳期准妈妈们常常遇到的问题。以下介绍哺乳期乳房异常的一些保健、护理方面的知识。

★哺乳前的准备工作

喂奶前要洗手，然后轻轻地按摩乳房，以刺激泌乳反射。喂奶时，要先用清洁的温水将乳头洗干净，再用毛巾擦干。别用洗液、肥皂、酒精擦洗，以避免化学物质附在乳头上。

★吮吸时的正确姿势

由于乳头的皮肤黏膜很娇嫩，一定要保证宝宝吮吸时的正确姿势。不要让宝宝只把乳头含在嘴里，而要含住乳头和大部分乳晕。只含乳头，容易使宝宝因吸不到奶拉扯乳头，将乳头弄伤。

★哺乳后的护理

可用少许自己的乳汁涂抹在乳头上，由于人乳有丰富的蛋白质，可对乳头起到保护作用。

★日常多摄取能丰乳的食品

木瓜、鱼、肉及鲜奶等含丰富蛋白质的食物，均可健胸。橙、葡萄、西柚及番茄等含维生素C的食物，可以防止胸部变形。芹菜、核桃及红腰豆等含维生素E的食物，有助于胸部发育。椰菜、椰菜花及葵花子油等含维生素A的食物，都有利于激素的分泌。

★每天坚持美胸运动

妈妈们可以加强乳房的锻炼，哺乳期间，母亲最好天天用温水洗浴乳房1～2次；天天坚持做胸前肌肉的运动，如俯卧撑、扩胸等，可以加强胸部肌肉的力量，从而增强对乳房的支撑。

★巧妙利用胸罩

为避免乳房下垂，可用纯棉胸罩将乳房托起，胸罩的尺寸比平时稍大。也可以选择一种专为哺乳设计的胸罩，能在前面解开，对预防乳房下垂有一定作用。若有乳汁淤积或因某些原因暂时不能喂奶时，应及时把乳房内的乳汁挤出。

12.什么情况下采取人工喂养

什么叫做人工喂养呢？一般来说，由于多种因素不能进行母乳喂养而使用配方奶粉、牛奶和其他奶或奶制品进行喂养的方式称之为人工喂养。帮助母亲了解人工喂养的知识和指导人工喂养，对宝宝的成长和发育都是很有好处的。

★需要采取人工喂养的情况

与母乳喂养相比，人工喂养有很多的弊端，但对于一些特殊妈妈来说，却又不得不采取这样的形式，那么，什么情况下采取人工喂养呢？一般分为以下几种：

第一，暂停喂母乳：一般是母亲为乳腺炎或乳腺脓肿患者。

第二，不宜喂母乳：母亲为恶性肿瘤、精神病、肾脏病、心脏病和慢性病需长期服药者。

第三，不哺喂母乳：母亲为艾滋病、乙型肝炎等传染病的现患者，宝宝患有先天性、代谢性疾病（半乳糖血症、枫糖尿症）应禁止或限制母乳，要在医生的指导下采取特殊的喂养方法。

★人工喂养的弊端

人工喂养的不足之处是：对宝宝而言，缺少母乳中所能提供的免疫球蛋白；与母乳喂养相比母子感情建立缓慢；与母乳喂养相比不够方便和经济；对妈妈而言，体形恢复缓慢，内分泌功能调节容易出现问题。

★人工喂养的好处

人工喂养的好处是谁都可喂，无论是父亲还是母亲或其他看护人员，都可喂养，且灵活性很强。如果让爸爸给宝宝喂奶，还可以促进爸爸与宝宝感情的建立与情感培养，增加爸爸对妻子、宝宝与家庭的责任感与信心。不但促进了夫妻感情发展，同时也拉近了宝宝与爸爸间的距离。

13. 乳类产品的选择

人工喂养选择什么样的乳类产品好呢？人工喂养的宝宝食品可以分为两大类：一类是动物乳及乳制品；第二类是以黄豆为主要原料的代乳品。一般说来，应优先选择动物乳及乳制品，如果在偏远的地区或由于各种原因一时无法得到动物乳及乳制品，可以选择豆制代乳品。

★配方乳为首选食品

是人工喂养的首选食品，这是由于牛奶是动物奶中营养素含量比较丰富的奶类。与人乳相比，牛奶中蛋白质含量较高，但以酪蛋白为主，较难消化；牛奶中的各种微量元素及维生素比例也不如人乳合理等。但将牛奶加工以后，配制成各种营养成份，可以克服难以消化和一些物质的比例不合理的缺点，对于人工喂养的宝宝来讲仍然是较好的食品。

★奶粉使用方便

奶粉是将鲜牛奶浓缩、喷雾、干燥制作而成，具有便于保存运输、使用方便等优点。现在有不少生产厂家对牛奶粉进行改造，力图使各种营养成分更接近于人奶，从这点上讲，配方奶粉优于一般奶粉或牛奶。

★蒸发乳便于保存

蒸发乳是将鲜牛奶蒸发浓缩为原乳汁容量的一半而成，经高温消毒、装罐密封、便于保存。食用时加水即又成为鲜奶。

★鲜羊奶勉强可行

有的山区或牧区可以得到鲜羊奶，用鲜羊奶喂养宝宝也是可行的。羊奶中的蛋白质和脂肪均较牛奶为多，而且脂肪球小易于消化。但羊奶中维生素 B_{12} 和叶酸较少，如不合理补充容易发生巨幼红细胞贫血。

★马奶不能单独使用

马奶中的蛋白质、脂肪含量均较少，如用其喂养宝宝，应当加一些别的代乳品为好。

★新生儿不宜豆奶喂食

豆奶中所含的糖、钙质和维生素品种都不多。豆奶所含的蛋白质主要是植物蛋白，而且豆奶中含铝也比较多，宝宝长期饮豆奶，使体内铝增多，影响大脑发育。

14. 每天喂奶量的控制

世界卫生组织要求，新生儿从出生到10个月，应当100%母乳喂养。鉴于少数患病母亲不宜哺乳，仍需要人工喂养，那么，就必须掌握科学的喂奶量。

★喂养量计算

体重大于或等于2.5千克的宝宝，每天每千克体重需要150毫升奶，按照实际年龄喂6～8次，每次喂奶量可以不固定。人工喂养宝宝每天喂养的需要量与母乳近似。

0～1个月：8次，60毫升/次，480毫升/天

1～2个月：7次，90毫升/次，630毫升/天

2～4个月：6次，120毫升/次,720毫升/天

4～6个月：6次，150毫升/次,900毫升/天

体重小于2.5千克的宝宝（低出生体重儿），从每天每千克体重60毫升开始；以后逐渐按照每天每千克体重20毫升的量增加，直到总量达到每天每千克体重200毫升；每天喂8～12次，每2～3小时喂1次，继续喂养直至宝宝体重达到或超过2.5千克。当然，妈妈们还应根据宝宝的体质、胃口以及消化吸收能力来调整喂奶量。

★睡前与夜间喂奶

晚上睡前的一次奶，务必让宝宝吃饱，以免晚上多次醒来要吃奶。一般5个月以后夜间就不再喂乳。宝宝夜间睡眠有动静时，

人工喂养的量应根据宝宝的实际状况来决定。随着宝宝渐渐长大，他每天的吃奶量也逐步增加。

如哼哼、哭闹、辗转不安、爬起来玩等，要分析原因，有针对性地处理，不要轻易就给喂奶，或抱起来哄，以免养成习惯。

★喂养量调节

喂养新生儿需要少量多次，随着宝宝长大奶量逐渐增加。如果宝宝吃得少，下次就多喂一些，或下次提前喂奶，特别是在宝宝表现饥饿时。人工喂养的宝宝一般都能控制自己吃入的奶量，当吃饱时会拒绝继续吃奶。如果宝宝体重增长不足，则需要根据期望的年龄级别体重，增加喂养次数，或增加每次奶量。

15. 混合喂养的最佳方案

现在的新手妈妈大多是上班族，生活节奏快，精神压力大，工作任务重，生育年龄偏大，乳量偏少，难以满足宝宝的需要，混合喂养成了更多妈妈的选择。母乳喂养与人工喂养同时进行的，称为混合喂养。

★混合喂养种类

混合喂养可分为补授法和代授法两种，其中补授法适合母乳量不足时，即在每次喂哺母乳后，用其他代乳品补充母乳不足的部分；代授法适合母乳充足而因某些原因不能哺乳时，即在喂哺母乳之间，一天加喂数次代乳品。另外，如母亲乳汁确实不足，宝宝体重不升或下降较多，可在乳旁加奶，即用一个小导管贴在母亲的乳头上，吸吮乳头的同时也吸入部分配好的牛乳，这样也可避免宝宝产生乳头错觉。

★多喂宝宝母乳

母乳是越吸越多，如果妈妈认为母乳不足，而减少喂母乳的次数，会使母乳越来越少。母乳喂养次数要均匀分开，不要很长一段时间都不喂母乳。喂哺母乳的次数每天不得少于4次。

图解育儿圣经

★奶粉调配

严格按照奶粉包装上的说明为宝宝调制奶液，不要随意增减量或浓度；每次调奶粉时，先放水、后放奶粉，不要调得太多，尽量不让宝宝吃搁置时间过长的奶粉；冲调奶粉后的温度与人体的温度差不多，一般在36℃左右即可。喂哺代乳品时不必加糖，不要太甜。因为吃惯了有甜味的代乳品，就会觉得母乳淡而无味。

★夜间最好是母乳喂养

夜间妈妈比较累，尤其是后半夜，起床给宝宝冲奶粉很麻烦；另外，夜间妈妈休息，乳汁分泌量相对增多，宝宝的需要量又相对减少，母乳可能会满足宝宝的需要。但如果母乳量确实太少，宝宝吃不饱，就会缩短吃奶时间，影响母子休息，这时就要以奶粉为主了。

★其他

混合喂养的宝宝，应该在两餐之间适当地补充水。另外，奶嘴的孔也不宜太大，因宝宝用惯了大孔的奶嘴，就会觉得吃母乳不痛快，从而影响母乳喂哺。

16. 人工喂养需适量补充水分

对于单纯母乳喂养的宝宝，是不需要喂水的。如果过早、过多喂水，可抑制新生儿的吸吮能力，使他们从母亲乳房吸取的乳汁量减少，反而不利于新生儿的生长发育。但是人工喂养需要适量补充水分。

★为什么要注意喂水

因为牛奶中的蛋白质80%以上是酪蛋白，分子量大，不易消化，牛奶中的乳糖含量较人乳少，这些都是容易导致便秘的原因，给宝宝补充水分有利于缓解便秘。另外，牛奶中含钙、磷等矿物盐较多，大约是人乳

宝宝因为肾脏功能还没有发育完全，如果体内水分不够，尿液较浓，就可能无法排出。所以，为了把废物排出，就需要更多的水分补充。

的2倍，过多的矿物盐和蛋白质的代谢产物从肾脏排出体外，需要水。此外，婴儿期是身体生长最迅速的时期，组织细胞增长时要蓄积水分。婴儿期也是体内新陈代谢旺盛阶段，排出废物较多，而肾脏的浓缩能力差，所以尿量和排泄次数都多，需要的水分也多。

★喂多少水合适

这要根据宝宝的年龄、气候及饮食等情况而定。一般情况下，每次可给宝宝喂水100～150毫升。当高热、大汗、呕吐、腹泻等引起失水时，所有的宝宝都要补充水分，最好用淡盐开水，以防脱水或发生电解质紊乱。宝宝之间存在个体差异，喝水量多少每个宝宝不一样，他们知道自己喝多少，不喜欢喝水或喝得少都不要强迫。

★喂水时间

喂水时间在两次喂奶之间较合适，否则影响奶量。喂水次数也要根据宝宝的需要来决定，一次或数次不等。夜间最好不要喂水，以免影响宝宝的睡眠。宝宝以喝白开水为宜，尽量不要加糖。

17. 注意营养素的需求

宝宝每天对营养素的需求量与成人不同，宝宝愈小对营养素的需求量相对愈高。并且宝宝的适应能力差，如果某种营养素的摄入量不足或消化功能紊乱，短时间内会影响宝宝的发育进程。

★热量

以单位体重表示，正常新生儿每天所需要的能量是成人的 3～4 倍。热量的需要在宝宝初生时为最高点，以后随月龄的增加而逐渐减少。

★蛋白质

蛋白质的主要功能是维持宝宝的正常新陈代谢，保证身体的生长及各种组织器官的成熟。喂养宝宝最好还是用动物性蛋白，如母乳或牛乳。母乳中的蛋白质含有各种宝宝所必需的氨基酸，也包括半胱氨酸和酪氨酸在内。

★脂肪

脂肪是膳食的必需组成部分，是热量的主要来源，也是必需脂肪酸的来源和脂溶性维生素（维生素 A、维生素 D、维生素 E、维生素 K）的载体。同必需氨基酸一样，必需脂肪酸也是人类生长发育中所必需的，只能从食物中摄取的一类脂肪酸。

★碳水化合物

与成年人一样，宝宝也需要碳水化合物，碳水化合物也是最丰富最经济的能量来源。碳水化合物的主要来源是糖类和淀粉。新生宝宝对乳糖、葡萄糖、蔗糖都能消化，因此对母乳中所含的乳糖能消化吸收得很好。

★矿物质

4 个月以前的宝宝应限制钠的摄入。缺铁是宝宝最常见的营养缺乏症。尽管母乳的含铁量低于大多数配方食品，但母乳喂养的宝宝的铁缺乏症却较少见，为了预防铁缺乏，应给用配方乳喂养的宝宝常规的补充铁剂。

★维生素

维生素是正常人体生命活动必需具备的要素，此类物质绝大多数不能在体内合成。维生素不能提供热量，但在代谢过程中起重要作用。由于婴幼儿生长发育较快，维生素需要相对较成人为多，如果供给不足，容易发生维生素缺乏病。这一时期宝宝千万不可缺少对维生素 D 的补充，维生素 D 是宝宝骨骼发育时对钙吸收不可缺少的元素，其来源除了母乳外，还可以通过日照来补充。

18. 妥善处理宝宝不吃母乳现象

母乳是为自己的宝宝准备的天然最佳食品，没有任何其他食品可以代替。母乳营养最全面，最适于宝宝的消化、吸收与生长、发育。尽管这么多优点，要是碰到宝宝不吃母乳怎么办？

★生理性厌奶

有时宝宝会出现厌食现象。其特征是宝宝正常发育，活力很好，只是奶量暂时减少，通常 1 个月左右就自然恢复食欲。这个阶段的宝宝虽然吃得少，大多仍能维持应该有的成长，也没有证据显示会影响智能发展。所以父母可依生长曲线图，评估宝宝的生长情形，若没有偏离该有的成长曲线，大可顺其自然。

★病理性厌奶

一般来说，会造成宝宝食欲减低的疾病有：急性咽喉炎、鹅口疮、急性呼吸道感染、急性肠胃炎或尿路感染等急性感染；其他还有代谢性疾病、先天性心脏病等慢性疾病；或是更严重的败血症等病理性厌奶。这时宝宝会烦躁不安，或昏昏欲睡，不爱活动，呼吸急促或喘息，体温可能发热也可能反而低于正常，奶量锐减或呕吐、腹胀。如果属于病理性厌奶，就需要即刻送医，请医生诊断。

过早地给宝宝喝糖水，会让宝宝产生特殊的条件反射，感觉不甜的食物就不爱吃，使得宝宝不愿接受母乳，每次含乳头时，就会产生错觉，从而拒绝接受母乳。

图解育儿圣经

★乳头错觉

如果有用奶瓶喂过的宝宝可能会发生"乳头错觉"。因为奶瓶上的橡皮奶头长，奶嘴开口大，宝宝不用费多大劲就能很痛快地吸奶。当他们再吸妈妈的奶头时，会觉得很难含住，吸起来也很费劲，因此，便不愿再吃妈妈的奶水。纠正宝宝"乳头错觉"比较困难，关键之一在于母亲的耐心和持之以恒。

19. 重视早产儿的喂养

早产儿是指胎龄未满 37 周，体重小于 2.5 千克，身长少于 46 厘米的宝宝。由于早产儿在生理上发育不够完善，吸吮和吞咽能力差，容易发生呕吐，因此需要给予特殊的喂养。怎样喂养早产儿呢？

★母乳喂养最佳

早产儿生理功能发育不很完善，要尽一切可能用母乳（特别是初乳）喂养。母乳内蛋白质含乳白蛋白较多，它的氨基酸易于促进宝宝生长，且初乳含有多种抗体，这些对早产儿尤为可贵。用母乳喂养的早产儿，发生消化不良性腹泻和其他感染的机会较少，宝宝体重会逐渐增加。在万不得已的情况下才考虑用代乳品喂养早产儿，而且要选用早产儿奶粉。

★喂养量及喂养次数

早产儿的吸吮能力和胃容量均有限，摄入量的足够与否，不像足月新生儿表现得那么明显，因此必须根据宝宝的体重情况给予适当的喂养量。母乳喂养的早产宝宝应该经常称称体重，观察早产儿体重的增加情况，这是判断喂养是否合理的重要指标。一般足月新生儿在最初几日内由于喂哺不足或大小便排泄的原因，体重略有减轻，这是正常现象。但早产儿此时体重的维持至关重要，要重视出生后的早期喂养，设法防止宝宝体重的减轻。

★喂养方法

由于早产儿口舌肌肉力量弱、消化能力差、胃容量小，而每日所需能量又比较多，因此可采用少量多餐的喂养方法。如果采用人工喂养，一般体重 1500 ～ 2000 克的早产儿一天喂哺 12 次，每 2 小时喂 1 次。2000 ～ 2500 克体重的宝宝一天喂 8 次，每 3 小时喂 1 次。每日的喂奶量，不同宝宝差别较大，新生儿期每日可喂奶 10 ～ 60 毫升不等。如宝宝生长情况良好，则夜间可适当延长间隔时间，这样可以逐步养成夜间不喂的习惯。另外，如果早产儿没有自行吸吮能力，可用滴管喂养法。即用滴管吸取母乳或牛奶后，沿小儿的舌根慢慢滴入。但在滴奶时不要猛烈向咽喉部灌满，以免呛入气管。

育儿提示

如何预防鹅口疮

鹅口疮是由真菌感染，在黏膜表面形成白色斑膜的疾病，多见于宝宝。新生儿多由产道感染，或因哺乳奶头不洁或喂养者手指的污染传播。严重的鹅口疮患儿，口腔内犹如白色奶波状层层叠叠，堵塞咽喉，影响呼吸，患儿烦躁不安、拒食。

20. 训练良好的睡眠习惯

新生儿的睡眠时间到底该多长才算正常呢？而宝宝什么时候才会一觉到天亮呢？而宝宝的睡觉时间又会影响妈妈的睡眠品质，因此，养成宝宝良好的睡眠习惯，对母子两人的健康都非常重要。

★舒适的睡眠环境

为了使宝宝能在温暖和舒适的环境中睡觉，应把宝宝放在摇篮或婴儿床里，床的两边要有保护栏。睡眠环境的温度以 24 ～ 25℃，湿度 60% 左右为宜。不要给宝宝穿得、盖得太厚。因为婴儿头部温度比体温低3℃左右。温度较高，会使宝宝烦躁不安，从而扰乱了正常的睡眠。夜间睡眠时光线不能太过强烈，尽量营造一个柔和而安静的环境。

妈妈给宝宝刘妹儿换上了新衣服。

★睡前准备

晚餐不要给小儿吃得过饱或过少，以免因胃肠不适或饥饿而影响睡眠。不要过分引逗宝宝，使宝宝睡前保持情绪安定，防止疲劳和过度兴奋。睡衣宜宽松肥大，入睡前应沐浴、如厕，使宝宝感觉身体舒适与松弛。要养成宝宝规律的睡眠。此外，妈妈可以唱着催眠曲或轻轻拍打等，都有助于宝宝轻松入眠。

★独自入睡

许多年轻父母常在不自觉中，过于呵护小宝宝，容易养成宝宝时要人关怀的习惯，一刻也离不开妈妈，使妈妈疲倦不已。最好让宝宝养成在没有人陪伴的情况下，也能独自入睡，千万不要养成非得让父母抱着才能入睡的习惯。

21. 正确穿衣与脱衣

初为人母总是令人喜悦的。然而，从此生活中就多了那一份操不完的心。这不，连帮宝宝穿、脱衣服这样一件看似平常的小事，都倾入了妈妈多少的爱，也带来相当的麻烦。

★换衣前准备

小宝宝不喜欢换衣服，他们害怕裸露自己的身体、害怕把正穿得舒适的衣服脱掉，在你刚开始操作时他们会哭闹，你千万不要急躁并训斥宝宝。当然，你也可以在换衣服的同时，用一些玩具吸引他的注意力。首先要选择在一个比较宽大的平面上为宝宝穿脱衣服，如床、垫褥或地板都是很理想的，因为这些平面能使你腾出双手。在换衣服前，应先把干净的衣服准备好。如果里外几件衣服要一起换，那么，先把这些衣服的袖子和裤腿部套在一起，这样穿衣服的时间会减少到最低限度。

★穿衣

垫一条浴巾在宝宝身体下面，把干净的套好的衣裤展开平放在一起，然后把袖子弄成圆形，通过袖口握住宝宝的拳头，把他的手臂带过来，再拉直衣袖。把宝宝的腿引进连衣裤的裤腿，拉直，最后系好带子，理好衣裤的外形。

如果你给宝宝穿的内衣是套衫，那么在穿衣服时要把套衫收拢成一个圈并用你的两拇指在衣服的领圈处撑一下，再套过宝宝的头，然后把袖口弄宽，轻轻地把宝宝的手臂牵引出来，最后把套衫往下拉平。

★脱衣

脱衣时的做法是，把宝宝放在床上，先脱鞋子，然后，用双手轻轻抬起宝宝的小屁屁，把裤腰翻至宝宝的膝盖处，抓住宝宝的膝盖轻轻地把腿拉出来，另一侧做法相同。同样还需要检查宝宝的尿布。如果是穿着套衫，则同样是要把衣下摆向宝宝头部卷起，握着宝宝的肘部，把袖口开成圈，然后轻轻地把手臂拉出来，然后，把领口张开，小心地通过宝宝的头，此时一定要注意避免自己的手指甲或衣服上的硬物擦伤宝宝的脸。

22. 给宝宝换尿布的方法

不管是棉质尿布还是纸尿裤，及时更换都是必不可少的。因为宝宝的肌肤很娇嫩，很容易受到尿液中代谢物的侵袭。如果不及时更换，就会造成皮肤发红或出现尿布疹，严重时还可能出现溃疡。

★棉尿布更换方法

1. 将尿布折成三角形，把尿布推入宝宝臀下，使腰部与尿布的上缘平齐。

2. 在宝宝的两腿间拿起尿布，盖在肚子上，先折叠一边，然后再折另一边。覆盖着中央垫层。三角巾的二个角缝两根带子包好后系上。

★更换尿布的4大要点

1. 换尿布前要做好准备，冬天最好暖热尿布再更换。

2. 更换动作要快、轻柔，防止因动作粗暴造成意外伤害。

3. 先用左手轻轻抓住宝宝的两个脚腕，稍微抬起身体，使臀部离开尿布，右手把脏尿布撤下来，换上干净尿布，然后扎好。

4. 尿布应放在屁股中间，如果拉大便，应擦拭干净。擦拭时可用清水或湿巾，注意从前往后擦，动作一定要轻柔，避免因擦拭方法不当而导致泌尿系统感染。

★纸尿裤更换方法

1. 把纸尿裤铺开，黏合带在上，提起宝宝双腿，并把尿裤推入其臀下，使尿裤上部与宝宝腰部平齐。

2. 把尿裤正面从宝宝两腿间拿起，并把尿布两边弄平整包着肚子，以便使尿裤在下面包得平滑。

3. 把黏合带拉紧盖在前面，使尿裤稳固，黏合带应拉得松紧适当，以能轻松插入两根手指为度。

★纸尿裤的更换要点

1把长方形纸尿裤推入宝宝臀下，使上端与宝宝腰部平齐。

2将下端折上来，盖上宝宝肚子。

3将左右两端折过来，把黏合带拉紧盖在前面。

★给男宝宝换尿布

1. 在给男宝宝换尿布的时候，许多妈妈可能都遭遇过这样的情形。刚刚一打开尿布，就当头被宝宝尿个正着。之所以出现这种意外，多半还是妈妈手艺不够熟练所致。为了避免再次发生这样的情况，在尿布打开之后，可以把尿布在宝宝的阴茎处稍微停留几秒钟，等感觉"危险"信号解除之后再拿开。

2. 用纸巾把粪便清理、擦拭干净，再用柔软的毛巾蘸上温水，在宝宝的小肚子、皮肤、大腿、睾丸、会阴和阴茎部分仔细擦拭。

3. 最后，举起宝宝的双腿，把肛门、屁股再擦拭一遍，换上干净的尿布,就大功告成啦!

在给男宝宝换尿布的时候，往往容易忽略一些不起眼的细节。所以，必须重视那些卫生死角的清洁，比如鼠蹊部、阴囊等部位。尤其是阴囊部分，一定要把褶皱处翻开，把藏在里面的污垢彻底清除干净。如果阴囊处皮肤长期处于一种潮湿的非清洁状态，会让宝宝的肌肤受到极大的伤害哦!

★给女宝宝换尿布

1. 打开尿布，用纸巾把粪便清理、擦拭干净，再用柔软的毛巾蘸上温水，在宝宝的小肚子、皮肤、大腿、外阴部仔细擦拭。

2. 清洗完毕之后，立即用毛巾把小屁股包起来，以免着凉。

3. 举起宝宝的双腿，把肛门、屁股再擦拭一遍，最后换上干净的尿布。

由于女性生殖器官构造比较特殊，所以给女宝宝清洁阴部时要格外注意。首先，在擦拭阴部时，一定要从前往后擦，也就是从外阴部往肛门处擦洗，以防止肛门内的细菌进入阴道。在肛门部位清理干净之后，再用温水清洗一下是很有必要的。如果只是使用擦拭的方式，那么最终还会留下一些排泄物在皮肤上。

23. 怎样为宝宝洗澡

给宝宝洗澡是保证宝宝健康和卫生的重要一环，而许多新父母在给宝宝洗澡时，常弄得手忙脚乱。其实，只要掌握了一定技巧和方法，可以帮助新妈妈在"实战"当中更从容。

洗澡时，水温在39℃左右时，琪琪感到最舒适。

★宝宝洗澡的注意事项

1. 一般洗澡可在喂奶前 30 分钟进行，洗澡之前最好先行排便，并在清理好后才能洗。2 周以内的新生儿洗澡时，浴后可用棉签蘸 75％的酒精后清洁脐孔，预防脐部感染，待脐带脱落后即可。

2. 澡盆中先加凉水再加热水，总的水量约占澡盆的一半，水温应维持在 38 ～ 40℃，以避免烫伤或受凉。

3. 洗澡最好在 10 分钟内完成，否则宝宝会因体力消耗而感到疲倦。另外要防止浴皂水入眼、入耳。

4. 洗澡过程中，应始终注意用手掌托住宝宝头部，防止发生颈椎意外。

5. 洗澡时，防止水温降低过快，如果洗澡的时间较长，记得加温水保持水温，避免让宝宝受凉。

6. 洗澡前最好不要喂奶。喂奶后洗澡不仅影响消化，也有可能造成幼儿呕吐。通常上午 10：00 至下午 3：00 间为一天最温暖的时间，最适合替宝宝沐浴。

7. 避免淋浴：3 岁以下的小宝宝并不能自行控制水温，为避免幼儿受到伤害，父母替宝宝准备盆浴较为适合。

8. 时时注意宝宝：洗澡的过程中温柔地跟宝宝说说话。

★浴前的准备

用品准备：浴盆 1 只；温度计 1 支；干浴巾及毛巾各 2 条；宝宝浴皂或者沐浴露；爽身粉；75％的酒精和棉签；替换的清洁衣服 1 套；尿布 1 块。

洗澡环境布置：浴室或是房间内应紧闭门窗（打开排气扇）避免宝宝受凉，室内温度应保持在 24 ～ 26℃。冬天可开浴霸或电暖器，以增高室内温度，但要放在安全距离，以免宝宝烫伤。

★宝宝洗澡的步骤

1. 洗澡之前应调节好室内温度。以水温计或手肘内侧来测试水温。年轻的爸爸妈妈还应取下手上的戒指、手表等饰物。洗澡可按照从上到下、从前到后的顺序进行。

2. 把宝宝放在大浴巾上，脱掉宝宝衣服，检查宝宝全身状况，如宝宝身体无异常，腹部用浴巾遮住，即用浴巾裹住宝宝身体。

3. 抱起宝宝，用手掌托住头颈部，并以手臂裹住宝宝的身体，夹于妈妈腋下。

4. 先用洗脸毛巾沾湿，准备洗宝宝的脸，这时要注意洗脸的次序。

- 用手掌托住头颈部，固定宝宝，用方巾的两个小角分别清洗宝宝的眼睛（由内而外）。
- 用方巾剩下的另外两个角分别清洗耳朵。
- 使用另一条方巾的其中一面清洗脸部。
- 以方巾的另一面清洗头部。用水打湿头发，用宝宝洗发精柔和地按摩头部，要注意用拇指及食指将宝宝耳朵向内盖住耳孔以免耳朵进水，再以清水冲洗。洗净后，再用小毛巾将头发稍微擦干。

5. 去除包巾，左手托住头颈部，右手抱住宝宝的臀部轻轻地放入澡盆。左手横过宝宝背部，以左手手掌握住宝宝左手手臂，让

图解育儿圣经

宝宝头枕在前臂上。以清水打湿身体上身，微微让宝宝头后仰以肥皂清洗颈部，再用清水洗净，再洗腋下、手臂、手掌。以右手手掌抹肥皂，清洗会阴部、腹股沟，如为男宝宝，应注意阴囊盖住的部位。让宝宝趴在右手臂上以洗宝宝背面足部、膝后皱褶处（注意要让宝宝的脸部朝侧边倾斜）。

6. 洗澡完毕，左手托住头颈部，右手抓住双足踝部，离盆，用浴巾包好、吸干水迹，要特别注意皮肤的皱褶处，注意保暖。

7. 以大浴巾擦干头发和身体。

8. 先包上尿布，再做脐带护理。然后扑爽身粉。注意粉不要扑得太多，以防止结成硬块引起皮肤损伤。扑粉时要捂住宝宝的口、鼻，以防其将爽身粉吸入肺中，最后穿上衣服。

24. 进行身体局部清洁

面对又小又软的新生儿，爸爸妈妈应该如何清洁他们呢？其实，只要方法得当，您的小宝宝就能展露出一张干净、漂亮、讨人爱的小脸蛋，同时也可清除其他地方的污垢。

★脸蛋

一般来说，爸爸妈妈可以利用每天给新生儿沐浴的时间来清洁宝宝的小脸蛋。给小宝宝清洁脸蛋时，一定要注意一下室内的温度，最好能保持在 25 ～ 29℃，水温则尽量维持在 37 ～ 40℃，并避免凉风直接吹到小宝宝，以免感冒着凉。

★眼睛

取一条宝宝专用的四角方巾，沾湿后拧

给琪琪进行清洗时，是用纱布沾温水擦拭的。

干，将方巾的其中一角卷在手指上，由内眼角到外眼角，轻轻地帮宝宝擦拭眼睛。为了避免交互感染，爸爸妈妈必须记清楚分别是用四角方巾的哪一个角，来清洁宝宝的右眼和左眼，千万不要搞混。

★耳朵

将四角方巾沾湿后拧干，将方巾的其中一个角卷在手指上，轻轻擦拭宝宝的外耳部位。爸爸妈妈在清洁宝宝的耳朵时，为了避免交互感染，必须避开使用帮宝宝清洁眼睛时用过的方巾两角，分别利用另外两角，帮宝宝擦拭右耳和左耳。

★口腔

宝宝口腔唾液分泌较多，能抑制细菌繁殖，有自洁作用，不需要用布或毛巾清洁，只要每次饮食后喂些温开水便可。如果小宝宝不愿意喝开水，则可以将纱布沾湿，裹在手指上，轻轻帮宝宝擦拭舌头和牙龈。

★生殖器

男宝宝：清洁阴囊下面时，应用手轻轻将阴囊托起再进行。而清洁阴茎时，则应顺着他身体的方向擦拭，只需清洁阴茎本身而不要用力去擦洗包皮。

女宝宝：清洁外阴，要由前向后清洗，防止肛门内的细菌进入阴道，清洁阴唇部位时，如奶存有胎脂或尿碱，可用棉棍沾少许植物油擦拭，即可擦净。还要观察有无外阴发红病症等，避免女婴外阴粘连影响排尿。

25. 宝宝头发的护理

每个妈妈都希望自己的宝宝头发长得乌黑而浓密，而宝宝头发的数量、颜色乃至光洁度等，遗传因素的影响是很重要的，疾病的影响力也不可小视。但撇开这些因素，后天的护理更为有效。

在给宝宝洗头时，要防止水流入宝宝的耳朵。

★勤洗发

宝宝由于生长发育速度极快，所以新陈代谢非常旺盛，因此，在6个月前，最好每天给宝宝洗一次头发，尤其是天气炎热时。6个月后，可改成2～3天洗一次头发。经常保持头发的清洁，可使头皮得到良性刺激，从而促进头发的生发和生长。如果总是不给宝宝洗头发，头皮上的油脂、汗液以及污染物就会刺激头皮，引起头皮发痒、起疱，甚至发生感染。这样，反而使头发更容易脱掉。

★勤梳理

妈妈身上经常带一把宝宝的专用梳子，只要方便时，就拿出来给宝宝梳几下，因为经常梳理头发能够刺激头皮，促进局部的血液循环，有助于头发的生长。最好选用橡胶梳子，因为它既有弹性又很柔软，不易损伤宝宝的稚嫩的头皮。妈妈梳理宝宝头发时，一定要顺着宝宝的头发自然生长的方向梳理。

★均衡饮食

全面而均衡的营养，对于宝宝的生长发育极为重要，因此，在后面的日子里一定要按月龄给宝宝添加辅食，及时纠正偏食挑食的不良饮食习惯，饮食中保证肉类、鱼、蛋、水果和各种蔬菜的摄入和搭配，含碘丰富的紫菜、海带也要经常给宝宝食用。

★睡眠充足

宝宝的大脑尚未发育成熟，因此很容易疲劳，如果睡眠不足，就容易发生生理紊乱，从而导致食欲不佳、经常哭闹及容易生病，间接地导致头发生长不良。

26. 宝宝指甲的护理

宝宝的指甲长得特别快，1～2个月大的宝宝，指甲以每天0.1毫米的速度生长，手指甲长了若不及时剪短，指甲会藏污纳垢，也可能会因抓破皮肤而引起感染。为宝宝护理指甲，这是保持皮肤清洁的方法之一，也有助于防止"病从口入"。

★修剪指甲

宝宝的指甲长了一定要剪。不过要特别的小心，握住宝宝的小手，把他的手指头尽量分开，尽量用专为宝宝设计的指甲剪，剪成圆弧状，剪完后，用自己的指头去摸一摸有没有不光滑的地方。不过不要在宝宝正玩得开心的时候给他剪，在他吃奶或者是睡着了再剪。

★观察指甲

宝宝的指甲正常是粉红色的，很光滑，有韧性，甲半月颜色稍淡。如果宝宝的指甲出现异常，往往是疾病的外在表现。

颜色异常：甲板上出现白色斑点，多见于正常婴儿，或者为一时性损伤；真菌感染多伴有黄色和甲板形态改变；如果甲半月呈红色，多属心脏病；贫血时甲半月成淡红色。

形态异常：甲板出现横沟可能是得了麻疹、猩红热等急性热病，代谢性疾病有时也会出现这种情况；甲板出现竖沟多见于甲质受损及皮肤扁平苔藓；甲板变薄变脆有纵向突出的棱，指甲容易撕裂、分层，这是一种营养不良的表现，也可见于扁平苔藓等皮肤病；甲板出现凹窝可见于银屑病、湿疹等患儿；纵向破裂可见于甲状腺功能低下、垂体前叶功能异常等患儿。

硬度异常：甲板增厚，越到指尖越厚，既可由先天因素造成，也可因后天长期刺激引起。

图解育儿圣经

★不要戴手套

戴手套看上去好像可以保护宝宝的皮肤，但这种做法直接束缚了宝宝的双手，使手指活动受到限制，不利于触觉发育。另外，缝线如套入手指，可引起坏死，人为截指。

27. 预防眼睛的斜视

斜偏眼大多是由于宝宝在2个月至1周岁时，年轻父母照看不周所致。宝宝一旦形成斜偏眼，会直接影响宝宝今后面部美容。斜视除了眼睛外观上有异常外，最主要是眼睛的功能会受损害。

★及时发现

3个月以内的宝宝都有可能斜视，这是正常的现象，因为他的眼部肌肉尤其是调节眼球活动的肌肉发育还不完全，双眼共同运动协调能力较差。随着年龄增长，宝宝也自然可以用双眼共同注视，如果宝宝已经长到4～5个月，仍然斜视，就必须治疗了。内斜视（又叫"斗鸡眼"）最常见的有"调节性"及"先天性"两种。无论是哪种情况都必须转诊至眼科专科医生处及早治疗。

★注意睡眠体位

父母要注意变换小孩睡眠的体位，使光线投射方向经常改变，今天头睡左边，明天头睡右边，这样就能使宝宝的眼球不再经常只转向一侧。宝宝睡摇篮时间不能太长，要间隔一段时间抱起宝宝转转，使宝宝能看到周围的一切，增加眼球转动频率。

★玩具摆放位置

宝宝在出生2个月后，视力增强，已能注视周围的人和物，这时，宝宝如果睡在摇篮里，不能在距摇篮1.5米以内的空间摆设玩具等东西。否则由于距宝宝的眼睛很近，

宝宝较长时间注视，眼球不动，因此，时间长了就很易形成对眼。若要摆设玩具，必须在1.5米以外，不能只摆1件，而应摆几件，两件之间还要有一定的间隔距离，以便宝宝轮流看着玩具，促进宝宝的眼珠不断转动，防止斜视发生。

28. 不要挤压宝宝的鼻疖

宝宝鼻疖为鼻尖或鼻前庭部毛囊或皮脂腺被葡萄球菌感染所致。如处理不当可发生海绵窦栓塞及其他颅内感染。因面部静脉内无静脉瓣膜，血液可上下流通，这与四肢静脉只能向一个方向流动有所不同。

★不要挤压

如挤压鼻疖，细菌感染可经面部静脉，经过内眦静脉、眼上静脉而到达颅内海绵窦内引起颅内感染，故小儿鼻疖切勿挤压。要及时应用抗生素或局部热敷，促使疖肿消散。虽然面部危险三角的感染有一定危险性，但只要处理得当，也就不会有危险了。

★保持鼻腔清洁

防止鼻疖的根本方法是保持鼻腔清洁，要教给宝宝正确的擤鼻涕的方法，因为这是起码的自我清洁鼻腔的好习惯。如何正确擤鼻涕，这里面还有许多科学道理呢。用两个手指把鼻子捏住，然后再用力擤，这是极不科学的，因为本来由鼻腔冲出的气流因鼻子被捏而受阻，就会向其他方向冲击，最危险的是冲向耳咽管，它是咽部通向中耳的通道，这就可能把细菌及脓等吹入中耳，引起中耳炎。

★不挖鼻孔

挖鼻孔是一种不良习惯，也容易引起鼻疖，应加以纠正，小儿的鼻黏膜下血管丰富，几乎是处于暴露状态，用手给宝宝挖鼻孔时，很容易损伤黏膜，造成黏膜下血管破裂出血。同时也会把细菌或病毒带入鼻腔，造成感染。

★ 擦拭鼻腔

宝宝如自诉鼻内刺痒，家长可用消毒棉棒轻轻擦拭鼻腔。如鼻炎恢复期，鼻腔内有干痂，也可引起痒感及不适。这时不能将干痂强行剥下，这样会引起出血及新的创面，不利于鼻黏膜的恢复。应用棉签蘸生理盐水或液状石蜡涂于干痂周围，待干痂被软化后再轻轻取下。

29. 注意宝宝的囟门

新生儿的头颅，除了比成年人小之外，其头骨的结构也与成人有极大的不同。因此，新手爸妈在照顾新生宝宝的时候，要注意宝宝的头部发育，而囟门就更要多加留意了。

★ 了解囟门

人的颅骨共有6块骨头组成，宝宝出生后由于颅骨尚未发育完全，所以骨与骨之间存在缝隙，并在头的顶部和枕后部形成两个没有骨头覆盖的区域，分别称为前囟门和后囟门。

前囟门是头颅上最大的骨缝交点，此处并无骨块存在，较其他部分略凹陷、柔软，摸上去会有轻微搏动。宝宝出生6个月后，前囟门随着颅骨缝逐渐骨化而面积变小，到1周岁，最迟不超过18个月闭合，为骨质所

囟门是宝宝身体中较薄弱的部位，在与宝宝接触时应多加小心。

取代。

后囟门位于宝宝的脑后方，枕骨与两块顶骨之间的骨缝交点，尺寸较小，有时甚至摸不太到。后囟门在宝宝出生时已接近闭合，或仅可容纳指尖，在出生后2～4个月闭合。

★ 不能随意抚摸、按压宝宝的头

整个宝宝颅骨的结构在前囟门最弱，没有骨片的保护，而大脑组织就在正下面；前囟门凸出时可以用手感觉到颅内有跳动的情形，还可以感觉到好似有凹凸不平的大脑表面的脑面。妈妈们要注意不要让别人随意摸宝宝的头，千万不能用力压，否则有可能会对大脑造成损伤。

★ 窥探囟门疾病

囟门发育变化是宝宝颅骨发育过程中的一个阶段，看上去仅方寸之地，却能反映身体内部的情况，很多儿科疾病都可引起囟门的变化。爸爸妈妈平时应避免宝宝的囟门撞击致伤并注意囟门的变化、定期量头围，评估宝宝的头围是否在正常范围内。如果发现异常情况，应当及时请医生检查。

30. 按时接种乙肝疫苗

现代研究证明，乙肝病毒基因与肝癌发病关系密切，婴幼儿期的乙肝病毒携带者有30%到成年期会发生肝癌。目前医学科学技术领域尚未攻克乙肝"大小三阳转阴"的难题，预防乙肝最有力的武器就是乙肝疫苗。

★ 乙肝疫苗可以预防哪些疾病

接种乙肝疫苗后，体内产生表面抗体，可以有效防止乙肝病毒的感染，从而可以预防急性和慢性乙肝所导致的肝病，包括肝硬化和肝癌。此外，丁型炎病毒和乙肝病毒具有共同的表面抗原，因此在接种乙肝疫苗预防乙肝病毒感染的同时也就预防了丁型肝炎。

★乙肝疫苗的接种方法

乙肝疫苗的接种方法与母亲是否感染乙肝病毒有关。如果母亲乙肝病毒表面抗原阳性，为阻断乙肝病毒从母亲传至新生儿，应在新生儿出生后6小时内接种第1针重组酵母乙肝疫苗10单位，在新生儿1个月、6个月时再各接种1针。

如果母亲乙肝病毒表面抗原阳性和乙肝病毒 e 抗原阳性，出生正常的新生儿生后12小时内，在右上臂三角肌接种乙肝疫苗第一针，在不同部位接种乙肝免疫球蛋白100单位，出生后1个月再接种1次。然后在新生儿出2个月、6个月时，各接种1次乙肝疫苗。

如果母亲正常，无乙肝病毒感染，新生儿出生后6小时内，注射重组酵母乙肝疫苗第一针，以后在新生儿1个月、6个月时各接种1针。

★乙肝疫苗没有副作用

目前，我国使用的乙肝疫苗是酵母基因重组疫苗，对人体没有副作用，完全可以满足新生儿及高危人群的免疫需要。

31. 突发呼吸困难的处理

正常宝宝在严重哭闹时会出现呼吸困难，但停止哭闹后能及时缓解。不过，其他的呼吸困难都需要引起重视。一般都需要及时去医院就诊。

★疾病引发

儿童呼吸急促或艰难，通常都表明有严重的胸部疾病，需要立即治疗。较常见的原因是肺炎、婴幼儿哮喘和先天性心脏病，如果没有咳嗽、气喘等呼吸系统症状，就需要重点检查心脏。突发性的呼吸困难如果伴有高热、意识不清，应当立即进行治疗。

★异物堵塞

这是由宝宝的生理特点决定的，当宝宝口中含物说话、哭笑和剧烈活动时，容易将口含物吸入气管内引起气管阻塞，导致窒息。加之宝宝好奇心强，只要能拿到的任何东西都会往嘴里送。如果发生异物堵塞就要马上送医院，同时进行自救。

自救措施：

1. 拍背法：让宝宝趴在救护者膝盖上，头朝下，托其胸，拍其背部4下，使宝宝咳出异物，也可将患儿倒提拍背。

2. 催吐法：用手指伸进口腔，刺激舌根催吐，适用于较靠近喉部的气管异物。

3. 迫挤胃部法：救护者抱住患儿腰部，用双手食指、中指、无名指顶压其上腹部，用力向后上方挤压，压后放松，重复而有节奏进行，以形成冲击气流，把异物冲出。

4. 及时送医院：如上述方法未奏效，应即刻送医院耳鼻喉科，在喉镜或气管镜下取出异物，切不可拖延。如宝宝呼吸停止应立即口对口人工呼吸。

★鼻痂阻塞

妈妈不及时给宝宝清除鼻腔里边的分泌物，会使分泌物积存在鼻道，积聚的分泌物会干燥变硬而形成鼻痂。如果鼻痂堵在鼻孔口，可用消毒小棉签轻轻将其卷除。如果鼻痂在鼻腔较深处，可先用生理盐水、冷开水或母乳往鼻孔内滴1～2滴，让鼻痂慢慢湿润软化，然后轻轻挤压鼻翼，促使鼻痂逐渐松脱，再用消毒小棉签将鼻痂卷除。

妈妈张琦在进行迫挤宝宝胃部时，注意观察宝宝琪琪的反应。

32. 耳聋的早期发现

早期发现小儿耳聋并采取适当的康复措施，是保证儿童身心健康发展的重要前提。1岁前的宝宝还不会表达，所以，早期耳聋大多不易被发现，也就更需要父母的细心呵护与观察。家长及早发现自己的宝宝听力是否有问题很重要，现推荐一些简单的检测方法。目前产院对新生儿均开展听力筛查，通过者为正常，如未通过应定时到医院复诊，争取早发现早治疗。

★0~3个月

刚出生的宝宝已经能听到声音了，虽然此时他还不会主动做出反应，却能够在声音的刺激下产生下意识的反射动作。比如：在安静环境中，避开宝宝的视线，在他耳边用力击掌或敲击物品，宝宝会本能地出现四肢抖动、眼睑闭合、呼吸节奏改变等现象。这种现象从出生开始，一直持续到3个月时。如果小儿出生后，屡屡对较大的声音（例如大声说话的声音）没有反应，就应该考虑是否有听力的问题。

不要给新生儿掏耳朵，如果积垢过多时应请专业医生进行诊治。

★4个月以后

长到4个月后，宝宝就有了主动寻找声源的能力。这时，可以在宝宝的视线外，给予一定强度的声音刺激，听力正常的宝宝会转动头颅、用眼睛去寻找。简单分辨方法就是：将闹钟接近耳边，听到滴答声时宝宝能转头

朝向闹钟；能比较好地分辨熟人的声音并能做出相应的反应；听到突发大声响，会全身一惊，紧抱大人或哭闹起来。

★1周岁以后

听力正常的宝宝1周岁时应该听懂简单的语言了，比如"来来、抱抱、再见"。再大一些便会模仿父母说一些简单的话。到了1岁半就能够按照语言指令，正确指出自己的五官或熟悉的物品。如果到了两岁，还听不懂简单的语言，恐怕就是存在听力障碍了，要及时到医院或康复机构进行听力检查。

33. 皮肤疾病的防治

新生儿皮肤薄嫩，抵抗外界病原微生物侵入的能力差。因此，了解一些预防保健措施，保护好宝宝柔嫩的皮肤，对年轻的家长来说是十分必要的。

★清洗皮肤

给宝宝及时清洗皮肤很重要。一般家长习惯用碱性的肥皂清洗，然而，宝宝皮肤娇嫩，皮肤表面是偏酸性的，所以，不要用碱性肥皂进行清洗。也不要用香皂，因香皂内含有香料，是皮肤过敏的"祸首"之一。最好还是给宝宝用中性或酸性肥皂，虽然去污能力较弱，但却很安全。

★避免暴晒和冻伤

宝宝的汗腺尚未发育完善，皮肤娇嫩，要避免太阳暴晒，否则可引起晒斑、晒伤或光感性皮炎。同样，在寒冷的冬季要注意保暖，在低温下时间过久会引起皮肤冻疮、冻伤甚至坏死。

★防蚊驱虫

到了夏季，要注意保护宝宝免受各种虫类的侵袭而引起皮炎。蚊虫最爱叮宝宝娇嫩

图解育儿圣经

的皮肤，所以在宝宝居住和活动的地方要保持卫生，防止虫咬。住屋最好装纱门、纱窗，必要时用些驱虫药，但要避开宝宝喷洒驱虫剂。

★少用护肤品

宝宝皮肤娇嫩，很多妈妈喜欢给宝宝用护肤品，以起到保护作用。但是不少化妆品、护肤品容易引起宝宝过敏反应，所以对宝宝一般不主张用护肤品，如果要用，一定要选用质量靠得住、信誉佳的护肤品。

★家中常备外用药

碘酒：有杀灭细菌和真菌的作用。

龙胆紫：目前不主张用同成份有致癌作用。

高锰酸钾：一般在临用前配成溶液浸泡或湿敷患处。由于对细菌有强烈的氧化作用，可以灭菌，用于慢性皮肤溃疡、脱肛、化脓性皮肤病等。

肤轻松软膏：内含少量激素，有较强的止痒和抗炎作用，对湿疹和接触性皮炎有较好的效果。

34. 避免关节脱臼

小儿关节活动范围较大，但韧带松弛，关节囊比较柔韧且富有弹性，牵拉负重后易引起脱位。因此在护理宝宝时一定要小心谨慎，意识到关节的问题。

★先天性髋关节脱臼

双下肢波纹不对称，如单侧也可下肢不一样长，外展受限。

先天性髋关节脱位治疗越早越好，如果在婴儿期治疗，宝宝将来走路正常，也不会在以后的生活中有什么影响。但是如果耽误了治疗，就有可能造成永久性的跛行，或是

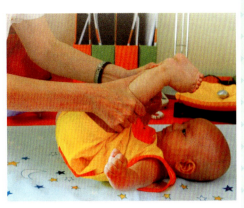

医生会用活动腿部，来诊断宝宝髋部的脱臼情况。

髋关节炎。

★肩手关节脱臼

生活中，由于一些突发事件，家长有可能在情急之下不小心将宝宝的胳膊拽脱臼。如小儿突然跌倒，家长牵着宝宝的一只手向上提起来，结果使关节脱臼；外出散步时，突然有辆车从拐角开出来，惊慌的妈妈会吃惊地猛拉宝宝的胳膊，引起脱臼。

如果您的小宝宝不幸脱臼了，因为非常疼痛，脱臼处又无法动弹而大声哭闹时，请尽快就医治疗。因此，家长平时要尽量避免用力牵拉宝宝胳膊，穿脱衣动作要轻柔，更不要拉着宝宝的手把他提起来。专家指出，宝宝的手被拉直并手掌向上的姿势最容易受伤。所以家长在扶宝宝时，应该抓住他的肘关节或上臂。1岁宝宝学走路时，家长应把两手放在他的腋窝下。

★习惯性脱臼

虽说脱臼问题不大，但如果宝宝一再受伤，就要带他去医院寻求稳定关节的方法了。因为脱臼一次之后的部位就比较容易再脱臼，有时候只是睡觉时翻个身便形成脱臼。如果脱臼已经成为习惯，建议您及早去医院诊治。

35. 消化不良与腹泻的预防

不少母亲在喂养宝宝的过程中，常常会碰到头痛的事——消化不良和腹泻。这些都是婴幼儿的常见病，防病大于治疗，如何预防呢？

★避免宝宝消化不良

为了避免或减少宝宝消化不良，应注意以下几个方面：喂养定时定量；保持宝宝良好的食欲，注意宝宝的身体状态和周围环境；注意腹部保暖，不要使宝宝的胃肠道受寒冷刺激；培养排便习惯，保持消化道通畅，帮助宝宝养成每天定时排便的习惯。

★非感染性腹泻

引起宝宝腹泻的原因很多，但作为非感染性腹泻是因为宝宝饮食喂养不当或天气变化。饮食方面引起的腹泻包括进食过多或过少，食物成分改变，加糖过多（反之，糖分摄入过少易引起便秘）。天气变化的原因，如宝宝受凉，可使肠道功能紊乱；气候炎热可使胃酸和消化酶分泌减少，消化不良引起腹泻。

★感染性腹泻

感染性腹泻是宝宝进食的奶具或食物不洁，使细菌进入体内造成腹泻。或者由于服用广谱抗生素，致使肠道菌群失调引起腹泻。当宝宝患急性上呼吸道感染、肺炎、中耳炎、泌尿系统感染、咽炎等病时，由于发热及病原体毒素的影响，也可能造成腹泻。因此，无论是哪一类腹泻，做父母的都应采取准确及时的处置，最好的办法就是寻求医生的帮助。

36. 宝宝发热的处理

如果宝宝发热了，做父母的一定都很着急，发现宝宝发热，父母应如何做呢？

★发热不必立即退热

该不该立即帮宝宝退热？医学上建议不需要，宝宝发热，代表身体正在抵抗病毒，身体会自然调节温度，所以不用立即退热。发热常常是疾病的征兆，家长们盲目地让宝宝服用退热药，容易影响医生对于宝宝发热原因诊断的正确性。当宝宝发热时，找出发热原因，远比急着帮宝宝退热重要。一般来说38.5℃以下不用退热处理，38.5℃以上应采用退热措施。如果宝宝发热时伴随着呕吐不停，或是因发热引起抽疯或搐的情况时，就要赶快送宝宝就医检查与治疗了。

★观察宝宝状况

宝宝如果只是38℃左右的微热，但精神状况还是很好，则可以在家先行照顾，多喝水不需给宝宝吃退热药，依宝宝所出现的症状判断发热的原因，若仍不清楚，可以打电话找医生咨询。若宝宝体温高于39℃时，再考虑给宝宝吃退烧药，三个月内的宝宝尽量不喂退烧药，给予物理降温较安全。但吃完退热药后，不论是否有效，一定要就医治疗。

★家庭护理

先将宝宝部分衣物或小被子移除；将房间通风，降低室内温度；可将窗户打开或打开电风扇，但要避免阵风或直接吹向宝宝；衣服若有潮湿则立即更换；给予温水拭浴，拭浴完后应适当保暖；适当补充水分，以补充葡萄糖水为佳。处理后30分钟再予测量体温。

数字体温计是检查宝宝是否发热的理想工具。

★药物的使用

宝宝很不舒服时，可以给宝宝吃退热药，

图解育儿圣经

发烧会热坏脑子吗

一般感染的发烧并不会造成脑子烧坏。会产生烧坏脑子的情况，在于脑细胞受到伤害而发烧，但如果家长们发现宝宝发热时的体温高达42℃时，就要赶快带宝宝就医检查，了解发热原因，是否脑部已受到感染了！

但若是家长自行到药店购买成药时，就必须问清楚剂量再用，如果还是无法处理时，再带宝宝就医治疗。

37. 防止肺炎的发生

小儿肺炎是上呼吸道感染未得到及时治疗和有效控制而引起的。呼吸道感染是否会变成肺炎，关键在于家长能否观察小儿病情变化、识别肺炎症状，及时就医。如果能够对早期的上呼吸道感染给予重视，及时诊治，可有效预防肺炎的发生。平时还要积极采取预防措施。

★ 区别肺炎和感冒

重度以上肺炎易与感冒区别，但轻症肺炎区别就较为困难。与感冒相比，肺炎的区别表现有：小儿肺炎大多会发热，而且一般都在38℃以上，并持续2～3天及以上不退，即使使用退热药也只能暂时退一会儿；小儿肺炎大多有咳嗽或喘憋，且程度较重，常有呼吸困难；睡不熟、易醒、爱哭闹，尤其在夜间有呼吸困难加重的趋势等。

★ 及时增减衣物

婴幼儿虽然没有大人耐寒，但他们多处于运动状态，即使睡着了也不会安静，所以和大人穿得差不多就好了。妈妈应根据温度变化而适当增减宝宝衣服，不要让宝宝在出

汗的情况下突然到冷空气中。

★ 经常运动

让宝宝到大自然中去，呼吸新鲜空气也是提高机体抵抗力的好方法。每天带宝宝进行适当的户外活动，接受新鲜空气、阳光，居室每日定时开窗换气。

★ 远离病源

尽可能避免接触呼吸道感染的患者。在疾病流行的季节应少带宝宝串门，尽量不到公共场所去，家里有人患感冒则应减少与宝宝接触。

★ 缓慢降热

不要把出汗的宝宝放到风口处凉快，也不要让宝宝快速喝冷饮等食品，这样会使宝宝敞开的汗毛孔迅速闭合，造成体内调节失衡，引起呼吸道感染。当宝宝已经出汗时，不要马上脱掉衣服，应该让宝宝静下来，擦干汗水，等到宝宝不再是汗流浃背时，脱掉一件衣服。

★ 常喝温开水

可以让宝宝多喝温白开水，这样不但可预防感冒，更重要的是对宝宝胃肠道和肺部有益。

为了宝宝王灏璇的健康，妈妈王茜随着气候的变化，及时给其增减衣服。

38. 智能培育与开发

很多初为人父母的夫妻都认为，宝宝刚生下来，除了吃就是睡。如果您是这样想的，那您就大错特错了！其实宝宝从降生的那一天开始，就在认真地听、看、触摸和思考了。作为爸爸或是妈妈的您，应该怎样在生活中对宝宝进行智能的培育与开发呢？

★ 视觉能力训练

训练宝宝看图形

培养目的：训练宝宝对图形、颜色的感知能力，开发宝宝的视觉能力。

训练步骤：

1. 在宝宝床头上方两侧及周围（最佳视距为 20 厘米）悬挂一些五颜六色的小图片、小动物等，在宝宝醒来的时候，让他去看这些感兴趣的东西。

2. 也可以采用在小宝宝的床头贴上几种图形的方式来进行。如棋盘、条纹、曲线、同心圆等。

训练提示：图片的颜色要鲜艳，形状要多样，几天一换。

★ 动作能力训练

双手上举操

培养目的：锻炼宝宝双手，提升运动能力。

训练步骤：

1. 让宝宝仰卧，然后拉着宝宝的双手，轻轻平举在他身体的两侧。

2. 把平举变为往上举起，高过宝宝的头部。

3. 回到双手平举在身体两侧。

4. 回到双手垂直在身旁两侧。

训练提示：动作要轻柔。

★ 语言能力训练

拉长发音

培养目的：有助于语音的形成，有助于语言能力的提高。

训练步骤：

1. 让宝宝仰卧于妈妈怀里或者床上，妈妈做出各种表情，发出简单欢快的声音，引起宝宝的反应。

2. 当宝宝口中喃喃自语，发出"O—O—O"这样的音时，妈妈可以重复并拉长其发音"O—O—O—O—O—O"。

训练提示：妈妈发出的声音不要太大，以免惊吓宝宝。

图解育儿圣经

为了锻炼宝宝最可心的语感，妈妈徐怡经常会与宝宝进行语言交流。

第三章

让宝宝在微笑中感受父母的爱

——第2个月

　　不知不觉中，宝宝已经满月了，抱在手里沉甸甸的。最令父母高兴的事是，宝宝能够感受到父母的爱了！当你轻轻跟他说话的时候，当你亲吻宝宝的时候，宝宝居然会摇动自己的身体，向你表达他的快乐。宝宝是在用微笑表达幸福，他的整个身体都在微笑。那么，面对宝宝的微笑，作为父母的你们，该怎样去做呢？

1. 身体与感觉发育状况

> 2 个月的宝宝俯卧时，头抬起来大约能支持 30 秒钟时间，眼睛已经能清楚地看东西，能追随活动的东西。对眼前的玩具或人脸也能目不转睛地注视，表情渐渐丰富起来。这时与新生儿时期相比已经变化很多了。

宝宝李乃雅大部分时间还是处在睡眠状态。

★宝宝体格发育状况

	男婴	女婴
体重	约 6.03 千克	约 5.48 千克
身长	约 60.30 厘米	约 58.99 厘米
头围	约 39.84 厘米	约 38.67 厘米
胸围	约 40.10 厘米	约 38.78 厘米
坐高	约 40.00 厘米	约 39.05 厘米

★动作发育

宝宝仰卧时，大人稍拉其手，头可以自己稍用力，不完全后仰了。他的双手从握拳姿势逐渐松开。如果给他小玩具，他可无意识地抓握片刻。要给他喂奶时，他会立即做出吸吮动作。会用小脚踢东西。也会吮吸手指。

★语言发育

宝宝在有人逗他时，会发笑，并能发出"啊"、"呀"的语声。如发起脾气来，哭声也会比平常大得多。这些特殊的语言是宝宝与大人的情感交流，也是宝宝意志的一种表达方式，家长应对这种表示及时做出相应的反应。

★感觉发育

当听到有人与他讲话或有声响时，宝宝会认真地听，并能发出咕咕的应和声，会用眼睛追随走来走去的人。见到颜色鲜艳的物品就会注意，并表现出喜悦。对环境更为警觉，有更多、更明显的应答，会四下观看。

令人惊讶的是，宝宝已经懂得了谈话的方式。当妈妈用抚慰的口气说话时，他显得很安静；假如语气粗暴或过于大声、严厉，他就会显得不安。

味觉方面能辨别不同的味道，对难吃的食物会表现出明确的厌恶。

如果宝宝满 2 个月时仍不会笑，目光呆滞，对背后传来的声音没有反应，应该检查一下宝宝的智力、视觉或听觉是否发育正常。

★睡眠方面

2 个月的宝宝睡眠较 1 个月的宝宝要短些，一般在 18 小时左右。白天宝宝一般睡 3 ~ 4 觉，每觉睡 1.5 ~ 2 小时，夜晚睡 10 ~ 12 小时。白天睡一觉后可持续活动 1.5 ~ 2 小时。

2. 需要重点补充的营养

> 当宝宝体内血钙不足时，可发生手足抽搐症，常伴有不同程度的佝偻病症状。这时应及时补充钙剂，而且要与含维生素 D 的药物如鱼肝油等配合应用。

★补充钙剂视情况而定

为了防止宝宝发生佝偻病，应常规补充维生素 D。那么，是否也应常规补充钙剂呢？这要看具体情况而定。宝宝每天钙的需要量为 400 ～ 600 毫克，母乳每升含钙约 300 毫克，牛奶每升约含 1250 毫克。因此正常情况下，母乳和牛奶喂养的宝宝都不需要补充钙剂。千万不要把钙剂当成营养品。钙过量不仅无益反而有害。

★ 药物性维生素

宝宝出生 2 周即应开始补维生素 D，每天服用 400 国际单位，如果是维生素 A 和维生素 D 混合制剂，选择时一定注意其中维生素 A 与维生素 D 剂量的比例是否是 3：1，如"伊可新"，维生素 A 为 1500 单位国际单位，维生素 D 为 500 单位国际单位，这样不易出现过量。

★ 向太阳要维生素D

要经常把宝宝带到户外晒太阳，每天不少于 2 小时，可上午、下午各 1 次。当阳光较强时，应该去阴凉处，或选择避开上午至下午阳光较强的一段时间，身体照样可获得紫外线。值得注意的是日晒时不要把宝宝遮掩的太严实，尽量多露出皮肤，也不能让宝宝在房子里隔着玻璃窗晒太阳。因为紫外线很难透过去。要向妈妈特别提出的是经阳光照射，体内合成的维生素 D 剂量是十分安全的。

3. 形成规律的喂养

对 2 个月的宝宝来讲，仍应继续坚持纯母乳喂养，只要母乳充足，吃奶就很有规律。一般每隔 3 ～ 4 小时吃 1 次。在这段时间，注意不要让宝宝养成吃吃停停、长达二三十分钟以上的坏毛病。

★ 喂养时间不宜过长

宝宝吃奶的时间不宜过长，从奶汁的成分来看，先吸出的母乳中蛋白质含量高，而脂肪含量低，随着吸出奶汁的量逐渐增多，母乳中脂肪含量逐渐增高，蛋白质的量逐渐

降低。吃奶时间过长，会使脂肪摄入过多，容易引起宝宝腹泻。其次，乳汁已被吸空，再含着奶头，吸入的都是空气，容易造成溢乳。

一般认为一侧乳房的哺乳时间为 10 分钟。吸奶最初 2 分钟，已经可以吃到总乳汁量的 50%，最初 4 分钟，可吃到总乳汁量的 80% ～ 90%，最后的 5 分钟几乎吃不到多少奶。

★ 宝宝哭闹

有些妈妈在宝宝一哭时，就马上给宝宝喂奶，这会加剧喂养的不规律。对于 2 个月的宝宝，不到时间，就是哭也不要给他吃。如果你实在不忍心，你也可以带他到户外走走，分散他的注意力，他就会忘了吵了。

★ 喂养时间间隔

母乳喂养：妈妈们要有意识地将母乳喂养形成规律，3 小时左右喂 1 次。若宝宝吃奶 40 分钟仍未吃饱，或者当母乳喂养宝宝的体重不能增加时，可能是你的乳汁供应不足，可以适量增加配方乳喂养或转为配方乳喂养就可以解决。

人工喂养：当不能对 2 个月大的宝宝采用母乳喂养时，应每隔 4 小时喂奶 1 次，每天共喂 6 次，牛奶喂养的宝宝奶量每次为 100 毫升左右，即使吃得再多的宝宝，全天总奶量也不能超过 1000 毫升。

宝宝琪琪用哭来向妈妈表达某种需求。

4. 配方乳的喂食

在没有母乳的情况下，配方乳喂养是较好的选择，特别是母乳化的配方乳。虽然现在提倡母乳喂养，但是如果实在没有母乳，或者各种原因导致不能成功母乳喂养，妈妈们也不要遗憾，配方乳喂养的也会让宝宝很健康。

★奶量

不同的宝宝每天需要牛奶的奶量是不同的，这因人而异。一般按宝宝体重算，每天需要牛奶 100 ~ 120 毫升 / 千克。妈妈们买了优质的奶粉后，一定要按照说明书的浓度来冲调，过浓或过淡都会影响宝宝健康。

★消毒

冲完一次奶粉后，请检查一下是否将小匙正确放置并每次用前都消毒，因为手的细菌可能粘在小匙上，放在奶粉罐里，污染奶粉，使宝宝不明不白闹肚子；奶瓶应洗净、煮沸、消毒 10~15 分钟，奶嘴煮沸 5 分钟即可；每次吃剩下的奶一定要倒掉，不能留到下一餐再吃。

★调配和喂奶

控制好奶的温度，宝宝的奶粉适宜用 50 ~ 60℃的温开水冲泡，太热会破坏奶粉的营养成分。

喂奶时将奶瓶后部始终略高于前部，使奶水能一直充满奶嘴，以免宝宝吸入空气。

不同的奶粉冲制的奶量并不统一，因此，妈妈在冲之前应认真阅读奶粉说明。

人工喂养的宝宝要在两餐之间适量补充水分。

★其他注意事项

有些宝宝是从母乳改喂配方奶的，由于配方奶大多味道比母乳重些，宝宝很容易出现拒奶现象，妈妈要循序渐进地让宝宝改变，一点点减少母乳，增加配方奶，或者将母乳和配方奶调在一起喂宝宝，便于宝宝逐渐习惯接受。如果宝宝不爱喝，可尝试更换一种来喂。

为了保护宝宝牙齿，睡前用奶瓶喝奶的宝宝，喝完奶后，再换上点白开水喝，起到清洁口腔的作用。

5. 母亲生病或上班时的喂养

母乳喂养可能是一帆风顺的，也可能遇到各种问题。妈妈们常常因为自己的身体原因，动摇继续母乳的决心。此外许多妈咪在宝宝 6 个月或更早一点的时候就会重返工作岗位，上班和母乳喂养成为两难问题。

★母体感冒时的喂养

大多数病症只要妈妈恰当处理，都不会成为放弃母乳喂养的原因。当母亲出现感冒、流感时，母乳中已经制造免疫因子传输给宝宝，即使宝宝感染发病，也比母亲的症状轻，所以不必断奶，一般药物对母乳没有影响。可以在吃药前哺乳，吃药后半小时以内不喂奶，注意多饮水，补充体液；注意卫生，勤洗手，少对着宝宝呼吸，可以戴口罩防止传染。

★出现食物中毒时的喂养

一般肠道感染不会影响母乳，不必断奶，注意多饮水；极端罕见的病例中，引起腹泻的病菌已经进入母亲的血液和母乳里，可以暂时停喂母乳，定时挤奶以免乳房肿胀。病愈后可继续哺乳。

★患上乳腺炎的喂养

过去的例行手续是一旦发生乳腺炎，就立刻推荐断奶。但是经验证明，在几乎所有的情况下，患了乳窦堵塞或者乳腺炎的妈妈，对自己和宝宝所能够做得最好的事情，是继续哺乳，而且应该更加频繁地哺喂，以缓解症状。

★母体出现甲型肝炎时的喂养

甲肝发病比较急性，母亲可能卧病不起，无法哺乳，可考虑暂时停喂，定时挤奶；美国儿科学会传染病委员会推荐给宝宝肌内注射一针标准丙种球蛋白，母乳喂养可照常进行，乳汁中的抗体可以保护宝宝不受感染。

★患上糖尿病时的喂养

母乳喂养对于患有糖尿病的母亲来说有特殊的好处；由于胰岛素的分子太大，无法渗透母乳，所以糖尿病妈妈完全可以进行母乳喂养；由于糖尿病患者容易感染各种病菌，母乳喂养期间要格外注意血糖水平、格外注重个人卫生、格外保护乳头不受感染。

★存储母乳的方法

挤出来的母乳储存在干净的容器里，如消毒过的塑胶筒、奶瓶、塑胶袋。储存母乳时，每次都要另用一个容器。不要装得太满或把盖子盖得很紧，以防容器冷冻结冰而胀破。母乳分成小份冷冻（60～120毫升），方便家人或保姆根据宝宝的食量喂食且不浪费，并贴上标签，记上日期。

为了保证母乳的充足，上班的妈妈可以用吸奶器将奶水吸出，并注意冷藏储存。

★储存母乳的食用方法

喂食前，冷冻母乳先用冷水或放置在冷藏室慢慢解冻退冰。解冻后的母乳倒进奶瓶用温水加热，摇匀后用手腕内侧测试温度，合适的奶温应和体温相当。已经拿出来的冷冻母乳退冰后不可再冷冻，只可冷藏。一旦加温后若未食用，不可再次冷藏，需丢弃。不要用微波炉和直接在火上加热，因为微波炉加热不均匀，而直接在火上加热、煮沸会破坏母乳的营养成分。母乳冰凉后会出现分层现象，因为母乳中含有很多油脂，加热后要轻轻摇晃，使其混合均匀再喂食。

★上班族妈妈的母乳喂养

如果工作地点离家比较近，可在上班前喂饱宝宝，午休时回家喂奶一次，下班后再喂，加上夜间的几次喂奶，基本上就能满足宝宝的需要了。如果离家远，可以事先将母乳挤出储存好，请家人代喂1～2次，晚上回到家再喂奶。上班族妈妈都很担心哺乳次数的减少会影响乳汁的分泌。其实，把奶吸出来就可以解决这个问题。工作期间，即使再忙，你也要保证每3小时吸1次奶。

专家答疑

因患病暂时不能喂养母乳怎么办

妈妈患病期间，仍要坚持按时、按需吸空乳房，乳房被吸得越空，越能促进乳汁的快速分泌。待妈妈身体恢复后就能立即给宝宝哺乳，而不会出现乳汁分泌减少甚至没有的情况了。

6. 宝宝吐奶现象的应对

吐奶时最怕的是，奶水由食管突然反逆到咽喉部时，刚好在宝宝吸气的当儿，奶水误入气管发生呛奶。呛奶量大时，将造成气管堵塞，不能呼吸，马上会缺氧危及生命；呛奶量少时，会直接吸入肺部深处造成吸入性肺炎。所以应对宝宝吐奶现象，是一项重要的课题。

★轻微的吐奶

当宝宝发生轻微的溢、吐奶时，通常他会自己调适呼吸及吞咽的动作，所以没有吸入气管的危险，父母只要密切观察他的呼吸状况及肤色即可。

★大量吐奶

若为平躺时发生呕吐，应先迅速将宝宝的脸侧向一边，以免吐出物因重力而向后流入咽喉及气管；用手帕、毛巾卷在手指上伸入口腔内，甚至咽喉处，将吐、溢出的奶水食物快速的清理出来。此时，清除口腔要比鼻腔重要！所以平常身边随时要配置小手帕、小毛巾，以备急需（鼻孔则可用小棉花棒来清理）；如果发现宝宝憋气不呼吸或脸色变暗时，表示吐出物可能已进入气管了，此时要马上使其俯卧在大人膝上或床上（硬质床），用力拍打其背部4～5次，使其能咳出。

如果这些步骤都做了，宝宝还是无反应，那就应立刻用力刺激其脚底板（或掐或捏），使宝宝因感觉疼痛而哭泣（呼吸），此时最重要的是让宝宝吸气，使氧气能及早进入肺部，以免缺氧。如有任何异常（如声音变调微弱、吸气困难、严重凹胸等），即刻送医。

★预防宝宝吐奶

采用合适的喂奶姿势，应当抱起宝宝喂奶: 让宝宝的身体处于45度左右的倾斜状态，

1用肩部托住宝宝，轻拍后背打嗝。　2让宝宝坐在腿上打嗝。

3让宝宝趴在膝上打嗝。

胃里的奶液自然流入小肠，这样会比躺着喂奶减少发生吐奶的机会；喂奶完毕一定要让宝宝打个嗝，把宝宝竖直抱起靠在肩上，轻拍宝宝后背，让他通过打嗝排出吸奶时一起吸入胃里的空气，再把宝宝放到床上，这样就不容易吐奶了；吃奶后也不宜马上让宝宝仰卧；喂奶量不宜过多，间隔不宜过密。

7. 喂食后打嗝的处理

宝宝的打嗝是因为横膈膜突然用力收缩所造成，是很常见的情形，一般都出现在喂食之后。

★打嗝为正常生理现象

打嗝属于正常的生理现象，由于常在刚喝完奶时发生，原因可能是宝宝常哭闹或在喂食时吃得太急，而吞入大量的空气所造成的打嗝；有时如肚子吹到风受寒，或是吃到生冷食物等造成刺激而出现打嗝症状；其他较少见的原因是与胃食管逆流及疾病，如肺炎有关，或对药物的不良反应等都有可能。

★如何停止宝宝打嗝

其实应该是没有任何可靠的方式来停止宝宝打嗝，尤其是在仍不确定为什么会发生打嗝时。宝宝若无其他疾病而突然打嗝，一般无需作处理，通常打一会儿就可自行停止，除非发作时间较长，连续超过10分钟以上。家长可以在宝宝喝完奶之后，多抱一会儿，轻轻拍宝宝背部，或是轻柔按摩腹部来帮助

父母必读

土方法治打嗝不足信

有些无医学根据的土方法用来治疗宝宝打嗝，如服用蜂蜜来治疗打嗝或压眼球等，妈妈们切勿相信。因为蜂蜜中可能含有细菌，宝宝的胃酸不一定有足够能力可以杀死这些细菌

排气，可以预防宝宝打嗝及溢奶。此外，试着少量多餐的喂食法，或喂食后抱起宝宝并拍背加强排气，喂一点温开水或以有趣的活动来转移宝宝的注意力，或许可以改善宝宝打嗝症状。

★日常照顾预防打嗝建议

日常生活中要避免宝宝打嗝，需注意喂食宝宝要在安静的状态与环境，千万不可在宝宝过度饥饿及哭得很凶的时候喂奶。且要有正确的喂奶姿势，进食时也要避免太急、太快、过冷、过烫，在宝宝打嗝时可用玩具或轻柔的音乐，来转移、吸引宝宝的注意力，以减少打嗝的频率，或是让宝宝在喝奶的中间停一下休息，让宝宝直立站在你腿上，轻轻地拍他的背排气，打完了饱嗝可避免连续打嗝。

8. 掌握抱宝宝的正确姿势

满月后的宝宝四肢仍较软，头也抬不起来，颈部、腰部也无力，要让刚刚做妈妈的将宝宝抱起来，就会感到紧张，不知从何下手。

★平抱或斜抱

由于颈部和背部肌肉发育还不完善，满月的宝宝不能较长时间支撑头的重量。因此，抱这个时候的宝宝的姿势是很讲究的，主要是平抱，也可采用角度较小的斜抱。平抱时让宝宝平躺在成人的怀里，斜抱时也要让宝宝斜躺在成人的怀里。不论是平抱或斜抱，成人的一只前臂均要托住宝宝的头部。另一

妈妈张骑托起宝宝琪琪的脖子和腰部，将其抱起。

只手臂则托住宝宝的臀部和腰部。对于易吐奶的宝宝则应采取斜抱，这样可防止吐奶或减轻吐奶的程度。

★竖抱

2个月左右的宝宝并不适合竖抱，一般只是在喂奶后打嗝时临时抱一会儿。抱宝宝的人一定要用两只手分别托住宝宝的背部和臀部，再把宝宝竖抱起来。虽然只是短时间的竖抱，但可以帮助宝宝练习抬头的动作，锻炼宝宝颈部的支撑力，同时，这一活动也可以帮助宝宝认识自己周围的环境，培养宝宝的视觉能力和观察事物的能力。但是由于此时宝宝的骨骼发育还比较差，千万不可长时间的把他竖抱着，因此这项活动持续的时间不宜过长。

★注意事项

抱起宝宝前可先用眼神或说话声音逗引，使他注意，一边逗引，一边伸手将他慢慢抱起。不管用何种姿势抱这个月龄的宝宝，均应保护好头颈部和腰部以免造成意外伤害。这时将宝宝抱起来的时间不宜过长，以免疲劳，也不可将宝宝抱在手上来回摇晃，以免损伤脑部。最后，要提醒家长的是每次锻炼后要用手轻轻抚摸宝宝背部，放松背部肌肉，让宝宝感觉舒适和家长的爱抚。每次锻炼完后还可以让宝宝仰卧在床上休息片刻。

9. 按摩是最好的情感交流

经常对宝宝进行按摩是培养父母与宝宝间亲情的一种行之有效的好方法。宝宝在出生后的第1年里，触摸感觉是情绪满足和安全感的主要来源。

★宝宝按摩好处多

宝宝按摩不仅是父母与宝宝情感沟通的桥梁，还有利于宝宝的健康。宝宝按摩具有帮助宝宝加快新陈代谢、减轻肌肉紧张等功

45

效。还可促进对食物的消化、吸收和排泄，加快体重的增长，帮助宝宝睡眠，减少烦躁情绪等。

★按摩禁忌

不要在宝宝饥饿或过饱的时候进行；对新生儿，每次按摩15分钟即可，稍大一点的宝宝，约需20分钟，最多不超过30分钟。

★如何按摩

首先，对宝宝的按摩力度一定要轻，以免伤害其幼嫩的血管和淋巴管。其次，为宝宝按摩时，要从宝宝的头抚摸到躯体，然后从躯体向外抚摸到四肢。

头部按摩：轻轻按摩宝宝头部，并用拇指在宝宝上唇画一个笑容，再用同一方法按摩下唇。

胸部按摩：双手放在宝宝两侧肋线，右手向上滑向宝宝颈部，再复原。左手以同样方法进行。

腹部按摩：按顺时针方向按摩宝宝腹部。避开脐部。

背部按摩：双手平放在宝宝背部，从颈向下按摩，然后用指尖轻轻按摩脊柱两边的肌肉，再次从颈部向底部运动。

上肢按摩：将宝宝双手下垂，用一只手捏住其胳膊，从上臂到手腕轻轻扭捏，然后用手指按摩手腕。用同样方法按摩另一只手。

下肢按摩：按摩宝宝的大腿、膝部、小腿，从大腿至踝部轻轻挤捏，然后按摩脚踝及足部。在确保脚踝不受伤害的前提下，用拇指从脚后跟按摩至脚趾。

10. 适当地进行户外活动

满2个月之后，宝宝的抬头能力明显地进步了。出去玩的时候，宝宝也会头直立地待上20～30分钟。这时，宝宝眼睛看东西的能力明显地提高了。从宝宝一出屋就兴奋不已的表现，我们可以判断出他已看清楚外面的世界很精彩。

★空气浴

户外空气浴可以使宝宝的皮肤、呼吸道黏膜接受外界空气的冷与热的刺激，这些刺激传递到大脑可提高神经中枢对体温的调节能力，并增强宝宝适应大自然和抵御疾病的能力；户外新鲜空气比室内密闭环境下的空气含氧量高，有利于宝宝呼吸系统和循环系统的发育。

★日光浴

户外空气浴的同时还可以接受紫外线的照射。这会让宝宝自身产生更多的具有活性的维生素D，将有利于钙的吸收，避免佝偻病的发生。当然要注意避免暴晒，如果阳光较强，应该去树的阴凉处，或选择避开上午至下午阳光较强的一段时间，身体照样可获得紫外线。

★丰富的视听

宝宝在户外看到的人和物远远地多于在家中，这些丰富的视听刺激以及与人的交流和沟通均会有利于宝宝智力的发育。

★注意事项

让宝宝选择卧式婴儿车，当道路不平时也要把宝宝抱出来，以免躺着颠簸，震伤大脑。

较适宜的姿势是让宝宝面朝前，背靠母亲胸腹部；母亲一手托臀部，另一手环绕宝宝腰部。每过20～30分钟就应该给宝宝变换体位，这样有利于血液循环，也有利于肢体的运动。

外出活动不要到人口聚集处，比如商场、

爸爸管明与妈妈马莉
常带宝宝管文博进行
户外活动。

图解育儿圣经

电影院等地。这些地方通风不好，人流复杂，难免有疾病患者或带菌者，而宝宝抵抗力低，容易被感染。

夏天天气炎热，户外活动要给宝宝戴帽子，抹防晒霜；同时要注意避免长时间地抱着宝宝，因为长时间地抱着宝宝不利于散热，会造成宝宝体温过高。

外出活动后要及时给宝宝补充水分，培养宝宝喝凉白开水的习惯。

11. 选择性的给宝宝玩具玩

2个月的宝宝俯卧时，头抬起来大约能支持30秒钟时间，眼睛已经能清楚地看东西，能追随活动的东西。对眼前的玩具或人脸也能目不转睛地注视，表情渐渐丰富起来。这时父母可以选择一些玩具给宝宝玩了。

★ 考虑安全问题

对宝宝来说，安全总是第一位的，选择玩具，亦是如此。宝宝会将所有的东西放进嘴里。应避免购买因包含小部件而可能引起宝宝窒息的玩具。此外，要避免购买用PVC生产的塑料玩具，防止溢出有害化学物质。避免做工粗糙的玩具，防止一些多余的棱角伤害到你的宝宝。

★ 色彩和声音类玩具

选一些颜色鲜艳、声音悦耳、造型精美的既能看又能听的吊挂玩具，如彩色气球、吹气娃娃及小动物、彩条旗、小灯笼、颜色鲜艳的充气玩具、拨浪鼓、摇铃等。注意此时宝宝的视距在3米以内，要悬挂在宝宝的床头及周围，每隔4天轮流更换。还可以用颜色鲜艳的小袜子和小丝巾，套在或轻轻系在宝宝手上。

★ 手抓类玩具

可将拨浪鼓、摇捧、哗铃棒、各种环状玩具、拉串、软硬塑料和橡胶一类练手动作

的玩具放在宝宝的摇篮边，让宝宝可随时看到、抓到。还可选用一些用手捏可发声的橡胶玩具或较轻的小型玩具。

★ 温馨类玩具

这时的宝宝需要温暖的母爱和安全感，可以选一些手感温柔、造型朴实、体积较大的毛绒玩具，放在宝宝手边或床上；还可以选择色泽鲜艳的挂图或者重点突出的名画，经常抱着宝宝看这些图画，并且柔声的告诉宝宝画里面的内容。

12. 注意宝宝的排便

宝宝粪便的次数、性状、颜色、气味，与年龄、食物的种类及其消化、吸收功能有着密切的关系。它是反映宝宝胃肠功能的一面镜子，家长可以通过观察粪便来调整宝宝的饮食。

★ 母乳喂养儿粪便

粪便呈黄色或金黄色，稠度均匀如药膏状，或有奶瓣样的颗粒，偶尔稀薄而微呈绿色，呈酸性反应，有酸味但不臭。每天排便2～4次，如果平时每天仅有1～2次大便，突然增至5～6次大便，则应考虑是否患病。如果平时大便次数较多，但小儿一般情况良好，体重不减轻而照常增加，不能认为有病。

★ 人工喂养儿大便

以牛乳喂养的婴儿，大便色淡黄或呈土灰色，质较硬，呈中性或碱性反应。由于牛奶中的蛋白质多，有明显的蛋白分解后的臭味。大便每天1～2次，如果增加奶中的糖量，则排便次数增加，便质柔软。

★ 粪便改变，调整饮食

大便次数较平时增多，质地较稀，夹有黄色油状小颗粒，带有酸味，这是脂肪消化

47

宝宝管文博每次排完便后，妈妈都会及时清洗pp。

不良所致。调整：母乳喂养的可只给宝宝吃前半段奶，脂肪含量较高的后半段奶则挤出弃去。此外，母亲要多饮水及少吃含脂肪高的食物或油炸食品。

大便呈水样，带有泡沫，味酸刺鼻如馊食般，这可能是对糖类不消化所致。调整：在奶中不必加糖。

粪便恶臭如臭鸡蛋味，带有不消化的奶瓣，可能是蛋白质消化不良。调整：每次喂奶时可减少奶量，观察1～2天，待正常后再逐渐添加，也可加用些益生菌。

大便呈褐色球状，难以解出，甚至大便周边带有血丝，这是硬便损伤了肛门。调整：多饮些水。

★通过大便判断宝宝的消化和病变

大便太臭：蛋白质吃得太多，消化不良。刚从母乳换牛奶时会有此现象。

多泡沫：糖发酵旺盛，不是毛病。

呈油状：脂肪不消化。

有凝块奶：未完全消化。

呈绿色：胃肠蠕动太快，不是毛病。

色太淡或淡黄近于白色：黄疸，赶快去看医生。婴儿的眼睛与皮肤可能有点黄。

呈黑色：胃肠道上部分出血，去看医生。

呈红色：胃肠道下部分出血，去看医生。

呈红色水果冻状：可能是肠套叠，应立即送医院。

13. 及时服用小儿麻痹糖丸

脊髓灰质炎俗称小儿麻痹症，是一种病残率很高、会导致儿童终生残疾的传染病，预防和控制的最有效方法是让适龄儿童服食小儿麻痹糖丸疫苗，强化免疫能力。

★小儿麻痹症

小儿麻痹症是由脊髓灰质炎病毒引起的。病毒主要由饮食污染或飞沫传播，损害部位为脊髓前角的运动神经元（下运动神经元）。表现为在瘫痪前期发热，3～4天后或体温下降后出现瘫痪，可为脊髓型、延髓型、脑炎型或混合型。经过1～2周进入恢复期，病肌复原，或形成持久性麻痹后遗症。

★服用方法

小儿麻痹活疫苗中的病毒遇热会失去作用，服用时应用冷水送服，绝对不可以用温水、温奶及母乳送服。严禁用开水化糖丸，以防病毒被烫死而失效，通常把糖丸从冷藏瓶中取出，用一个小酒杯把糖丸放入杯中擀碎，马上给宝宝喂入口中，迅速咽下，再喂点凉开水，或吞服，半小时以内不能喝热水和热奶。此外，体弱、佝偻病、肺结核、营养不良等宝宝先恢复体质后再服用。发热至37℃或腹泻时要等康复后才可服用。患各种传染病者，也要等退热1周，身体完全恢复后才可服用。

★小儿麻痹免疫程序

小儿麻痹糖丸分为红色（Ⅰ型）、黄色（Ⅱ型）、绿色（Ⅲ型）三种。口服方便，无痛苦，易被小儿接受，自生后2个月服用第1次，3个月服用第2次，4个月时服用第3次，Ⅰ、Ⅱ、Ⅲ型药丸依次服用，少服1丸就是少接种一个型的疫苗，所以3丸必须全部服完。以后于1岁、2岁、7岁各服1丸混合疫苗，才能取得良好的免疫效果。

14. 预防维生素 D 的缺乏

佝偻病是危害宝宝身体健康的营养缺乏性疾病，是由于体内缺乏维生素D而造成的小儿多发病。患佝偻病的宝宝不仅骨骼变形，而且由于免疫能力的下降，易反复发生呼吸道感染和消化功能紊乱，患儿情绪不稳，爱哭易惊，妨碍他们的身心健康。

★ 了解维生素D

维生素D是一种脂溶性维生素，有5种化合物，与健康关系较密切的是维生素 D_2 和维生素 D_3，维生素 D_2 和维生素 D_3 的作用和用途完全相同。植物不含维生素D，维生素D在母乳和牛奶中含量甚微。维生素D在体内发挥作用主要是通过促进钙的吸收进而调节多种生理功能。其主要功能是调节体内钙、磷代谢，维持血钙和血磷的水平，从而维持牙齿和骨骼的正常生长发育。

★ 补充维生素D

提倡尽早抱宝宝到户外晒太阳。正常母乳喂养宝宝应每日喂以维生素D400～800国际单位（南方400～600国际单位，北方600～800国际单位），早产儿也要加至每日600～800国际单位；对于每日口服维生素D有困难者，每月给宝宝口服一次维生素D 50 000～100 000国际单位。对于人工喂养的宝宝，应首选使用适合0～6月龄宝宝配方奶粉，因为国家婴幼儿奶粉标准中规定这种奶粉中每百克应添加200～400国际单位的维生素D。对于早产儿、双胞胎宝宝，最好在专业人员指导下及时补充维生素D。

★ 小心维生素D过量

妈妈总是担心宝宝缺这个缺那个，索性将鱼肝油（维生素A、维生素D制剂）、维生素片超量给宝宝吃，而且又晒太阳又补钙。本想一劳永逸，可是问题来了：维生素也会

宝宝在快速生长阶段，可以每天服用400～800国际单位维生素D。而早产儿、双胞胎可以增加到2000国际单位左右。但是，如果过量补充维生素D，就可能引起中毒。

中毒。维生素D中毒主要与高钙血症有关系，钙盐沉积于各组织器官，影响其功能。在给宝宝补钙或服用维生素制剂时，不能多多益善，要注意咨询医生，了解正常用量，清楚过量时的危害及症状，控制用量。如发现宝宝异常，应尽快送医，经确诊应马上停用。

15. 预防蚊虫的叮咬

气候转暖，各种蚊虫也开始活跃起来，如何让宝宝避开蚊虫的骚扰？宝宝被蚊虫叮咬后又该如何处置呢？

★ 室内避蚊

宝宝的皮肤和呼吸道都很娇嫩，所以，对宝宝而言，最好的驱蚊方法是物理驱蚊。首先，要在家中安上纱门纱窗，并做到随手关好门窗。其次，为宝宝吊起蚊帐，不要因怕麻烦而放弃使用蚊帐。

由于二氧化碳、体温、汗味儿，是十分敏感的诱蚊剂。所以，一定要常给宝宝及时擦干汗液，注意勤给宝宝洗澡、换衣。

此外，蚊香和喷洒类的灭蚊药剂尽量不用。如果实在要用，也等宝宝不在家，然后通风完后再接宝宝回来。

★ 室外防蚊

郊游时尽量穿长袖衣裤；可以在外出前全身涂抹适量驱蚊用品，对驱赶蚊子有较好的效果；不要在河边、湖边、溪边等靠近水源的地方扎营，这些地方在夏天会有较多的蚊子；尽量避免在草丛中穿行。

★ 被蚊虫叮咬的处理

止痒：一般性的虫咬皮炎的处理主要是止痒，可外涂虫咬水、复方炉甘石洗剂，也可用市售的止痒外涂药物。宝宝一旦被蚊咬后，立即擦上治疗蚊咬的药水。

防抓挠：父母要监督宝宝洗手，剪短指甲，谨防宝宝搔抓叮咬处，以防止继发感染。

防感染：宝宝被蚊虫叮咬后，因搔抓等原因而发生局部感染、红肿，还会出现脓性分泌物，这时可遵医嘱给宝宝内服抗生素消炎，同时及时清洗被叮咬的局部，涂抹红霉素软膏等。

就医治疗：对于症状较重或有继发感染的患儿，如果出现了发热、意识不清等严重症状时，就需要立即就医治疗。

16. 父母需小心宝宝湿疹

湿疹发生在吃奶期的宝宝，因此，民间则多叫做"奶癣"，是婴儿最常见的皮肤病。婴儿湿疹一般在宝宝出生2个月左右开始出现。

★ 湿疹的原因

由于婴儿的皮肤细嫩，抗病能力较差，因此很容易患各种皮肤病，但湿疹不是感染引起的。一般过敏体质是发病的主要原因，外界各种激发因素（如奶、某些药物、花粉等）是发病或加剧病情的诱因。比如，还有的宝宝由于皮脂分泌过于旺盛，于是在头皮、眼睑、外耳道内、鼻周、耳周、股沟等处出现脂溢性湿疹，不过这种湿疹不是很痒。有的宝宝是因为衣服穿得稍多，汗液的刺激，或内衣上残留有洗涤剂，或者接触了宠物身上的绒毛等。或者服用了某种易引起过敏的药物。因此，冬春季节患湿疹的宝宝更为多见。

★ 出现湿疹的症状

湿疹初起时，其皮疹多呈对称性、弥漫性和多形性，表现为颜面皮肤的红斑、米粒样丘疹、疱疹、糜烂、渗液和结痂等，其边界不清、炎症反应明显。可遍及整个颜面部和颈部，严重的手、足和胸腹部可见到，局部皮肤有灼热感和痒感，因而患儿往往显得烦躁不安，头颈在衣领处摩擦或是用手搔抓，有的则由此而引起细菌的继发感染。有的病儿因皮疹的反复发作，可转为慢性，病程迁延数月甚至数年，其皮疹主要表现为皮肤的浸润、增厚而致皮肤粗糙，其周围边界清晰。

★ 发现湿疹的处理

在宝宝患了湿疹后，将宝宝的指甲剪短，应尽量避免小儿用手搔抓。在穿着上，要给宝宝穿棉织品的衣服，并且勤换内衣和尿布，勤洗澡，以保持皮肤的清洁，预防细菌的感染。在洗澡时，用温热水，不要使用成人使用的肥皂，而应当选用适合宝宝的沐浴液或其他油性物质，有利于保持宝宝皮肤的弹性及湿度。然后在宝宝的患处涂抹炉甘石洗剂，以减轻宝宝的瘙痒。如果患处已经被宝宝抓破就要在患处涂抹抗生素药膏。由于多数湿疹瘙痒难忍，有的还连绵不断，所以会使婴儿睡眠不安，应当及时给予治疗。

17. 注意宝宝腹股沟疝

小儿疝气是小儿外科常见疾病之一，主要临床表现为宝宝出生后不久，在腹股沟部位有可复性肿块，多数在2～3个月时出现，也有迟至1～2岁才发生。小儿疝气一般发生率为1%～4%，男婴发病率是女婴的10倍，早产儿则更高，且可能发生于两侧。

★ 小儿疝气的发现

小儿疝气一般在宝宝出生后很快就会发生，发生率较高。当宝宝哭闹、奔跑等用力过猛的情况下就会在阴囊或阴唇上方看到包块，安静后又消失，因此有些宝宝发病很长时间家长还不知道。导致错过最佳治疗时机，留下终身的遗憾。所以提醒家长，若发现宝宝无故反复哭闹，家长要检查一下有无疝气的发生。发现疝气后，要尽早带宝宝到正规医院就诊。除少数宝宝疝气外，大部分腹股沟疝气不能自愈。

★ 小儿疝气病的危害

小儿腹股沟疝气首先影响患者的消化系

图解育儿圣经

统，从而出现下腹部坠胀、腹胀气、腹痛、便秘、吸收功能差、易疲劳和体质下降等症状。又由于腹股沟部与泌尿生殖系统相邻，可因疝气的挤压而影响生殖系统的正常发育。所以小儿疝气应该及早进行彻底治疗。

★小儿疝气需及时治疗

不少家长认为，小儿疝气能不治自愈。疝气专家提醒家长朋友，不排除极少数小儿疝气患者，随着年龄的增长，疝气就不再出现，但这种情况多半是6个月大以内的幼儿。随着年龄的增长，宝宝活动量增加，在腹压增大的情况下，疝气还有可能复发。

有极少数宝宝，有自愈的可能，但宝宝患上疝气还是需要及时治疗的，这是因为疝气经常脱出，与疝环反复摩擦，长此下去，极易导致严重的疝气并发症。

育儿提示

女孩子也会患上疝气病

女孩也会得疝气病，从人体生理解剖图可清晰辨别出女性腹股沟也存在疝环，所以任何年龄段的女性朋友都有可能患疝气病，女性疝气宜趁早治疗。

18. 给宝宝服药的正确方法

喂宝宝吃药可是一个考倒许多新手爸妈的大难题，要如何建立宝宝良好的吃药习惯？甚至是让宝宝顺利地服用药物？看起来似乎是件相当不容易的事，但是只要你用对方法，从小就帮宝宝建立良好的服药习惯与态度，喂宝宝吃药就会变得更容易。

★勿再加水稀释

小宝宝的药量通常都不多，所以尽量不要再加水稀释，以最少的药量来喂食宝宝为原则。

★勿逼迫宝宝强行喝水

为了预防宝宝吃完药后发生呕吐的症状，千万不要在宝宝吃完药后强迫宝宝喝水。

★用带有标准刻量的用具

如果父母每次都是用茶匙给宝宝喂药，那么将冒两种风险——用药过量或用药不足。用药过量会损害健康，而用药不足又达不到治疗的效果。小宝宝不会吞咽时，可以用喂药滴管，大一点的宝宝可以用喂药器或专门给宝宝用的药匙。这些东西在药店可以买到。

★遵循"用前摇匀"的指示

如果在药瓶的标签上写着用药前摇匀，那一定是因为需要在使用前分散有效成分，否则，没有摇匀就直接服用，最先服用的2/3的药液会比规定的浓度要淡，药性不足，而剩下的1/3又太浓，服用后会有损宝宝的健康。

★按宝宝年龄用药

给宝宝用的药物浓度是不同的，比如同样是扑热息痛（对乙酰氨基酚），如果你给幼儿服用宝宝剂量，宝宝服用的药物有效成分就不足，反之，如果给小宝宝服用了幼儿用剂量，药物的有效成分就过量了。一两次这样的错误或许问题不大，但如果长期这样下去，就会带来肝脏的损害。严格按照年龄和体重计算服药量，而且，不要随便把成人用药给宝宝服用。

★不要服用过期药物

有些药物比其他药物的有效期要短，更新更快。服用已经过了有效期的药物，很难把握它的作用，也许失效不起作用，也许药性更强了，这都对身体不利。为安全起见，每3个月检查一次家里的药箱，把那些已经过期或拿不准的药物及时清理掉。

★保持药物原来的包装

不要把一种药放进其他的瓶子或小盒里，如果在新的容器上你做的标注不清楚，比如名称、服用剂量、有效期、副作用等等信息写得不明白，很可能造成在使用的时候犯错误。如果你给宝宝服错了药物，或者用量不足或过量，后果是很难预料的。

★不要持续服用不见效的非处方药

很多父母在扮演医生的角色时，总是希望宝宝吃了药就会好，但如果在给宝宝服用了一种非处方药两三天后还是没有缓解或好转，就不要再耽搁了，你需要带宝宝去看医生。还有，宝宝发高烧或剧烈腹泻或呕吐，都需要及时去医院，由医生来诊断并开处方。

★对症用药，减少不必要的用药

很多时候，宝宝喉咙痛、流鼻涕或咳嗽是不需要服药的，即便你给宝宝吃了非处方药，它也只能对付表面的症状，却去不了病根。例如宝宝因为身体的某个器官感染细菌而发烧，你给他吃退烧药也只能让他身体舒服一点，却不能治愈感染。有的非处方药还会带来副作用，比如治疗感冒的药物就常常引起宝宝瞌睡，与其漫无目的地用药，还不如只针对困扰宝宝的某种症状用药。而且在给宝宝同时服用几种药物前要仔细阅读说明，假如他们含有相同的成分，一定要小心不要使宝宝因为服用几种药物而造成某种成分的过量吸收，这可能带来身体的伤害。

19. 智能培育与开发

2个月的宝宝已经能够感受到父母深切的爱意了，与前一个月比起来，宝宝醒着的时间长了许多，做父母的可以在这些时间让你的宝宝快乐地玩耍和学习。

★语言能力训练

吹泡泡

培养目的：运动宝宝的嘴唇肌肉，为以
　　　　　后宝宝说话奠定基础。

步骤：

1.让宝宝仰卧在手臂中，妈妈的脸与宝宝的脸距离约为25厘米。

2.妈妈说："宝宝乖，看妈妈，舔舔嘴。"然后舔舔嘴，说："宝宝也来舔一舔"，然后从头开始。

3.妈妈说："宝宝乖，看妈妈，吹泡泡。"然后用唾液吹出一个小泡泡，说："宝宝也来吹一个"，然后从头开始。

提示：可以把舔嘴唇和吹泡泡换成其他
　　　锻炼嘴部肌肉的小运动，保持新
　　　鲜感。

★嗅觉能力训练

闻香

培养目的：让宝宝闻不同的香气，刺激
　　　　　宝宝的嗅觉发展。

步骤：

1.将烧好的菜放进小盘子里，让宝宝闻闻，然后问他："香不香？"

2.让宝宝嗅嗅鲜花，告诉他："花真香。"

提示：不要用香味太浓、太刺激的物品。
　　　不要让鲜花离宝宝的鼻子太近，
　　　防止花粉过敏。

★视觉能力训练

摸太阳

培养目的：用鲜艳的颜色刺激宝宝的视
　　　　　觉，让宝宝熟悉颜色。

步骤：

1.将一张颜色鲜艳的红太阳图案贴在床顶，抓着宝宝的手，轻柔地举过头顶，再轻轻放下，嘴里说："宝宝，来，我们一起来摸摸红太阳！"

2.多次重复之后，抱着宝宝，鼓励宝宝自己伸手去触摸"红太阳"。

提示：可以在宝宝的床上方挂一个会动
　　　的玩具，使宝宝躺着时就能看到。

第四章

用爱抚使宝宝体会温暖
——第3个月

　　3个月的宝宝是什么样子呢？他偎依在妈妈的怀里，已经会用胖乎乎的小手拨弄妈妈的头发了，他还会发出特别的声音，心情好的时候还会喃喃自语。妈妈笑时，他也会跟着欢笑，妈妈亲亲宝宝，宝宝甚至会高兴得手舞足蹈。3个月的宝宝已经是个有个性的小人儿了，千万不能忽视他的感觉哦。做父母的应该通过爱抚，使宝宝感受到温暖，与宝宝进行交流。

1. 身体与感觉发育特点

当宝宝已经 3 个月的时候，已经具有婴儿的体型。很多宝宝因为营养好，都长得胖乎乎的，看起来非常可爱。这个时候，宝宝除了吃奶、睡觉和哭之外，还能够感知外界的新事物了，宝宝在身体与感觉方面都发育得很好。

★ 宝宝体格发育状况

	男婴	女婴
体重	约 6.93 千克	约 6.24 千克
身长	约 63.35 厘米	约 61.53 厘米
头围	约 41.25 厘米	约 39.90 厘米
胸围	约 41.75 厘米	约 40.05 厘米
坐高	约 41.69 厘米	约 40.44 厘米

★ 语言发育

3 个月的宝宝在语言上有了一定的发展，逗他时会非常高兴并发出欢快的笑声，当看到妈妈时，脸上会露出甜蜜的微笑，嘴里还会不断地发出咿呀的学语声，似乎在向妈妈说着知心话。

★ 动作发育

3 个月的宝宝，头能够随自己的意思转来转去，眼睛随着头的转动而左顾右盼。大人扶着宝宝的腋下和髋部时，宝宝能够坐着。让宝宝趴在床上时，他的头已经可以稳稳当当地抬起，下颌和肩部可以离开桌面，前半身可以由两臂支撑起。当他独自躺在床上时，会把双手放在眼前观看和玩耍，扶着腋下把宝宝立起来，他就会举起一条腿迈一步，再举另一条腿迈一步，这是一种原始反射。到 6 个月时，他的下肢才能撑住他的全身。

★ 感觉发育

3 个月的宝宝视觉有了发展，开始对颜色产生了分辨能力，对黄色最为敏感，其次是红色，见到这两种颜色的玩具很快能产生反应，对其他颜色的反应要慢一些。这么大的宝宝就已经认识奶瓶了，一看到大人拿着它就知道给自己吃饭或喝水，会非常安静地等待着。在听觉上，发展也较快，已具有一定的辨别方向的能力，听到声音后，头能顺着响声转动 180 度。

★ 睡眠方面

3 个月的宝宝每日睡眠时间是 17 ～ 18 小时，白天睡 3 次，每次 2 ～ 2.5 小时。夜里可睡 10 个小时左右。

这时宝宝陈欣然已经可以用双臂支持起自己的上身。

2. 喂养不宜过饱

宝宝 3 个月大的时候，由于身体发育迅速，各方面的营养需求也就增多，很多宝宝食欲大增，吃得比前两个月多得多。而很多妈妈只要宝宝想吃，就高高兴兴地去满足他，似乎少吃一口就"委屈"了宝宝。其实，这对宝宝的健康是非常不利的。

★ 喂养过饱容易导致宝宝肥胖

喂养过饱持续一段时间就会造成肥胖，产生脂肪的堆积，其结果是心、肝、肾同时受累。而今对"儿童期肥胖对成人慢性病（高血压、糖尿病、心脑血管病、癌症）的影响"课题的深入研究表明，婴儿期的肥胖也是不可忽视的问题，这种肥胖会影响其一生的健康。

★ 喂养过饱容易导致宝宝厌食

一般来说，较长时间过量喂牛奶或奶粉，必然造成宝宝肝、肾不堪重负，最终导致厌食牛奶或奶粉。

★掌握宝宝一天的牛奶需求量

母亲应该掌握宝宝一天的牛奶的需要量。一般在 900 ～ 1000 毫升足已。每日喂 5 ～ 6 次奶，食量小的每次喂 140 毫升左右，食量大的每次喂 180 毫升左右，再多一次也不应超过 200 毫升。如果宝宝仍然想吃，可适当喂些白水或新鲜果汁水，但无论如何不可以无节制地喂奶。

★母乳喂养也不宜过饱

有些喂母乳的宝宝也很能吃，也长得挺胖。这种宝宝由于母乳比牛奶易于消化，不像喂牛奶那样加重肝、肾负担而预后要好一些。但即便是这样也不可以无节制地喂母乳，3 个月的宝宝每日喂 5 次左右，一次吃 20 分钟就可以了。如果仍像在月子里那样"按需喂养"，宝宝一哭不加分析就喂奶，必然喂出一个肥胖儿来。

育儿提示

3个月宝宝不宜添加泥糊状食物

3个月宝宝不宜添加如米粉、蛋黄、粥等食物。一方面宝宝消化系统还不能消化这些食物，在缺乏淀粉酶时，碳水化合物类食物可能在肠道发酵产酸，刺激肠道而造成腹泻；另一方面就算是宝宝消化道能接受这类食物，过多能量的摄入最终会导致肥胖。

3. 保证摄入足够的维生素

维生素对于宝宝来说太重要了，因为宝宝的生长发育，离不开各种营养物质，维生素就是其中比较重要的一种。如果宝宝缺乏维生素 D 会出现佝偻病；缺乏维生素 A 会出现眼睛角膜病变，严重的会导致失明；缺乏维生素 C 会出现坏血症导致身体各处出血；缺乏 B 族维生素会出现神经、心脏方面的病变，如此等等。

★宝宝摄取维生素的途径

宝宝对维生素的摄取有两个途径，一是来自母乳；二是为宝宝添加的维生素制剂以及富含维生素的食物，像果汁、菜汁等等。因此，用母乳喂养宝宝的妈妈们，一定要注意营养，为自己，也为宝宝摄取足够的维生素。

★妈妈的饮食也是保证宝宝的营养来源

为使吃母乳的宝宝能够摄取足够的维生素，首先，妈妈吃的主食不一定要精米白面，应粗细粮搭配，以增加乳汁中的 B 族维生素。其次，妈妈每天喝一定量的牛奶，无论对下奶或是提高奶的质量都有好处。还有，妈妈应多吃菜，多吃蛋白质、钙、磷、铁含量多的食品，比如：鸡蛋、瘦肉、鱼、豆制品等，多吃含维生素丰富的各种蔬菜，比如：青菜、菠菜、胡萝卜等。另外，菜汤能够使乳汁量又多营养又好，妈妈应多喝些菜汤。

★给宝宝添加维生素食物

妈妈们如果用牛奶或配方奶喂养宝宝，也要及时给宝宝添加维生素制剂以及富含维生素的食物，像果汁、菜汁等。维生素制剂，比如鱼肝油（浓缩维生素 A、维生素 D 滴剂）等。用菜汁喂宝宝时，妈妈要选用新嫩绿色的菜叶而不是选用嫩菜心来煮水喂宝宝。

哺乳期，母亲的营养饮食直接影响着宝宝的身体健康。

专家答疑

绿叶蔬菜的营养价值

据现代营养研究分析：绿叶蔬菜的营养价值以翠绿色为高，黄色次之，白色较差，同一种蔬菜也是色深的营养价值高。嫩菜心要比外部的深绿色菜叶差得多。

4. 为宝宝添加果汁、菜汁

宝宝满 3 个月的时候，虽然还不能正常地添加辅食，但是妈妈们最好能为宝宝添加一些果汁和菜汁，这样既满足了宝宝的维生素的需求，又可以为后面宝宝添加辅食做好准备。

★ 添加果汁、菜汁的原则

添加果汁、菜汁应注意以下原则：第一，先试一种果汁或菜汁 3 ~ 4 日或 1 星期，然后再添另一种。第二，量由少到多，由稀到稠，由淡到浓。第三，宝宝患病或天气太热或消化不良，应延缓增加新的食物。第四，每次添加新的食物应密切注意情况，若发现大便异常，应停止喂此种食物，待大便正常，再从小量喂起。

★ 番茄汁的制作方法

主料：番茄 1 个。辅料：白糖 10 克，温开水适量。

制法：将成熟的新鲜番茄洗净，开水烫软后去皮切碎，用清洁的双层纱布包好，把番茄汁挤入小盆内。将白糖放入汁中，再用适量温开水冲调后即可饮用。

特点：酸甜可口，富含维生素 C 及维生素 A。

★ 胡萝卜汁的制作方法

主料：胡萝卜 50 克。辅料：清水适量。

制法：将胡萝卜洗净后切成丁，放入锅内加适量清水煮，约 20 分钟可煮烂。用清洁的纱布过滤去渣，滤下的汤即可饮用。

特点：味略甜，富含胡萝卜素。

★ 青菜水的制作方法

主料：青菜（油菜、小白菜均可）50 克。辅料：精盐少许，清水约 50 毫升。

制法：青菜洗净后浸泡 1 小时，捞出切碎，

锅内加一小碗清水，煮沸后将菜放入，再煮 5 分钟，待温度适宜时去菜渣，加入精盐少许，能稍稍尝到咸味为度，即可分用。

特点：有清香，含有较多维生素 C。

★ 橘子汁的制作方法

主料：橘子 1 个。辅料：温开水适量。

制法：橘子洗净，切成两半。取一半橘子，切面朝下，套在旋转式果汁器上，一边旋转一边向下挤压，橘子汁即流入果汁器下面的容器中。取出，加适量温开水即可饮用。

特点：酸甜可口，含丰富维生素 C。

5. 给宝宝补钙

婴幼儿时期是人体生长发育最迅速的时期，尤其是骨骼增长很快，补充钙剂和维生素 D 预防佝偻病的发生就显得尤为重要。

★ 哺乳期的母体补钙

根据世界卫生组织的规定，纯母乳喂养的婴儿在 4 个月时是不需添加任何营养素的（包括钙和维生素 D），认为母乳中所含的营养成分完全可以满足 4 个月内的婴儿需要。由于我们国家的饮食结构不同于西方国家，许多孕妇及乳母自身就缺钙，因此哺乳期的母体补钙就显得格外重要了。哺乳期的母亲可以多吃些含钙多的食物，如海带、虾皮、豆制品、骨头汤等。牛奶中钙的含量也是很高的，母亲可以每日坚持喝 500 毫升牛奶，也可以起到补充钙的作用。

★ 多晒太阳促进钙的吸收

多晒太阳也会帮助钙的吸收，父母可以抱着宝宝出去晒晒太阳，与阳光亲密接触。但应该注意防晒，尤其是夏天的紫外线很强，宝宝娇嫩的皮肤经不起长时间的暴晒，因此在晒太阳的时候还应该注意不要晒的时间过长。

★不要滥服鱼肝油

有的父母觉得鱼肝油是维生素D，多吃几滴只有好处没有坏处。殊不知维生素A或维生素D过量会造成中毒。宝宝如果出现维生素A、维生素D急性中毒，可引起颅内压增高，头痛、恶心、呕吐、烦躁、精神不振、前囟隆起，常被误认为是患了脑膜炎。慢性中毒表现为食欲不好、发烧、腹泻、口角糜烂、头发脱落、皮肤瘙痒、贫血、多尿等。如发现以上症状，要停服鱼肝油，少晒太阳，立即到医院急诊。

6. 夜间喂奶的注意事项

夜间喂奶是一件很辛苦的事情，很多做妈妈的白天辛苦地带宝宝，到了晚上好不容易可以休息一下了，宝宝偏又闹着要吃奶。于是妈妈们便在半梦半醒之间给宝宝喂奶，其实这是很容易发生意外的。所以夜间喂奶一定要注意以下几点。

★不要让宝宝含着奶头睡觉

有些妈妈为了避免宝宝哭闹影响自己的休息，就让宝宝叼着奶头睡觉，或者一听见宝宝哭就立即把奶头塞到宝宝的嘴里，这样就会影响宝宝的睡眠，也不能让宝宝养成良好的吃奶习惯，而且还有可能在母亲睡熟后，乳房压住宝宝的鼻孔，造成窒息死亡。

★保持坐姿喂奶

有些妈妈喜欢躺着给宝宝喂奶，感觉既省力又舒服，其实这种哺乳姿势会给宝宝带来危险隐患。因为哺乳期的妈妈普遍感到疲乏，夜间躺着给宝宝喂奶时很容易睡着，此时宝宝很容易出现溢奶或鼻孔被乳房堵住发生窒息。为了培养宝宝良好的吃奶习惯，避免发生意外，在夜间给宝宝喂奶时，也应像白天那样坐起来抱着宝宝喂奶。

★延长喂奶间隔时间

如果宝宝在夜间熟睡不醒，就要尽量少惊动他，把喂奶的间隔时间延长一下。一般说来，3个月左右的宝宝，一夜喂两次奶就可以了。如果发现宝宝不饿，可以通过抱、拍、唱催眠曲、换尿布或其他事情来分散宝宝的注意力，也可以让宝宝触摸妈妈的乳房，获取一些安全感。还可以试着让爸爸来安抚宝宝，这样也不会养成醒了就要吃奶的习惯。

★避免宝宝着凉

许多宝宝夜间喂奶时，很容易感冒，这也是妈妈不愿夜间喂奶的一个原因，其实只要妈妈多留心，完全可以杜绝此类现象的发生。所以妈妈在给宝宝喂奶前，关上窗户，尤其是冬季要准备好一条毛毯，将宝宝裹好。喂奶时，不要让宝宝四肢过度伸出。喂奶后，不要过早将宝宝抱入被窝，以免骤冷骤热增加感冒几率。

7. 使宝宝保持正确的睡姿

宝宝睡眠，要采取正确的姿势，才能使宝宝健康地成长发育。为此，做父母的必须注意宝宝的睡眠姿势，及时纠正一些不良的睡眠姿势。宝宝睡眠姿势主要有：仰卧睡姿、侧卧睡姿、俯卧睡姿3种。仰卧睡姿是我国传统习惯的睡姿。

★仰卧睡姿

仰卧呼吸通畅，看似安全，但我们知道宝宝非常容易溢奶，在睡梦中一旦发生溢奶，

宝宝马雨沛采用两侧适时交替的侧卧是安全而理想的睡姿，使得头形轮廓优美。

仰卧很容易使溢出来的奶堵住宝宝的口鼻，引起窒息。同时，长期采用仰卧也最容易造成后脑勺扁平，形成小扁头。

★侧卧睡姿

宝宝侧卧，通常是将小脸转向一边，身体侧卧，这样睡梦中万一发生溢奶，奶液顺着嘴角流到口腔外，不易发生口鼻堵塞，比较安全。同时侧卧不会使枕骨（后脑勺）受到挤压，较少出现正扁头，但如果长期固定一侧方向睡觉，也容易出现"歪扁头"。

★俯卧睡姿

俯卧通常是宝宝最喜欢的一种睡觉姿势，将身体的胸部和腹部放在下面，背部和臀部向上，脸颊侧贴在床面，这个姿势最不易产生扁头。但由于宝宝头颈肌肉无力，特别是在3个月以内，宝宝自己转动头部的能力非常有限，如果床褥过于柔软，宝宝睡觉时一旦将头埋在其中，很容易发生窒息。

育儿提示

几种睡姿交替进行有益宝宝健康

宝宝应以几种睡姿交替进行，每天不能总固定一种睡姿。一般在有人照料时应以俯睡为主，晚间无人照料时最好采用仰卧睡姿。总之选择恰当的睡姿，可使宝宝头脑更聪明，体形更标准，长得更靓丽。

8. 让宝宝接受日光浴

宝宝适当地在日光下活动，可以增加体质，有利于骨骼的生长。所以，妈妈应该让宝宝多晒晒太阳，一般来说，宝宝在第3个月可开始日光浴。

★接受日光浴的好处

日光浴可以增加维生素D，也可以增强

免疫力。有促进血液循环，强壮骨骼和牙齿的功效，并能增加食欲，促进睡眠。对宝宝来说，是有益无害的。

★接受日光浴应注意选择环境

首先应选择清洁、绿化较好的环境，选择一个空气流畅、平坦、干燥但又避开强风的地方。日光照射时，宝宝会受到直射、散射以及反射光的共同作用。在夏季对宝宝较为适用的是散射或反射光，应该避免长时间在炎炎烈日下直射，最好带宝宝在大树的阴凉下玩耍。而冬季则应选择在日光直射下玩耍。

★接受日光浴要循序渐进

日光浴与室外空气浴一样，需循序渐进。最初，在中午光照好的房间，打开窗户晒。连脚部都让日光晒到，每天1次，每次晒4～5分钟，持续2～3天。此后，按照以上方法晒膝盖、大腿、臀部、腹部等直至全身。适应后，时间逐渐增加到10分钟、20分钟，最长不超过30分钟。

★接受日光浴要根据时间来定

一般来说，夏季应安排在上午9：00或早餐后1～2小时进行，春、秋季可在上午11：00以后到下午1：00以前进行。在炎热的夏季，如果紫外线强度过强时不宜进行；春、冬季节的大风天气也不宜进行。

★全身日光浴的注意事项

第一，宝宝的头、脸，特别是眼睛要避开阳光，注意把头部置于阴凉处，使宝宝入睡，或者给宝宝戴上帽子。第二，有病和精神不振时不要勉强，只在宝宝身体状况良好时进行。尽量保持日光浴的连续性。夏天直射的阳光对宝宝刺激过强，可利用反射光或把宝宝置于树阴处；冬天寒冷时，可在换尿布时将臀部对着太阳晒一会儿。宝宝的嗓子容易干燥，日光浴结束后，要喂些水或果汁。

宝宝进行日光浴应该循序渐进，每次晒太阳的时间不宜过长。

9. 给宝宝爱的抚摸

> 妈妈对宝宝的抚摸是一种母爱的行动，但是，它所起到的作用，却大大超过母爱，它对宝宝的身体、精神的发育大有好处。

★促进宝宝睡眠

睡眠是宝宝的主要"功课"之一，通过妈妈对小宝宝的抚触，会给宝宝带来一种满足感、安全感，从而使宝宝少哭闹，多安静，且更易入睡，睡得安稳，睡眠觉醒节律良好。

★促进宝宝食欲

抚触具有刺激消化功能，能促进宝宝消化吸收，同时还有诱发排便，促进排泄等效果，既可增进宝宝食量，又不会引起腹胀及消化不良，使宝宝发育得更好。

★保护肌肤，增强免疫力

抚触能够促进宝宝血液循环，加速新陈代谢，提高宝宝的免疫能力。实践证明，经过抚触的宝宝其耐寒力和抵抗力均较未抚触的宝宝为强，尤其是在冬天，抚触还能减少宝宝感冒、腹泻等疾病的发生机率。

★增进母子感情

抚触是妈妈和新生宝宝之间一种最直接的情感交流方式。这种交流，给妈妈和宝宝双方都会带来身心的无比愉悦，为亲子感情的培养奠定良好的基础。

★爱抚宝宝的正确方法

在做抚触前妈妈应先温暖双手，倒一些婴儿润肤油在掌心，注意不要将油直接倒在宝宝皮肤上。妈妈双手涂上足够的润肤油，轻轻在宝宝肌肤上滑动，开始时轻轻按摩，然后逐渐增加压力，让宝宝慢慢适应按摩。

★爱抚宝宝的注意事项

不要在宝宝饥饿或过饱的时候进行，否则在抚摸时容易造成孩子腹部不舒服。

对新生儿，每次按摩 15 分钟即可，稍大一点的宝宝，需 20 分钟左右，最多不超过 30 分钟。一般每天进行 3 次。一旦宝宝开始出现疲倦、不配合的时候，就应立即停止。因为超过 30 分钟，新出生的宝宝就会觉得累，开始哭闹，这时候妈妈就不该勉强孩子继续做动作，让他休息睡眠后再做抚触。

10. 宝宝腹泻的处理方法

> 腹泻是宝宝常见的病症，3 个月大的宝宝消化功能不成熟，发育又快，所需的热量和营养物质多，一旦喂养不当，就容易发生腹泻。那么，宝宝出现腹泻之后怎样来护理呢？

★千万不要禁食

不论何种病因的腹泻，宝宝的消化道功能虽然降低了，但仍可消化吸收部分营养素，所以吃母乳的宝宝要继续哺喂，只要宝宝想吃，就可以喂。喝牛奶的宝宝每次奶量可以减少 1/3 左右，奶中稍加些水。如果减量后宝宝不够吃，可以辅喂胡萝卜水、新鲜蔬菜水，以补充无机盐和维生素。

★早期发现脱水

当宝宝腹泻严重，伴有呕吐、发烧、口渴、口唇发干，尿少或无尿，眼窝下陷、前囟下陷，宝宝在短期内"消瘦"，皮肤"发蔫"，哭而无泪等状况时，说明已经引起脱水了，应及时将病儿送到医院去治疗。

★不要滥用抗生素

许多轻型腹泻不用抗生素等消炎药物治疗就可自愈；或者服用"妈咪爱"等微生态

制剂、"思密达"等吸附水分的药物也会很快病愈，尤其秋季腹泻因病毒感染所致，应用抗生素治疗不仅无效，反而有害；细菌性痢疾或其他细菌性腹泻，可以应用抗生素，但必须在医生指导之下治疗。

★做好家庭护理

家长应仔细观察大便的性质、颜色、次数和大便量的多少，将大便异常部分留做标本以备化验，查找腹泻的原因；要注意腹部保暖，以减少肠蠕动，可以用毛巾裹腹部或热水袋敷腹部；注意让宝宝多休息，排便后用温水清洗臀部，防止臀红发生，应把尿布清洗干净，煮沸消毒，晒干再用。

11. 宝宝爱吮吸手指怎么办

3个大月的宝宝开始爱吮吸手指，这是很多做妈妈的最苦恼的一件事。其实，吮吸是宝宝的一种自然反射，可使宝宝获得食物，还可使宝宝感到愉快与安全。

★宝宝吮吸手指的真正原因

其实，喜欢吃手指头或咬其他东西，并不是意味宝宝想吃东西，肚子饿了，更不是像有人所说，是宝宝手指甜的原因。宝宝吃手指是宝宝想了解自己的能力，对外界积极探索的表现，说明宝宝支配自己行动的能力有了很大提高，宝宝能用自己的力量把物体送到嘴里是很不容易的，也标志着宝宝手、口动作互相协调的智力发展到一定水平。且吮吸手指对稳定宝宝自身情绪也起到了一定的作用。当宝宝肚子饿了、疲劳、生气的时候，吮吸自己亲密的手指头就会安定下来。

★宝宝吮吸手指也是一种口欲

宝宝吮吸手指、唾口水、发出咯咯笑，并对这一切感到十分开心，这是宝宝口欲期

性欲的最初表现。宝宝的嘴是性的快感区，他们从吮吸母乳中，不仅满足了食欲的需要，而且，从吮吸所产生的快感中获得了性欲的满足。所以，精神分析学家弗洛伊德指出：这是宝宝体验性快感的一种表现。

★不要强行阻止宝宝吮吸手指

如果父母误认为这是坏习惯横加阻拦，不许宝宝吮吸手指将引起婴儿不满和哭吵，甚至情绪波动。其实，没有阻拦的必要，因为大多数宝宝随月龄增大，接触事物越来越多，手眼协调和手功能更熟练，可以取拿周围新奇的东西摆玩，就会逐渐淡化"看手"和"吮吸手指"的游戏，这种行为就会逐渐自然消失。

所以，做父母的不要强行阻止这一行动，只要宝宝不把手指弄破，在清洁和安全的前提下，尽可能让他去吸，否则会影响宝宝眼手协调能力及抓握能力的发展。破坏宝宝特有的自信心。这时候父母真正应该做的，是注意经常给宝宝洗手，以免细菌感染。

宝宝都是具有好奇心的，吮吸手指的表现只是为了要感应这个世界。

12. 第二次服用"糖丸"

脊髓灰质炎，俗称小儿麻痹症，是由脊髓灰质炎病毒引起的急性传染病。小儿麻痹症糖丸又称脊髓灰质炎疫苗糖丸，是科学家们研制的预防该病的有效疫苗。一般来说，宝宝满60天后，可口服小儿麻痹糖丸第1丸。由于该疫苗是采用口服接种的方法，有些问题往往容易忽视，以下几点应引起家长的注意。

★服用"糖丸"的正确方法

为了使疫苗有效地发挥作用，服用小儿麻痹糖丸时应用凉开水送服（禁用热水）。另外，由于母乳中含有抗体，对活疫苗有降低效果作用。因此，宝宝服糖丸前、后半小时内不许吃母乳，也不能喝热水及热奶。

★暂缓服用的情况

如果宝宝正患肠道疾病（严重腹泻）时应暂缓服疫苗。何时服用，应由医生检查后决定；如宝宝患有免疫缺陷病或正在接受免疫抑制剂治疗，以及其他急慢性严重疾病，也应暂缓服用。

★牛奶过敏的宝宝要引起注意

小儿服糖丸后一般反应轻微，个别宝宝可有轻度腹泻。对牛奶或奶油严重过敏的宝宝，要告知接种医生，因为糖丸是用奶油糖包裹核心的疫苗制成的。

★"糖丸"的储存方法

如果由于特殊原因当时不能服用的宝宝，家长一定要把糖丸放在冰箱冷藏室内。糖丸在 20 ～ 22℃只能保存 12 天，而在 2 ～ 10℃则可保存 5 个月。

13. 首次注射"百白破"疫苗

百白破疫苗是将百日咳菌苗、白喉类毒素及破伤风类毒素混合制成，可以同时预防百日咳、白喉和破伤风。当宝宝已经 3 个月的时候，你就可以带你的宝宝去注射第 1 针"百白破"疫苗了。

★了解"百白破"疫苗

百白破疫苗必须连续打 3 针，即 3 个月时注射第 1 针，以后每隔 1 个月注射 1 针。3 针连续注射后，才会产生足够的抗体。这些

抗体只能维持一定的时间，不能终生免疫，所以在一段时期后还要打加强针。由于大年龄儿童或成人对百日咳菌苗的不良反应较大，故 7 岁起加强用疫苗不再含有百日咳细菌成分，而改用白破二联制剂。

★宝宝接种"百白破"疫苗后的反应

宝宝在接种"百白破"疫苗 6 ～ 10 小时，在注射的针眼周围可有轻微的红肿、疼痛、发痒和硬块等局部反应。全身反应主要是体温升高，注射后数小时体温开始上升，10 ～ 16 小时达高峰，24 小时左右逐渐下降，一般 48 小时可恢复正常。部分宝宝还会出现疲倦、头痛、瞌睡或稍有烦躁不安等短暂症状，个别宝宝还有轻度的恶心、呕吐、腹泻等胃肠道症状，这些症状都属于一般反应，一般不需要特殊处理，多于 1 ～ 2 日消退。个别宝宝出现接种侧腋下淋巴结肿大，大多在 10 余天后消失，少数宝宝消失较慢。

★注射后出现硬结的处理

因百白破疫苗含有吸附剂，疫苗接种后可能会引起局部硬结、发热等不良反应，一般反应 2 ～ 3 天内消失。对于硬结，家长可以洗干净手轻轻摸一摸，不要用力捏。如果硬结较大或红肿，可以用消毒的稍微热一点的毛巾（注意不要烫伤宝宝）进行热敷，每天 3 ～ 4 次，1 周左右也可恢复。

14. 肥胖宝宝的预防

以往，人们总认为胖娃娃好，现在观点则认为，宝宝肥胖会给今后患肥胖症、高血压、胆囊炎和糖尿病等疾病埋下祸根。宝宝长大 3 个月，是食欲大增，消化功能增强的时候，这时，做父母的就应该注意到，不要盲目喂养，不要让宝宝营养过剩。

★宝宝肥胖的原因

肥胖宝宝中的 98% 是单纯性肥胖，且属

于喂养不当。例如在怀孕后期，孕妇摄食过多；宝宝过早断奶，过早添加辅食品、主食量，肉食量中所含有的糖、蛋白质和脂肪量过多，又过度让宝宝睡眠，未能消耗的剩余能量便转化成脂肪藏于皮下，从而发生肥胖。

★母乳可以预防宝宝肥胖

现在大部分母亲都选择奶粉喂养。由于宝宝对饱胀不是很敏感，所以就出现"喂就吃"的现象，而很多家长就认为宝宝是饿，因此增加了喂食量，由此导致宝宝过度肥胖。而母乳喂养一般不会出现这种情况，母乳的分泌量与宝宝各个时期的需求是基本一致的，因此不会出现过度喂食的情况。坚持母乳喂养不少于4个月，是预防宝宝肥胖的有效途径。

★不要过早让宝宝吃甜食

宝宝生长发育阶段需要大量蛋白质的供应，对肥胖宝宝要减少糖类的摄入。宝宝出现超重，原因之一可能是糖在作怪，宝宝对糖并没有需求，过早地让宝宝吃甜食，可能造成日后偏爱甜食的习惯，甚至会拒食没有加糖的食品。其实糖对宝宝确实没什么好处，除了造成热量积聚，对口腔保健也不利。

★合理喂养，均衡热量

在宝宝消化功能增强的时候，父母一定要注意合理喂养，同时食物品种要多样化，均衡热量摄入，保证宝宝正常生长发育。宝宝饮食要有规律，不能用哺喂的方法制止非饥饿性的哭闹，因为这样只会让宝宝在不知不觉中吃得更多，导致营养过剩，久而久之就会引起肥胖症。

15. 智能培育与开发

对于3个月大的宝宝来说，已经能抬头、转头、听声音、会微笑了，这说明外界的许多事情已被宝宝所感知。所以宝宝的早期教育应从眼、耳、手对事物的感觉入手。

★语言能力训练

宝宝与妈妈

培养目的：促进宝宝的发音，提高宝宝的语言能力。

步骤：

1.妈妈对着镜子中的宝宝打招呼："你好，宝宝。"并用手做"招手"动作，或用一个有声的玩具娃娃配合妈妈的话："宝宝，你好。"逗引宝宝愉快地笑。

2.妈妈指着镜子中宝宝和自己的影像，对宝宝说："这是宝宝，这是妈妈。"妈妈可做出各种表情，让宝宝注意镜中妈妈的表情。

提示：每天可练习2～3次，每次约5分钟。

★观察思考能力训练

宝宝的书本

培养目的：通过训练，让宝宝能够观察到不同物体的区别，来提高宝宝的观察思考能力。

步骤：

1.宝宝背部贴着爸爸或妈妈怀里坐着，爸爸或妈妈拿着一本书放在宝宝眼前翻给他看。

2.指着图片告诉宝宝："宝宝你看！这是树叶，这是花。"

3.过一会儿，把整本书合上，告诉宝宝："这是一本书，宝宝的书。"

提示：和宝宝说话时，眼睛要看着宝宝。

★触觉能力训练

虫虫咬手心

培养目的：刺激宝宝的手心、脚心，提高触觉反应能力。

步骤：

1.妈妈用食指当虫子，在宝宝的手心、脚心爬来爬去，同时可以念一些宝宝熟悉的儿歌。

2.妈妈可以跟着儿歌的节奏在宝宝的手心或脚心做一些摩擦运动。

提示：动作要轻柔、缓慢。

第五章 增强与宝宝的情感交流
——第4个月

4个月的宝宝显得很懂事了，喜欢让人抱，会把头转来转去地找人，如没人在身边会不高兴，会又哭又闹。同时，宝宝做动作的姿势较以前熟练了，而且能够呈对称性。抱在怀里时，宝宝的头能稳稳地直立起来。俯卧时，能把头抬起并和肩胛成90度角。拿东西时，拇指较以前灵活多了。这些变化都让做父母的感到欣喜，因此，父母要尽量多与宝宝说话，增强与宝宝的情感交流。

1. 身体与感觉发育特点

宝宝到第 4 个月末时，后囟门将闭合；头看起来仍然较大，这是因为头部的生长速度比身体其他部位快，这十分正常；他的身体很快可以赶上。这个时期宝宝的增长速度开始稍缓于前 3 个月。

4个月的宝宝消化液分泌增多，但吞咽反射功能还不健全，口水自然就多了起来。

★宝宝体格发育状况

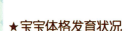

	男婴	女婴
体重	约 7.52 千克	约 6.87 千克
身长	约 65.46 厘米	约 63.88 厘米
头围	约 42.30 厘米	约 41.20 厘米
胸围	约 42.68 厘米	约 41.60 厘米
坐高	约 42.72 厘米	约 41.56 厘米

★动作发育

4个月的宝宝做动作的姿势较前熟练了，而且能够呈对称性。抱在怀里时，宝宝的头能稳稳地直立起来。俯卧时，能把头抬起并和肩胛成 90 度角。拿东西时，拇指较前灵活多了。扶立时两腿能支撑着身体。

★牙齿萌出

有的宝宝已长出 1 ~ 2 颗下门牙。

★语言发育

这个时期的宝宝在语言发育和感情交流上进步较快。高兴时，会大声笑，清脆悦耳。当有人与他讲话时，他会发出咯咯咕咕的声音，好像在跟你对话。此时宝宝的唾液腺正在发育，经常有口水流出嘴外，还出现把手指放在嘴里吸吮的习惯。

★感觉发育

4个月的宝宝对周围的事物有较大的兴趣，喜欢和别人一起玩耍。能识别自己的母亲和面庞熟悉的人以及经常玩的玩具。他开始慢慢会区别颜色，对远近目标聚焦的能力接近成人，会跟踪室内走动的人。

★情感和社会发育

到第 4 个月时，他会喜欢其他小朋友。如果他有哥哥姐姐，当他们与他说话时，你会看到他非常高兴。如果他听到街上或电视中有儿童的声音，他也会扭头寻找。随着宝宝长大，他对儿童的喜欢也会增加。相比之下，对陌生人他只会好奇地看一眼或微笑一下。可以看出，他已经开始分辨他生活中的人，毫无疑问，他非常依恋与他最亲密的人。

2. 4 个月宝宝的喂养特点

这个月，宝宝的活动力增大了，食量开始增加，若只是哺育牛奶或母乳，对宝宝而言是不够的，还有，宝宝从 4 个月起，口中的唾液淀粉酵素以及胰脏淀粉酵素分泌急速增加，正是添加副食品的好时机。

★母乳为主

母乳是宝宝最好的食品，新生宝宝必须保证 4 个月的全母乳喂养。这是因为母乳中含有宝宝出生后 4 ~ 6 个月内生长发育所需的全部营养物质，如适合新生宝宝的蛋白质、脂肪、乳糖、盐、钙、磷、足量的维生素、足够的铁等；母乳尤其是初乳含有丰富的抗感染物质，这些物质能保护宝宝少得疾病；

而且母乳中的某些物质是宝宝脑神经细胞发育所必需的，有利于宝宝智力的发展。

★添加辅食

4个月的宝宝除了吃奶以外，要逐渐增加半流质的食物，为以后吃固体食物做准备。宝宝随年龄增长，胃里分泌的消化酶类增多，可以食用一些淀粉类半流质食物，先从1～2匙开始，以后逐渐增加，宝宝不爱吃就不要喂，千万不能勉强。可以停喂一次。做一些菜泥和水果泥喂宝宝。

这一阶段的宝宝可吃些菜泥或菜汁。

专家答疑

宝宝的辅食中能不能加盐

小宝宝的辅食中应该加少许盐，这是肯定的。否则淡淡的、没味道，宝宝不爱吃。但应该注意的是，盐也不可加得过多。其实，宝宝对盐的需求量是很小的，辅食中有点盐味就可以了，否则对宝宝的生长不利。

3. 谨慎添加宝宝的辅食

随着宝宝逐渐长大，4个月后，母乳已经不能完全满足他对营养的需求了。这时，父母就可以考虑给宝宝添加辅食了，但添加辅食对所有母亲来说都会是一个难题。

★添加辅食不宜过晚

有些父母怕宝宝消化不了，对添加辅食过于谨慎。其实宝宝的消化器官功能已逐渐健全，味觉器官也发育了，已具备添加辅食的条件。此时若不及时添加辅食，宝宝不仅生长发育会受到影响，还会因缺乏抵抗力而导致疾病。因此，对出生4个月以后的宝宝要开始适当添加辅食。

★添加辅食应循序渐进

年龄小的宝宝，消化功能比较脆弱，随年龄的增长会逐步完善，所以添加辅食要慢慢来，要按照由少到多、由稀到稠、由细到粗、由一种到多种这样循序渐进的原则，千万不能操之过急，否则，就会使婴儿的消化功能负担过重而发生呕吐、腹泻等消化功能的紊乱。添加辅食，开始先试一种食物，量少一些，过3～4天或1个星期后，就可增加辅食的量。再过一段时间，就可以加另外一种食物了，不要一开始就加几种食物，这样，孩子是受不了的。如果添加了某种辅食之后，孩子大便次数多了，性质也不好了，就得停一停，等大便恢复正常后再吃，量也要从少到多。

★添加辅食的原则

添加时间应符合宝宝生理特点，过早添加不适合消化的辅食，会造成宝宝的消化功能紊乱，辅食添加过晚，会使婴儿营养缺乏。同时不利于培养宝宝吃固体食物的能力。

添加的品种由一种到多种，先试一种辅食，过3天至1个星期后，如宝宝没有消化不良或过敏反应再添加第2种辅食品。添加的数量由少量到多量，待宝宝对一种食品耐受后逐渐加量，以免引起消化功能紊乱。食物的制作应精细、从流质开始，逐步过渡到半流，再逐步到固体食物，让宝宝有个适应过程。

此外辅食添加的时间，最好在吃奶以前，在宝宝饥饿时容易接受新的食物。天气过热和宝宝身体不适时应暂缓添加新辅食以免引起消化功能紊乱。还应注意食品的卫生，以免发生腹泻。

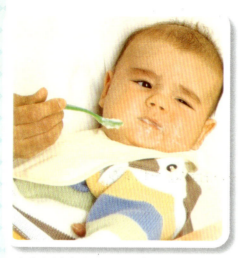

4个月后的宝宝就可以喂些流食了。

4. 蛋黄的添加方法

铁质的来源，在动物性食品中有鸡肝、猪肝、鱼、瘦肉、蛋黄等，在植物性食品中有大豆、绿叶蔬菜等。蛋黄比较容易消化，是宝宝比较理想的补铁食物。

★为什么添加蛋黄

铁是制造血红蛋白的原料，缺乏时会导致贫血。宝宝在胎儿期从母体中摄取较多的铁质，出生后一段时间内因体内储存着铁，无需添加含铁食物。但5～6个月的宝宝，体内储存的铁逐渐用完，因此4个月时，应开始补充铁质。相对于其他含铁的食物，极易消化的蛋黄最适合这个时期的宝宝。

★怎样给宝宝添加蛋黄

宝宝4个月时，每天喂1/4个煮熟的蛋黄，哺喂方法是将蛋黄压碎，分两次混合在牛奶、米汤或奶糕中，以后逐渐增加到1/2个。宝宝6个月时，每天喂1个蛋黄，也可改成蛋花汤或蒸蛋羹。需要注意的是，给宝宝添加蛋黄要由少到多，千万不可操之过急，以

免引起宝宝厌食。

★适当增加维生素C

蛋黄是宝宝较容易接受的食物，但里面的铁被卵磷脂包裹，很难吸收，吸收率只有3%，如果与维生素C同时添加可以使铁吸收率增加4倍。新鲜的橙汁、柚汁、猕猴桃汁等富含维生素C，宝宝若能吃到半个橙子榨出来的汁，就足以使铁的吸收率达到12%。

供参考的喂养方法：在120天以后应第一个添加的辅食是蛋黄，一般在每天上午，两次喂奶之间添加，先将鸡蛋煮熟，剥去蛋壳和蛋清，取蛋黄的1/4，用新鲜榨取的橙汁3～4滴与蛋黄混合搅匀，用小勺喂宝宝。可以多喂一些用开水稀释的橙汁，把蛋黄吃净。观察大便，如果无腹泻及过敏反应，每过5~7天增加一些，大概月中每天吃半个蛋黄，月末前后可加到每天1个。

父母必读

6个月内宝宝不宜喂蛋清

6个月内的宝宝消化道黏膜屏障发育尚不完全，而蛋清中的蛋白质分子较小，容易透过肠壁黏膜进入血液，引起过敏反应，如皮肤出现湿疹和荨麻疹等。

将熟蛋黄碾碎加入牛奶中给宝宝食用。

5. 给宝宝补充维生素 A

宝宝患维生素 A 缺乏症，可表现为生长发育迟缓；眼部可表现为夜盲、结膜干燥、角膜软化、溃疡、失明、毛发干燥而无光泽。患维生素 A 缺乏症的宝宝，还易患支气管炎、肺炎。因此父母一定要做好宝宝的维生素 A 补充工作。

★ 药补

如何给宝宝有效地补充维生素 A 呢？最简便的方法是口服维生素 A。维生素 A 的制剂有：鱼肝油、浓鱼肝油、维生素 AD 胶丸、浓维生素 AD 胶丸等。但这些都必须在医生指导下使用，以免超量引起毒副作用。

★ 食补

"药补不如食补"，维生素 A 在动物的肝、肾以及肉类、乳类、鱼类、蛋类中含量丰富，虽然植物性食物中不含有维生素 A，但植物性食物中却含有丰富的胡萝卜素，它可在人体内转化成维生素 A。多给宝宝吃富含胡萝卜素的绿色蔬菜、胡萝卜、番茄、红心白薯、玉米和橘子等，就可得到丰富的维生素 A。

★ 让宝宝养成好习惯

在宝宝添加辅食阶段，多给予各种口味的食物让宝宝品尝，这样可避免宝贝形成挑食、偏食的坏习惯。要知道，宝宝缺乏维生素 A 大多是因挑食、偏食及厌食等不良生活习惯造成的。

★ 补充要适度

维生素 A 是人体必需营养素，但它是一种脂溶性维生素，过多服用会在体内产生蓄积，引起中毒，尤其是可能出现肝脾肿大。对于年幼的宝宝，如果每天服用 5 万 ~ 10 万国际单位维生素 A，在半年内就有可能发生骨痛、脱发、厌食等慢性中毒表现。

所以如果宝宝出现维生素 A 缺乏，一定

营养丰富的胡萝卜。

育儿提示

妈咪也需补充维生素 A

孕期妈咪应从孕期开始多吃富含维生素A的食物，哺乳妈咪也应注意从食物中摄取，这样可避免体内缺乏维生素A而间接影响宝贝。

要在医生的指导下正确使用。补充维生素 A 最安全的方法，还是应该注意在饮食中安排富含维生素 A 的食物。

6. 宝宝发烧时的饮食

宝宝感冒发烧时往往食欲减退，胃肠消化功能下降。发烧时宝宝心跳和呼吸加快，出汗多，身体表面的水分蒸发增加，使宝宝对水分和营养物质的需要量也增加，这就产生了矛盾。针对这种情况该怎样给宝宝安排饮食呢？

★ 补充水分，辅食流食

发烧时宝宝的食欲下降是正常现象，父母不必过于着急，关键还是要给宝宝尽快把病治好，病好了宝宝自然会恢复胃口。发烧时可根据宝宝的食欲，为宝宝安排平时食量的 70% 即可。水分则应充分满足。

吃母乳的宝宝应该坚持母乳喂养，宝宝能吃多少就喂多少。添加的辅食或为宝宝准备的饭菜应选择易于宝宝消化的流食或半流食，比如：酸奶、牛奶、藕粉、大米稀粥、小米粥、鸡蛋羹等。可以采用少吃多餐的方式喂给宝宝。每餐之间还可添加一些西瓜汁、绿豆汤水等给宝宝喝。

★退烧之后

一般情况下，只要烧一退，身体不是那么难受了，宝宝就可能会感到饥饿，主动要东西吃。此时可以根据宝宝食欲好转的情况，安排宝宝的饮食逐渐从流食转向半流食和软食。但这时宝宝的消化机能尚未完全恢复，大人不能一高兴就一下子给宝宝安排肉呀鱼呀之类不太容易消化的固体食物。还是应该以清淡为主。

★痊愈之后

等宝宝完全恢复后，为了弥补宝宝生病期间所亏损的营养需要量，恢复体力，可以每天以少吃多餐方式，给宝宝加一次餐，每餐之间间隔不宜太短，一般以 3 小时以上为宜，这时宝宝肠胃功能仍较弱，虽可以开始和平时一样进食各种食品，但一定不能过量，以免加重宝宝消化系统的负担。

★暂停吃鸡蛋

有的医生建议，发烧期间暂时不要给宝

宝吃鸡蛋，因为鸡蛋清中含有某种致敏物质，可能会引起一些宝宝的过敏反应。平时身体健康时有可能不发作，而发烧时抵抗力下降，就有可能会有反应。

7. 如何抚慰哭闹的宝宝

啼哭，是宝宝独特的语言，又是某些疾病的信号。做母亲的要从宝宝的哇哇哭声中知道宝宝的饥饱寒热、喜怒痒痛，这就需要懂得一些常识。那种宝宝一哭就喂奶的做法是不科学的。

★学着了解哭闹的原因

正常的哭，声音洪亮而有节律，伴有泪水滚滚，有时甚至哭过就露出笑容，笑过又哭。一般由饥饿、口渴、冷热、尿布潮湿、心中不悦、困倦等引起啼哭后，只要满足要求，哭声就会停止。

病痛而哭时哭声微弱、漫长，还带有呻吟的调子。若有举手、搔头、弄耳、哭声不高的情形，可能是头痛或耳痛；若哭声尖锐、急促地反复哭闹，可能是腹痛或被蚊虫叮咬；若哭声短、强，哭时伴随着喘气，可能是胸部疼痛；若宝宝哭时手脚不动，一动就大声哭叫，可能是关节痛；若偶尔尖声呼叫或小声呻吟，便是病得较厉害了，应立即就医。

★满足宝宝的愿望

抱起宝宝：无论宝宝哭的原因是什么，一个温暖而舒服的抱抱能够让他有安全感，可能会停止哭声。

给宝宝喂奶：这是一个很重要而且很有效的哄宝宝的方法。

移动宝宝：宝宝都喜欢重复有节奏的动作，例如摇摆、跳舞等。许多父母开始都会本能地摇摆宝宝哄他，因为这招十分有效。

按摩：宝宝都喜欢被抚摸和轻拍，所以按摩也是其中一种很好的哄宝宝的方法。而其中一种就是轻轻而且有节奏地轻拍宝宝的小屁屁。

宝宝在发烧的时候，可以给一些容易消化的流食食用。如大米粥等。

图解育儿圣经

★特殊情况下的处理

如果宝宝啼哭，经抱起哺乳、哄逗、更换尿布等相应处理后，仍啼哭不止，身上又未见到异物和蚊虫叮咬的现象，母亲就要认真察看，及时发现问题所在，自己不能处理时，要立即到医院进行诊疗。

啼哭是宝宝与成人交流的语言，在不舒服或痛苦的时候会用哭来进行表达。

专家答疑

宝宝哭有好处

早期的啼哭是宝宝早期发育的正常行为，适当地哭也有好处，可以训练宝宝的肺活量，但频繁地哭，没有规律地哭就要找原因了。

8. 给宝宝量体温的注意事项

给宝宝量体温也是一门学问，您既要知道宝宝的基础体温，又要知道不同类型体温计在使用方法上的细微差别，这样才能为判断宝宝是否发烧提供准确的数字依据。

★了解宝宝的基础体温

每个人的基础体温都不一样，有的妈妈发现宝宝的体温在37℃以上时就会非常紧张，但可能这个宝宝这个温度是正常的。所以建议妈妈们平时在宝宝感觉最舒服的时候，量几次体温作为备案。一旦怀疑宝宝发烧了，可以将之前测量的基础体温作为参考。

一般情况下，腋窝温度高于37.5℃、直肠体温大于37.8℃或者口温高于37.2℃界定为发热。发热一般分为低度发热（37.5~38℃）、中度发热（38.1~39℃）、高热（39~40.4℃）超高热（40.5℃以上）。

★测试前注意事项

测量体温前最好不要给宝宝喝热水或冷水。如果宝宝在测定体温前喝了就需要在15分钟后测定体温。宝宝的体温容易受环境、运动等多方面的因素影响而发生变化。所以，如果宝宝出现短暂的体温波动，但是全身状况良好，可继续观察宝宝的体温变化，而不必马上采取降温措施。

★测肛温最可靠

目前测试体温的方法可选择腋温、口温、肛温或耳温这几种。腋温测定易受外环境温度的影响；口腔温度测试，因宝宝难以接受，准确性容易受到口腔疾病的影响；临床之所以首推肛温测试，是因为其相对稳定，因而更为准确、可靠。宝宝一般使用有着短圆水银泡的肛温表测肛温比较合适。在测量前首先要检查体温表的水银柱是否在35℃以下。然后涂一点凡士林润滑油在体温计的球状顶端以保持润滑，防止损伤直肠黏膜。最后将宝宝侧身抱坐在大人一条腿上，大人两大腿夹住宝宝两下肢，暴露肛门，把体温计轻轻插入肛门不超过5厘米深，手扶体温计使其在肛门适当位置停留2~3分钟，取出体温计，用纸巾擦干净然后读数。

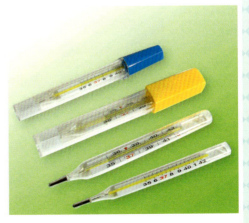

体温计是家庭必备的医疗用品。

9. 要和宝宝多说话

和小宝宝说话，是亲子之间建立沟通与亲密感的开端。在父母和宝宝的对话中，小宝宝也渐渐感觉到，语言是怎么一回事。对小宝宝而言，可以从中逐渐建立对爸爸妈妈的了解和信任。

爸爸聂云涛经常与宝宝聂可心说话，这样做不仅能增进亲子间的情感，更有助于宝宝的发育。

★ 多和宝宝说话

小宝宝懂不懂我们说些什么？要不要对宝宝说那么多话呢？刚出生的小宝宝当然还无法理解那么多的词汇，也还没学会如何回应大人们说的句子。小宝宝真正能够表现出理解、用动作回应一句话甚至按照爸爸妈妈所说的话去做，可能还得等上一两年的时间呢。但这并不表示小宝宝没有听你说话，更不是爸爸妈妈不和小宝宝对话的借口。

★ 宝宝可能的反应

如果你留心，也许就会发现宝宝在听你说话时所表现的专注神情，他会很仔细倾听，等你说完，还会咿咿呀呀地发声、兴奋地踢腿摆手，像"是呀是呀"地赞同。这就是对话了！说给你的宝宝听吧，什么都可以，唱歌、讲故事，或者随便聊聊。只要你是亲切的、鼓励的，小宝宝都会很喜欢。声调轻柔、清晰，最容易赢得宝宝的注意了。

★ 和宝宝说些什么

要跟宝宝反复讲一些用来描述触觉、视觉、听觉、味觉以及嗅觉的词汇，因为他们正是通过感觉器官来获取信息的。然后，他们很快就能明白大人说的话，并学会用几个词汇来正确描述某个物体。因此，要和宝宝经常说一些他们能通过感觉器官体验到的内容。

也要跟宝宝讲讲能描述他们内心感受的词汇，比如高兴、难过、兴奋、担心或者害怕等。要注意你选用的词汇必须是日常生活中所经常使用的。

父母必读

宝宝不说话不要太担心

和其他发育项目一样，宝宝会说话的时间也是有个体差异的。有的宝宝早在9个月就会说话，而有的宝宝要到2岁才会说话，一般来说平均年龄是14个月。只要宝宝的语言发育能力符合不同月龄的标准，爸妈就不用太担心。

10. 枕头与睡袋的选择

睡眠，在人的生命过程中占有非常重要的地位。对宝宝更是如此。宝宝香甜安稳的睡眠，将给宝宝的身心发育带来非常好的帮助和影响。但怎么选择寝具呢？

★ 何时使用枕头

刚出生的宝宝平躺睡觉时，背和后脑勺在同一水平面，颈、背部肌肉自然松弛，而且宝宝头偏大，几乎与肩同宽，侧卧时也很自然，因此，3个月以内的宝宝无需使用枕头。如使用过早，反而容易影响宝宝的头颈发育。宝宝出生3个月后开始学习抬头，脊柱颈段出现向前的生理弯曲，这时应开始使用高度在1～2厘米的枕头。

★如何选择枕头

在给宝宝挑选枕头时，应选择荞麦皮、灯芯草、蒲绒等材料填充，透气、吸湿性好、软硬适中的枕芯。如枕头过软，容易导致宝宝窒息，而过硬又不适合宝宝颅骨柔软的特点，容易导致宝宝头颅变形。枕套应以纯棉布的为最优。宝宝的枕头要经常在太阳底下晾晒，定期更换，枕套也要经常换洗，保持干爽。

★慎重选择睡袋

为防止宝宝因为踢掉被子而着凉，不少家长都选用儿童睡袋。儿科专家指出，选用睡袋，也一定要讲究年龄和方法。

睡袋一定要宽松，睡袋的长度和宽度都要足够，不要妨碍宝宝的肢体发育。同时，最好选用棉质睡袋，这样透气性比较好。家长要注意睡袋缝线，如有问题的话就可能缠绕宝宝的手指脚趾，如有开线，宝宝小手小脚插进去出不来也是不安全的。此外，宝宝睡在睡袋里面更要注意安全，千万不要让宝宝的头蒙在睡袋里面。

选择睡袋时，一定要仔细看好睡袋的做工，闻闻睡袋的气味，如果觉得刺鼻的、有怪味的（包括香味的）都建议放弃购买。不管您选择了什么样的睡袋，买回家后先将睡袋洗一遍，充分晒干后再给宝宝用。

而当宝宝进入幼儿阶段以后，就可盖被子了，这远比睡睡袋更能够满足宝宝成长的需求。

应该根据宝宝的年龄与季节变化，选择不同尺寸、质地的睡袋。

11. 选择与使用婴儿车

带宝宝购物或游玩，是一件并不轻松的事情。选择一款合适的婴儿推车，也许可以帮您很大的忙。但是也要注意购买和使用方面的问题。

★选择婴儿车

1. 说明书是最好的老师：购买时应检查产品有无使用说明书，购买后应严格按照产品说明书进行使用和保养，确保使用过程的安全性。

2. 尽量选购功能单一的推车：推车最好"专车专用"，因为功能单一的推车，相对来说结构设计科学且合理。相比之下，合二为一或合几为一的产品有时难免顾此失彼。

3. 儿童推车除了整车的结构牢固外，还要注意推车的锁紧机构和保险装置是否齐全和可靠：如果只有锁紧机构而无保险装置，一旦锁紧机构失灵，就有可能造成儿童的严重伤害事故。购买时要注意推车上围裙坐垫的高度是否合适，肩带、叉带、胯带、带扣、安全带等装置是否牢固可靠。

★使用婴儿车

1. 尽量不在高低不平的路上推，车子不断颠簸摇摆，宝宝不舒服，甚至可能对他造成伤害。

2. 不要推车到马路边等车多、灰尘多的地方去，宝宝坐在小车里位置低离地面近，会吸入更多的灰尘。

宝宝出生后，应根据不同年龄阶段为宝宝选择不同的婴儿车。

3. 任何时候都不要把宝宝一个人留在婴儿车上。

4. 定期检查婴儿车有无故障。比如车身结构各接合处是否牢靠，有无螺丝松脱等现象。

5. 不要过度使用婴儿车，让宝宝多自我锻炼。过度使用婴儿车会降低宝宝进行运动的积极性，使宝宝的运动量减少，不利于运动能力的发育，并可能导致宝宝在婴幼儿时期过度肥胖。

育儿提示

宝宝应减少坐婴儿车

最新一项研究结果表明：经常使用儿童坐椅和各种婴儿车有可能造成婴儿"感觉剥夺"。所谓感觉剥夺指的是有机体与外界环境刺激处于高度隔绝的特殊状态。因此专家建议用背篓或者用手抱宝宝可以保证母亲和宝宝保持经常性的身体刺激。

12. 女婴应慎用爽身粉

夏天，小宝宝洗完澡，全身扑上香喷喷的爽身粉，滑滑的，好舒服。浴后扑粉是大多数家庭的习惯。但是可能会不知不觉中对宝宝造成伤害，尤其是女宝宝。

★不要滥用爽身粉

爽身粉的主要成分是滑石粉，而滑石粉中含有不可分离的铅，铅进入宝宝体内不能很快被排泄。

爽身粉含有氧化镁、硫酸镁，容易侵入呼吸道。因宝宝的呼吸道发育尚不完善，即使吸入量少也不能靠自身功能排除。如果吸入量多，侵入支气管破坏气管的纤毛运动，就会降低防御力，容易诱发呼吸道感染。

爽身粉剂容易吸水，吸水后形成颗粒状物质，导致皮肤发红糜烂。假如爽身粉扑在宝宝屁股上，尿湿后，就会阻塞汗腺，导致摩擦发红，甚至产生皮疹。

★女婴不用爽身粉的处理

尿布要柔软、清洁、干燥、吸水力强，少用橡皮布或塑料布，并且家长必须做到勤换尿布，保持宝宝皮肤干燥清洁。洗尿布时应先用毛刷把屎刷掉，用肥皂溶液浸泡，搓洗漂净残皂，再用开水烫过，然后放在太阳下晒干。大小便后换尿布时，用纱布或软毛巾蘸温水由前向后将臀部及会阴部轻轻擦洗干净。

★女婴扑粉应注意

女婴最好不要将爽身粉扑在大腿内侧、外阴部、下腹部等处。据调查表明，女性长期使用爽身粉，卵巢癌的发病危险增加3.88倍。

爽身粉怎么会与卵巢癌有关系呢？这与女性的身体结构有关。因为女性的盆腔与外界是相通的，尤其是妇女的内生殖器官与外界直接相通，外界环境中的粉尘、颗粒均可通过外阴、阴道、宫颈、宫腔、开放的输卵管进入到腹腔，并且附着在卵巢的表面，这样就会刺激卵巢上皮细胞增生，进而诱发卵巢癌。爽身粉的主要成分是滑石粉，由于爽身粉的颗粒很小，在往女孩的腹部、臀部及大腿内侧等处涂擦时，粉尘极易通过外阴进入阴道深处。

女婴由于生理结构的原因，应谨慎使用爽身粉。

13. 预防宝宝呼吸道疾病

> 呼吸道疾病是宝宝的常见病、多发病，它严重地影响了宝宝的生长发育。如何进行呼吸道疾病的预防很重要。

★勤增减衣物

合理的穿衣是预防呼吸道疾病的重要环节。衣物对宝宝来说是起到保暖的作用，但并非穿得越多越好。宝宝的穿衣量不宜太多，而且衣服不能穿得太紧，要宽松、有适当的厚度，以便于宝宝活动。同时要根据环境的温度变化，比如由室内到户外、从户外到室内或随气温变化，及时增减衣服来避免宝宝受凉。

★注意饮食卫生

饮食可以用来补充宝宝的热量，提高机体的防寒能力。给宝宝的食物最好是现烧现吃，尽量不要给宝宝吃隔日剩下的食物或外卖的熟食。宝宝要勤洗手。喂养宝宝的妈妈或其他人在喂宝宝食物前，都要洗手，避免将细菌、病毒带给宝宝。

★外出活动

其实每个宝宝的机体都有对冷热的调节能力、御寒能力。多带宝宝去户外活动，通过吸入冷空气、皮肤接触冷空气可启动宝宝自身对冷热的调节功能，增强抵抗力。因此在气温为零上的日子里，建议别让宝宝戴口罩、戴手套出门，让宝宝的皮肤与冷空气有亲密的接触。

★住处多通风，防病毒细菌

细菌和病毒无处不在，请不要以为是冬季气温低，就放松警惕。爸爸妈妈在回家后的第一件事情就是及时换外套、鞋子，以避免将外界接触的细菌、病毒传染给宝宝。如果父母感冒，在接触宝宝前，最好戴口罩，并洗手。冬季很多家庭使用暖气和空调，这时要特别注意房间的开窗、通风工作，保持屋内空气的清新、干燥。每天至少要开窗2次（早上起床后、晚上睡觉前），每次通风20～40分钟。

为了保持室内空气的新鲜清洁，应经常开窗通风。

专家答疑

药物预防呼吸道疾病

某些中西药物可提高机体细胞及体液免疫功能，对反复患呼吸道疾患的宝宝及某些体弱宝宝可以应用。并且最好是在医生指导下用药。

14. 如何防治水痘

> 水痘是多发于冬春季的常见急性传染病，多见于1～4岁的宝宝，水痘患者是水痘的唯一传染源，该病主要通过唾液飞沫传染，也可因接触水痘病毒污染的衣服、玩具、用具等而得病。因此一定要注意水痘的防治。

★症状

宝宝在发病之前表现的症状也许只是感冒的症状，所以容易被比较粗心的妈妈所忽视。但是，宝宝在发热的同时或者在发热1～2天后，就开始出疹了。皮疹主要先见于躯干、头部，逐渐延及面部，最后到达四肢。主要分布以躯干最多，而且呈向心性分布。水痘的特征主要是出疹发展迅速，从出疹到结痂经1～2周的时间。

73

★预防宝宝感染水痘

1. 在水痘高发期，避免带宝宝去人多密集的地方或公共场所。

2. 在幼儿园或托儿所的宝宝，妈妈一定要密切观察宝宝的身体状况，做到及时发现，及时治疗。

3. 避免与得水痘的宝宝接触。如果宝宝不小心与得水痘的宝宝接触，应尽早注射丙种球蛋白，作紧急预防。

4. 注射水痘疫苗预防。没出过水痘的宝宝可到医院接种疫苗，以获得终身免疫。

★护理好水痘宝宝

1. 发生水痘后，应及时去医院治疗。

2. 注意环境清洁卫生。

3. 避免刺激性食物。

4. 宝宝双手要保持清洁。

5. 宝宝的用品要专用。保持皮肤清洁干燥，应该给宝宝勤换衣服。

6. 水痘宝宝的被褥要勤晒。同时防止因穿过紧的衣服和盖过厚的被子，而造成过热，引起疹子发痒。

7. 应用温水给宝宝洗澡。宝宝在出疹比较严重的时候不宜洗澡，结痂以后可用温水（不是热水）洗澡，以保持皮肤的清洁，一定要避免受凉。

8. 妈妈一定要密切观察病情，及早发现有无并发症，如果发现宝宝高热不退、呕吐、头疼、烦躁不安或者嗜睡，应及时找医生诊治。

15. 智能培育与开发

宝宝长到4个月的时候，父母应该在搂抱、抚摩与交流的同时，跟他对话、唱歌，并与他做各种训练，以训练宝宝的多种感知能力。

★视觉能力训练

镜子里的宝宝

培养目的：让宝宝认识镜中的自己，增进他的自我意识。

步骤：

1. 准备一面镜子，妈妈带着宝宝站在镜子前。

2. 妈妈可以拉着宝宝的手摸镜子，一边跟他说："咦，什么都没有，这是镜子啊。"

3. 爸爸过来，说："怎么没有，这不是宝宝吗？"然后逗宝宝笑。

提示：也可以跟宝宝玩藏猫猫或拉着他的手、脚摇晃。

★数学能力训练

唱数

培养目的：让宝宝在不知不觉中熟悉数字的顺序，从而提高宝宝的左脑数学能力。

步骤：

1. 先告诉宝宝："我们上楼梯了。"

2. 上1个台阶数1个数，有节奏地从1唱到10。

3. 妈妈抱着宝宝下楼梯，下1个台阶数1个数，有节奏地从1唱到10，反复唱给宝宝听。

提示：妈妈上下楼梯要小心，以免摔倒。

★运动能力训练

开合窗帘

培养目的：通过这种活动可以锻炼宝宝对光的刺激的反应，从而提高宝宝的视觉反应能力。

步骤：

1. 将房间的窗帘反复几次开合，也可以反复将房间的台灯打开关上，或者打开手电照射墙壁，一边可以说："宝宝看这里"，吸引宝宝的注意力。

2. 看看宝宝是否将头轻轻转向光线的方向。

提示：阳光和灯光都不能直射宝宝的眼睛，以免眼睛受伤。

图解育儿圣经

第六章

激发宝宝的快乐情绪
——第5个月

从第5个月开始，宝宝的成长速度越来越快。与上个月相比，宝宝的力气增大了，身体的运动能力也增强了，宝宝变得越来越活泼。同时，宝宝对周围事物的兴趣也在增强，一段轻灵的音乐，一束色彩鲜艳的花，父母手中的摇铃，都能引起宝宝极大的兴趣。做父母的应该注意到宝宝的这些变化，同时有意识地激发宝宝的快乐情绪，为培养一个乐观、健康的宝宝做准备。

1. 身体与感觉发育状况

当宝宝到了第5个月的时候，身体的各方面已经呈现出快速发育的状态了。宝宝的体重增加得很快，抱在手里沉甸甸的；宝宝喜欢重复某一动作，甚至知道区别亲人和陌生人了。

★宝宝体格发育状况

	男婴	女婴
体重	约 7.97 千克	约 7.35 千克
身长	约 66.76 厘米	约 65.90 厘米
头围	约 43.10 厘米	约 41.90 厘米
胸围	约 43.40 厘米	约 42.05 厘米
坐高	约 43.57 厘米	约 42.30 厘米

★动作发育

5个月的宝宝会用一只手够自己想要的玩具，并能抓住玩具，但准确度还不够，往往一个动作需反复好几次。洗澡时很听话并且还会拍水玩。玩玩具的时候，如果玩具掉在地上，他会用目光追随掉落的玩具。

5个月的宝宝还有个特点，就是不厌其烦地重复某一动作，经常故意把手中的东西扔在地上，拣起来又扔，可反复20多次。也常把一件物体拉到身边，推开，再拉回，反复动作。这是宝宝在显示他的能力。

宝宝刘妹儿能够用手抓自己想要的玩具了。

★语言发育

此时，宝宝不仅注意你说话的方式，也会注意到你发出每个音节。宝宝开始用母语的许多节律和特征咿呀学语，尽管听起来像胡言乱语，但如果你仔细听，你会发现他会升高和降低声音，好像在发言或者询问一些问题。

★感觉发育

5个月的宝宝会用表情来表达自己内心的想法，能区别亲人的声音，能识别熟人和陌生人，对陌生人做出躲避的姿态。

★睡眠

5个月的宝宝每昼夜睡15～16小时，夜间睡10小时，白天睡2～3觉，每次睡2～2.5小时。白天活动持续时间延长到2～2.5小时。

2. 有规律的进食

所有的宝宝都能自然地养成固定的饮食规律。如果父母稍加引导，这种规律就会养成得更早。在宝宝5个月的时候，随着他们不断长大，吃奶间隔就会越来越长。这时，父母应该对宝宝进行有规律地喂养，从这个时候起，你就可以训练你的宝宝，吃饱了以后就能和父母一样睡上一整夜。

★宝宝进食要定时定量

如此一来，宝宝在一定的时间会产生饥饿感，胃肠内会产生大量的消化液，而使吃进的食物能顺利地消化和被吸收。什么时候吃饭、排便、睡眠都是人类的一种生物本能，但这些活动会受到社会生活环境的制约，更多地受时间的影响，也就是受"生物钟"的影响。帮助宝宝建立正常规律的饮食"生物钟"，不但对宝宝的健康有利，同时也可以帮助宝宝将来更好地适应幼儿园、学校的集体生活。

★白天固定饮食

如果白天宝宝吃过奶以后就睡着了，4个小时以后还没有醒，妈妈就应该把他叫醒。这就是在帮助宝宝养成固定的白天饮食习惯。即使宝宝吃过奶以后在睡觉期间哼唧两声，妈妈也应该忍耐几分钟。假如宝宝真的醒了而且哭闹，可以给他拍拍或哄哄他，以便他能有机会再次入睡。这就是帮助宝宝适应更长的吃奶间隔。

★注重吃奶间隔

如果宝宝最初的时候吃奶无精打采，迷迷糊糊，或者躁动不安少睡觉，在这种情况下，家长应该坚持适当地引导宝宝，使他的吃奶间隔不断向规律发展，比如让吃母乳的宝宝每2~3个小时吃1次，让吃配方奶的宝宝每3~4个小时吃1次，父母减少了忙乱，宝宝也能早一些养成固定的吃奶习惯。

有规律的进食使宝宝刘姝儿开心快乐成长。

3. 宝宝厌食牛奶的对策

有些宝宝原来一直很喜欢喝牛奶，但突然从某一天起不爱喝，只要把奶嘴一塞进宝宝嘴里，他就用舌头顶出来，这往往令父母十分着急。这种突然厌食牛奶的现象多发生于人工喂养的宝宝。

★宝宝厌食牛奶的原因

宝宝厌食牛奶的现象一般是由于牛奶喝得过多所致。很多家长往往按书本或奶粉罐上的说明喂宝宝，每次喂奶只要奶瓶里的奶没吃完，千方百计也要把剩的一点儿喂完，殊不知每个宝宝均有自己的"饭量"，长时间喝牛奶，会增加肠胃的消化负担，肝脏和肾脏就会因疲劳而"罢工"，宝宝就会突然不愿意喝牛奶，而喜欢吃易于消化的果汁和水。厌食牛奶的宝宝，除喝奶时情绪不好以外，其他时候完全正常。由此来看，宝宝厌食牛奶并不是一种疾病。

★让宝宝的消化功能得到休息

当宝宝出现厌食牛奶的现象时，母亲不要因为牛奶营养好而强迫他喝，可以适当暂停一段时间，多为其提供果汁和水分。经过10天或半个月的"休养"，宝宝的消化功能得到充分的休息并逐渐恢复后，他会再次喜欢喝牛奶。

★改变喂养方法

只要宝宝精神状态好，活动照常，无吐奶、腹泻、发热等症状，去医院检查一下未发现病理情况，父母则可不必担心，不要怕饿了小儿而强迫其喝牛奶。但是可适当改变一下喂养方法，把牛奶冲淡或加喂一些米汤和果

由于辅食的不断增加，宝宝陈志轩对牛奶渐渐失去了兴趣。

汁，经过 10 天左右的调整，就可慢慢地恢复到正常的牛奶量，但要注意不要让宝宝再无限量地食用了，以免再次发生厌食。一般而言，宝宝每天平均喝 100～200 毫升的牛奶就能满足身体发育的需要。

4. 不要忽视给宝宝补铁

宝宝 5 个月的时候，生长发育特别快，这样新陈代谢的速度也快，如果父母不引起注意就会导致宝宝体内缺铁。因为这个时候宝宝体内的储备铁即将耗尽，应该开始补铁，以防缺铁性贫血的发生。

★多吃含铁丰富的食物

在宝宝体内，铁的来源很大程度上依赖于食物。食物中的铁有两个来源，一种是血红素铁，它来自于含动物蛋白质高的食物，如瘦肉、动物肝脏、动物血和鱼等，这些食物不仅含铁量高，而且在吸收过程中不受膳食中其他食物的影响；另一种是非血红素铁，它来自于蔬菜、谷物、赤豆等植物性食物。可以采用肝脏、鱼、肉等富含铁且铁生物利用性好的食品，制成肝泥、鱼泥、肉泥等适于宝宝食用的食品。

★服用铁剂的选择

对于患缺铁性贫血的宝宝，补充铁剂仍是首选的方法。传统的铁剂以二价铁盐为主，常用的有硫酸亚铁、乳酸亚铁等，副作用较大。现在，有以血红素铁为主要成分的铁剂，辅以黄芪等中药，不但可以提高铁的吸收率，还可以促进机体的造血功能，副作用也相对较少。

★补铁过量有害无益

宝宝服用过多的铁药品，会引起严重的后果。铁中毒可直接腐蚀胃肠黏膜，以致出现呕吐、腹泻、黑便、腹痛和胃肠炎等症状，甚至可以发展为消化道出血、急性肠坏死并发生肠穿孔和腹膜炎等情况。服铁过量还会使血液中出现游离铁，发生休克和心力衰竭。过多的铁也可进入细胞内，破坏线粒体，使肝脏及神经系统受损害，引起昏迷甚至死亡。

★铁吸收得好不好是补铁的关键

与铁搭配摄入的食物是影响铁吸收的重要因素。维生素 C 及鱼肉、猪肉、鸡肉等动物性食品可以促进铁的吸收，而植物中的植酸、草酸以及茶叶中的鞣酸都会阻碍铁的吸收。因此，在服用铁剂的同时，应多补充些动物肝、肉、血等食物。

宝宝傅艺涵通过进食富含铁元素的食品来补铁。

5. 菜泥、肉泥、水果泥的添加与制作

第 5 个月的宝宝所处的时期我们称做为"半断奶期"，这并不是指马上需要断奶，改喂其他食品，而是指给宝宝吃些半流体糊状辅助食物，以逐渐过渡到能吃较硬的各种食物的过程。所以，在这个时期，妈妈们应该学会为宝宝做泥糊状的食品，如菜泥、肉泥、水果泥等等。

图解育儿圣经

★肉泥的制作方法

　　鱼、肉、虾、猪肝均含有人体所必需的优质蛋白质，而且还含有丰富的铁、锌、磷、钙等矿物质，是理想的辅食原料。将鱼去鳞及内脏并洗净，切段后放入葱、姜，上锅蒸15分钟左右，然后去掉皮和鱼刺，留下的鱼肉用汤匙压成泥，即做成了鱼泥；剁碎去筋后的瘦肉或去壳的虾肉，加入少量淀粉和水，上锅蒸熟，再加入少许食盐，就是美味的肉泥和虾泥；用刀在猪肝的剖面上慢慢地刮，将刮下的泥状物加入少许盐蒸熟后，即为猪肝泥。

★菜泥的制作方法

　　蔬菜含有多种水溶性维生素，是宝宝的生长发育必不可少的营养素。将新鲜深色蔬菜（如菠菜、青菜、油菜等）洗净，细剁成泥，在碗中盖上盖子蒸熟；胡萝卜、土豆、红薯等块状蔬菜宜用文火煮烂或蒸熟后挤压成泥状；菜泥中加调味品和少许素油，以急火快炒即成。

胡萝卜泥营养丰富，有治疗夜盲症、保护呼吸道和促进儿童生长等功能。此外胡萝卜泥中还含有较多的钙、磷、铁等矿物质。

★水果泥的制作方法

　　水果中含有钙、磷、铁和丰富的维生素

等各种营养素，可降低总胆固醇及坏胆固醇的含量，有增强记忆的功效。同时味道酸甜，是很多宝宝的最爱。可以将水果洗净，去皮，然后用匙慢慢刮成泥状即可喂食。或将水果洗净，去皮，切成小碎块，加入凉开水适量，上锅蒸25分钟左右，待凉后即可喂食。

★在米粥中加入泥状食物

　　若在熟烂的米粥中加入一定量的上述泥状辅食，可制成营养美味的婴儿粥。这种混合辅食既可为宝宝提供足够的热量，又可为宝宝提供蛋白质、脂肪、矿物质、维生素，还可增加食物的香味，促进宝宝的食欲。

6. 注意喂食中的卫生

　　给宝宝准备食物和喂食时必须尽可能地小心。因为，在宝宝只有几个月的时候，他的免疫功能还未完全发育好。所以做父母的应该极力注意喂食中的卫生，避免致病的微生物污染宝宝的食物。

★喂食前的清洁

　　父母每次给宝宝准备食物或喂食前，首先应该洗手。为了不让手上的细菌带到食物和餐具上，最简单的方法就是洗手，洗手时还要充分搓手，注意把指甲和手掌都洗的干干净净。保持指甲洁净，指甲内侧应弄干净，因为这里容易滋生细菌。同时宝宝在进食前，也应该洗手，以免交叉感染。另外，父母在准备和喂食时要用干净的器皿，给宝宝用食的汤匙奶嘴等都要定期消毒，避免细菌感染。

★注意食物的清洁卫生

　　保证食物（无论生熟）远离携带病菌的苍蝇和昆虫，如果可能，要给宝宝喂食新鲜的食物。避免食物放置的时间过长，尤其是在室温下。应将食物放入冰箱以减缓细菌的繁殖速度。如果给宝宝准备肉类、鱼、海鲜、家禽，都要煮到十分熟以杀灭有害细菌。新鲜蔬菜在烹煮之前，最好放在清水或淘米水中浸泡半个小时。水果要清洗干净，同时削皮，挖掉水果表面虫蛀的部分。另外，还要避免生食和熟食混合，也不要将装生食的器皿与装熟食的器皿混合使用。

★不要给宝宝吃剩饭

尽可能避免给宝宝吃剩饭。干净的剩饭应该立即放入冰箱，并尽快吃完。如果你不能肯定剩饭是否安全，那还是将它马上扔掉吧，这样更能保证安全，以免因小失大。

防止病从口入，水果一定要清洗干净再给宝宝吃。

专家答疑

用微波炉加热婴儿食物（或奶）时要小心

微波不能均匀加热食物。可能感觉食物或瓶子是凉的，但实际上有一部分食物（通常为中心）很热，可能会烫伤宝宝的舌头和软腭。应该搅拌经过微波炉加热的食物（或摇匀奶瓶），使热量均匀分布，并且在喂食前晾几分钟。

7. 保护好宝宝的乳牙

宝宝在3岁以前长出的牙齿被称为乳牙，由于受遗传、性别、种族等遗传因素以及气温、营养、疾病等环境因素的影响，每个宝宝牙齿的萌出时间不尽相同。一般来说，宝宝5个月的时候，就开始长出第1颗乳牙。那么，保护宝宝的乳牙，父母应该怎么做呢？

★避免营养物质缺乏

宝宝乳牙的生长要有充足的热量、蛋白质、钙、磷及维生素A、维生素D、维生素C和氟等。钙、磷是牙骨质的主要成分，如钙、磷及维生素D摄入不足，会影响牙齿的正常形态和结构；如果长期缺乏维生素A、维生素C，牙齿会长得稀疏、短小，或者横七竖八，里进外出。所以，在宝宝出牙期，要注意营养，不断补充牙齿需要的钙、磷，而且要注意加维生素D，在4～6个月要给宝宝维生素D和钙片，饮食中注意加蛋黄、菜泥、果泥、鱼泥、肉泥、骨头汤、烂面条、饼干、馒头片等。

宝宝最先长出的是下颌的2颗下门牙，然后是上颌的2颗上门牙。

★避免不正确的哺乳姿势

人工喂养时，宝宝吃奶的姿势、奶瓶的位置、奶嘴孔大小，都对牙齿发育影响很大。妈咪一定要注意采取正确姿势，使宝宝吮吸时下颌前伸运动近似于吮吸母乳，不影响下颌骨正常发育，避免引起宝宝牙颌畸形。

★注重宝宝口腔卫生

乳牙阶段是宝宝生长发育的重要时期，也是龋齿好发时期，从口腔卫生角度要求，宝宝从小就要清洁口腔。因为口腔细菌从婴幼儿时期起，就在口腔内生长繁殖。其做法是，用消过毒的干净纱布蘸淡盐水，轻擦宝宝的口腔牙床。

★宝宝出牙时的症状

有些小儿在出牙时会轻度发烧，流口水，易烦躁，不想吃东西或爱咬奶头、奶嘴，咬玩具等，这种反应主要由出牙对口腔黏膜的机械刺激所引起，一般不需要专门治疗，待牙齿长出来后，症状会自然消失。

★少给宝宝吃甜食

初生的牙釉质质较薄，极易受到损伤，所以在宝宝的辅食中，尽量少添加甜食，以防止龋齿的发生。

8. 养成规律的睡眠习惯

睡眠占小儿生命的大部分时间，可以说宝宝主要任务是睡眠。有人称睡眠是宝宝的第二生命，这是很有道理的。5 个月的宝宝大概每天睡眠 14 ～ 15 个小时，睡眠时间比前几个月短，睡眠周期则比前几个月长，而且睡眠习惯渐趋正常。所以，养成规律的睡眠习惯，对宝宝来说至关重要。

★尽量保持安静的环境

宝宝的睡眠环境要求安静和较暗，室温

随着年龄的增长，宝宝的睡眠也随之减少，因此要缩短宝宝白天的睡眠时间，否则会影响晚上的睡眠。

不过热。保持空气新鲜，除冬季开窗换空气外，其他季节可开窗睡眠。另外，当晚上喂奶或换尿布时，不要让宝宝醒透（最好处于半睡眠状态）。这样，当喂完奶换完尿布后，会容易入睡。

★让宝宝学会自己入睡

让宝宝学会自己入睡，不需抱、拍、摇着或含着奶头入睡。由于睡眠周期决定宝宝夜间会醒，学会自己入睡的宝宝夜间醒来会自然又入睡，进入下一个睡眠周期。如果睡前养成要哄或含奶头的习惯，夜间醒来也会要求同样条件，达不到时就会哭闹。

★不要让宝宝白天睡得太多

很多做妈妈的白天要上班，或者因为其他事情比较忙，无暇照顾宝宝，所以总是哄着宝宝白天睡觉。其实这样会引起宝宝睡眠紊乱。宝宝白天睡得太多，晚上自然就不会好好睡眠了。

★宝宝哭闹的应对

对 5 个月的宝宝哭闹，不要及时做出反应，等待几分钟。如果不停地哭闹，父母应过去安慰一下，但不要亮灯，也不应逗宝宝玩、抱起来或摇晃他。如果越哭越甚，等两分钟再检查一遍，并考虑是否饿了、尿了，有没有发烧等病兆等。

9. 宝宝内衣的挑选

内衣是宝宝娇嫩的肌肤直接接触的东西，从出生到长大的每一天，宝宝从它那里感觉到的体贴，要远远多于妈妈的双手。如何正确选购品质良好，又适合宝宝的内衣呢？妈妈在采买时可要注意以下几点。

在给宝宝购置服装时，最好选择透气性好的纯棉服装。

★质地细致是首选

质地直接决定了内衣的触感，是选择时首先要考虑的因素。纯棉内衣以其良好的吸汗透气性、舒适的手感成为宝宝内衣质地的唯一选择。一般来说，针织罗纹布是夏天的首选；针织棉毛布保暖性、透气性较好，适合做秋冬内衣；棉纱布易缩水，主要用于夏季；毛巾布则主要用于秋冬季。

★做工精细是关键

宝宝内衣讲究做工不是为了美观，而是为了安全舒适。做工精细的内衣一般在剪裁设计上更注重宝宝的体态特点，比如：宝宝的颈部总是转动不停，下颌和脖子易出汗，因此领窝处不能太深；袖缝设计影响着宝宝手臂的活动，最好采用袖部与肩部水平的立体剪裁；宝宝的肚子比较娇嫩，因此腹部的重叠设计可以保证宝宝不会受凉。另外，因宝宝内衣需经常洗涤，做工精细的衣物才能保证纽扣、带子等不易脱落，从而避免宝宝误食等意外事故的发生。

★功能细化不容忽视

宝宝内衣虽小，种类却不少，长的、短的、袍状的、蛙型的、日常穿的、睡觉穿的，林林总总也有七八种之多，选择时要考虑到每一种的不同功效。

★颜色挑选要慎重

宝宝内衣应该选择本白色，这样才有可能把各种有色染料带给宝宝的伤害降到最低，并有利于发现一些异常情况，比如不正常颜色的粪便或宝宝自己抓破皮肤留下的血迹等。但是，一些过分白的内衣有可能含有荧光剂，应慎选。另外，粗糙的缝边易刺激宝宝皮肤，尤其是腋下、手腕等处，选择时不妨放在自己脸颊旁感觉一下。一些品牌的内衣将所有内衣缝边向外翻，更不失为安全之举。

10. 选择合适的玩具

5个月大的宝宝活动能力已经得到很大的增强了。他们需要用玩具或者借助生活中的一些常见常用的实物来有目的地帮助他们发展，来增加他们全身和四肢的活动。这时父母应该多和他一起游戏玩耍，你可为宝宝挑选一些有趣的玩具。

★适合5个月宝宝的玩具

发展视觉的玩具：可以选择色彩鲜艳的脸谱、镜子、洗澡玩具、塑料书、图片、小动物、动物造型之类的玩具。

发展听力的玩具：可以选择小摇铃、拨浪鼓、八音盒、风铃等能发出悦耳动听的声音的玩具，宝宝有时候就会随着音乐手舞足蹈。

发展触觉能力的玩具：可以选择不同质地的玩具，如绒毛娃娃、丝织品做的小玩具、床头玩具、积木、海滩玩的球。

★购买宝宝玩具的原则

在购买所有的玩具时，应注意看一下玩具有没有小部件，以防宝宝因吞咽而窒息。最好选用没有尖锐的边缘的玩具，以防划伤宝宝的皮肤。并且还要检查一下玩具是否耐用。有些玩具几天就散了架子，宝宝在玩时容易被破损的玩具刺伤，因此最好选择结实耐用的玩具给宝宝玩，这样做也相对省钱。

★检查玩具的安全系数

无论何时，安全都是十分重要的。宝宝有着独特的探究世界的方式：他们不仅看和听，更要摸、要闻、要咬，还要敲打……这就要求玩具不能存在安全隐患，要避免过小的零件，避免过于坚硬锐利的部分，也不能过重。要选择"绿色玩具"，即使宝宝咬在嘴里也不会对他的安全和健康造成威胁，也就是所谓"可以放在餐盘上的玩具"。

宝宝的成长离不开各种各样的玩具，安全是你为宝宝选择玩具时应考虑的重要因素。

给宝宝买长久的玩具

玩具不要多，只要一两件。不要盲目地给宝宝买过多的玩具，玩具太多并非好事，倒不如少而精。因此，看一个玩具是否可以随着宝宝的成长变化发挥不同的作用，适合于较长的年龄阶段，也是好玩具的一个重要标准。

11. 给宝宝喂药的注意事项

小宝宝的出世，给家庭生活带来了无限的欢乐，同时也带来了不少烦恼。当宝宝生病的时候，哪怕是轻微的感冒，父母们也常因喂药困难而感到头痛。因此，父母掌握一些给宝宝喂药的注意事项是十分必要的。

★服药前的注意事项

服药前，不宜给宝宝喂乳及饮水，要使宝宝处于半饥饿状态，这样既可防止恶心呕吐，又可因宝宝饥饿，便于药物咽下。而且，服药前首先应看清楚药物标签，了解药物用途及用量。因为宝宝服药是根据体重计算用量的，切勿误服过量，以免发生药物中毒。另外，还要掌握用药次数及天数。

★喂药时的注意事项

按医嘱，先将药片或药水放置勺内，用温开水调匀，也可放糖少许。喂药时将宝宝抱于怀中，托起头部成半卧位，用左手拇、食二指轻轻按压宝宝双侧颊部，使宝宝张嘴，然后将药物慢慢倒入宝宝嘴里。但要注意，不要用捏鼻的方法使宝宝张嘴，也不宜将药物直接倒入咽部，以免将药物吸入气管发生呛咳，甚而导致吸入性肺炎的发生。

★给宝宝喂苦药的注意事项

不太苦的药，可以将药溶于少量的糖水

可以借助喂药器给宝宝喂药。

里，用小勺或奶瓶喂。太苦、太难吃的药，应先喂糖水或奶，然后趁机将已溶于糖水中的药喂入，再继续喂些糖水或奶。如果宝宝一直又哭又闹，不肯吃药，只好采取灌药的方法，一人用手将宝宝的头固定，另一人左手轻捏住宝宝的下巴，右手拿一小匙，沿着宝宝的嘴角灌入，待其完全咽下后，固定的手才能放开。不要从嘴中间沿着舌头往里灌，因舌尖是味觉最敏感的地方，易拒绝下咽。值得注意的是，哭闹时灌药容易呛到气管中，这样容易引起窒息。

★喂药后的注意事项

喂药后，应继续喂水20～30毫升，将口腔及食管内积存的药物送入胃内，而且，喂药后不宜马上喂奶，以免发生反胃引起宝宝呕吐。

时候开始，等到宝宝已经5个月的时候，此时播放音乐的时间可以适当延长，除了过于铿锵有力的和过于疯狂的乐曲不宜给宝宝听外，从节奏轻快、富有生气的到舒缓流畅、优雅动人的各种风格音乐都可以让宝宝听一听。

★宝宝听音乐时要慎重

在给宝宝听音乐时要十分慎重，一不要给宝宝较长时间听音乐，二不要给宝宝听立体声音乐，更不要让宝宝用耳机听，以防对宝宝造成危害，而不能发挥音乐对宝宝的良好作用。另外，并不是所有的音乐都适合宝宝，不是任何时候给宝宝听音乐都是有好处的。只有在宝宝情绪好，或者真正感兴趣的时候，音乐才能达到它的真正作用。

12. 让你的宝宝爱上音乐

日本教育家记载了这样一件事：一对年轻夫妇很喜欢古典音乐，在他们的儿子出生后，每天放几小时巴赫的《第二组曲》给宝宝听。几个月后，宝宝开始随着音乐的节奏活动，音乐一停，他表示出扫兴的样子。当宝宝哭闹时，他们就播放音乐，宝宝会马上安静下来。

★培养宝宝对音乐的感知力和领悟力

对小宝宝的音乐教育其实并不是以教育本身为目的，而是以音乐的方式对宝宝进行早期教育，在音乐的氛围中，宝宝的快乐情绪、感知觉和认知能力都得到了全面的发展。有音乐天赋的宝宝在5个月的时候主要表现出对音乐的敏感性、极易被音乐所吸引。比如在他吵闹哭泣的时候听到一段优美的乐曲，他会突然停止哭闹，注意力会转移到音乐那方面去。

对音乐感兴趣的宝宝吕章煌，挎在脖子上的耳机只是一种装饰，因为妈妈从来不让他用耳机来听音乐。

★给宝宝选择喜欢的音乐

培养宝宝对音乐的敏感，应该从怀孕的

13. 走出感冒用药的误区

5个月的宝宝免疫系统还没有发育完善，一不留神就会出现感冒症状。宝宝感冒之后，自然要用药，许多家长在给患儿服用抗感冒药时，出现了一些用药的误区，如果不及早纠正过来的话，会对宝宝的健康造成非常不利的影响。

★不注意合理使用抗生素

引起儿童感冒的原因大多是病毒，而抗生素只是对细菌感染才起作用。感冒早期可选用抗病毒药物如板蓝根冲剂等，还可选用中西药物制剂，同时配合加强护理，注意休息，多喝开水，给予易消化的饮食，患儿很快就能恢复健康。若采用以上措施后仍不能退烧，或查血常规见白细胞明显增加，说明有细菌乘虚而入，只有在治疗感冒合并细菌感染时，才考虑合理选择加用抗生素来杀灭或抑制细菌的生长。

★吊针不一定比口服药好

在医院里经常看见一些家长带着宝宝到医院看病吃药后，仍未见退烧。做家长的可着急了，害怕宝宝会烧坏脑子，于是强烈要求医生给宝宝打吊针。实际上，感冒治愈是需要一段过程的，不可操之过急。一般来讲，感冒需要5～7天才能完全康复。

★治疗中途自行停药或减量

很多家长会认为西药副作用比较大，怕小

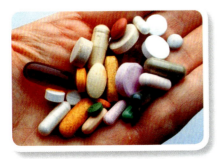

千万不要将许多感冒药一起给宝宝服用。

孩身体消耗不起，于是不按医嘱每天3～4次服药，而是随便自行减量为每天1～2次，久而久之，会产生耐药性，既延误了治疗时间，又要吃药力更强的药方可见效。

★多种抗感冒药一起服用

许多感冒药的药物组成基本相似，药物作用也大同小异。多种感冒药同时服用，就等于加大了药物的用量，势必增加药物的毒性作用，如有的引起肾脏损害，导致血尿，有的引起过敏性皮疹，有的会引起胃溃疡以及消化道大出血。

14. 痢疾的预防与护理

宝宝细菌性痢疾多发生在夏、秋两季。传播途径主要是通过患者或带菌者的粪便以及由带菌的苍蝇污染日常用具、餐具、儿童玩具、饮料等传染他人。

★患痢疾后的症状

患菌痢的宝宝轻者常以发热、腹痛、便后有下坠感及伴有黏液便或脓血便为主要症状。重症者可突发高烧、昏迷、抽疯、呼吸不畅等中毒性脑病症状，有的甚至会出现面色苍白、发绀、四肢冰冷、脉搏细弱等休克现象，如不及时送医院抢救治疗，会导致生命危险。

★预防细菌性痢疾

预防的关键是防止"病从口入"。在喂养宝宝的时候，一定要注意饮食和餐具的卫生，同时积极灭蝇、灭蚊、灭鼠，消除蚊蝇滋生场所，保持室内外清洁卫生；尤其在炎热的夏季，宝宝的饮食更要以清淡为主，可以加点蒜泥，多喝开水。餐具、洗碗抹布、水池、厕所每周用消毒液浸泡20分钟左右，以免染上疾病。

★细菌性痢疾的护理

首先，宝宝必须隔离，食具的消毒可在开水中煮沸15分钟，玩具可给予易于消毒的木制或塑料制品。床单被褥可在日光下暴晒6小时。其次，宝宝应卧床休息。腹痛时腹部可放热水袋。宝宝大便有里急后重时，可让大便解在尿布上，不要求坐在痰盂里解便，这样可防止肛门直肠脱垂。第三，呕吐频繁时，可短期禁食，或给予静脉补液。然后给予糖盐水，少油腻的流质食品如藕粉、豆浆等。待病情好转，即应及早进食。第四，密切注意宝宝病情变化及大便性质、次数，如宝宝出现高热、面色苍白、四肢发冷或有嗜睡、谵语、烦躁不安时，应立即到医院就医。

父母必读

治疗细菌性痢疾的常用药物

治疗细菌性痢疾时最常选用的药物有黄连素、痢特灵、氨苄青霉素等。患一般性菌痢应以口服抗菌药为主，只有起病急剧或不能口服时才经注射途径给药。目前治疗肠道感染的药物有：多粘菌素、头孢类。

15. 智能培育与开发

5个月大的宝宝，随着感知觉的提高，面对这丰富多彩的世界，小宝宝更需要父母倾注更多的爱和时间，陪他读一读周围的世界这部活"书"。

★语言能力训练

鼓励宝宝发音
培养目的：训练宝宝口型模仿，培养语言能力。
步骤：
1.母亲与宝宝谈话并逗引和鼓励宝宝发音。

2.当宝宝发音时，母亲要及时应答，这样可以使宝宝愉快、兴奋，并会再弄出声音。宝宝会咿咿呀呀，发出像说话般的声音，好似在和大人"说话"。

提示：家长也可面对宝宝，结合实物，一字一字地发出单个音节，让宝宝看着口型模仿。

★视觉能力训练

丰富的世界
培养目的：帮助宝宝在语言和实物之间建立最初的联系，帮助宝宝认识更多事物。

步骤：
1.抱起宝宝在室内走一走，看一看。一边看，一边告诉他各种物体的名称：这是桌子、沙发、电视机。
2.让宝宝坐在小车里，到户外逛 逛，看看飞过的小鸟，院子里的绿树鲜花等。

提示：时间不要太长，避免宝宝劳累。

★手眼协调能力训练

抓一抓
培养目的：促进宝宝手眼协调能力的发展，发展宝宝的感觉动作技能。

步骤：
1.妈妈手拿布娃娃、小球等各种可抓握的玩具，引起宝宝注意，然后让宝宝抓一抓，握一握。
2.也可以有意识地教宝宝自己用小手扶奶瓶，往嘴里送奶嘴。

提示：玩具要注意清洁，游戏后宝宝要洗手。

妈妈用色彩鲜艳的玩具来引导宝宝聚心去抓握，以此来锻炼她的手眼协调能力。

第七章

培养宝宝良好习惯
——第6个月

　　转眼之间，宝宝已经半岁了。看着抱在怀里的白白胖胖的宝宝，每个做父母的都会感到发自内心的欣喜和幸福。6个月的宝宝已经懂得领会亲情，在爸爸妈妈围在他的身边，逗宝宝说话的时候，宝宝会高兴得手舞足蹈，一旦父母离开，宝宝就会情绪低落，甚至哭泣起来。在这个月里，妈妈们要让宝宝养成良好生活的习惯，包括进食、睡眠、大小便等等。

1. 身体与感觉发育状况

半岁的宝宝实在太可爱了，抱在手里沉甸甸的，皮肤也变得非常光滑，小手和小脚总是不停地晃动，嘴里喜欢喃喃自语，他眼睛明亮而有神，听觉非常敏感。另外，宝宝变得越来越好动，对这个世界充满了好奇心。专家们认为，这个阶段是宝宝自尊心形成的非常时期，所以父母要引起足够的关注，对宝宝适时给予鼓励，从而使宝宝建立起良好的自信心。

★宝宝体格发育状况

	男婴	女婴
体重	约 8.46 千克	约 7.82 千克
身长	约 68.88 厘米	约 67.18 厘米
头围	约 44.32 厘米	约 43.20 厘米
胸围	约 44.06 厘米	约 42.86 厘米
坐高	约 44.16 厘米	约 43.17 厘米

★动作发育

6 个月的宝宝已经会翻身了。如果扶着他，能够站得很直，并且喜欢在扶立时跳跃。如果父母把玩具等物品放在宝宝面前，他会伸手去拿，并塞入自己口中。6 个月的宝宝已经开始会坐，但还坐不太好。

★语言发育

6 个月宝宝的听力比以前更加灵敏了，宝宝能分辨不同的声音，并学着发声。

★感觉发育

6 个月的宝宝已经能够区别亲人和陌生人，看见看护自己的亲人会高兴，从镜子里看见自己会微笑，如果和他玩藏猫儿的游戏，他会很感兴趣。如果父母离开了宝宝的身边，宝宝很可能就会哭闹起来。这时的宝宝会用不同的方式表示自己的情绪，如用笑、哭来表示喜欢和不喜欢。

★睡眠

6 个月宝宝一昼夜需睡 15 ～ 16 小时，一般白天要睡 3 次，每次 1.5 ～ 2 小时，夜间睡 10 小时左右。

2. 过渡性断母乳的方法

对于 6 个月的宝宝来说，此时的他，已经接受了近 2 个月的辅食添加训练，有了一段时间的辅食经验了，从这个月开始父母可以采取过渡的方法给宝宝断奶。

★选择合适的断母乳时机

断奶意味着宝宝生活习惯的改变，因此，断奶季节的选择要慎重。夏天宝宝出汗多，胃肠消化能力弱，食物容易腐败变质，从而导致宝宝腹泻、消化不良；冬季气候寒冷，宝宝容易着凉、感冒甚至罹患肺炎。断奶最好选择在春暖或秋凉的季节。另外，体弱的宝宝可适当推迟断奶的时间，以免降低宝宝身体的抵抗能力。

★过渡性断母乳的误区

有的妈妈奶水充足，哺乳期间不给宝宝添加辅食，便在奶头上涂些辣味、苦味的东西来恐吓宝宝。这种强行断奶的做法给宝宝带来不安和痛苦，继而使之拒食其他食物。有的妈妈在断奶时，因不忍心看到宝宝哭闹而半途而废，又恢复喂奶，造成宝宝的恋奶心理，下次断奶就更加困难了。还有的妈妈

宝宝喻悦在6个月时开始断奶，辅食的进食量也开始增加了。

奶水不足，又未及时给宝宝添加辅食，喂奶时间过长，造成宝宝只想吃奶，养成"叼奶头"的坏习惯。久而久之，导致宝宝营养不良、面黄肌瘦、烦躁不安，即人们常说的"奶痨"。

★过渡性断奶的饮食安排

断乳期饮食安排不当往往是引起宝宝营养不良、体弱多病的重要原因，故父母应高度重视这个时期的食品选择。自宝宝6个月起，妈妈应该逐渐减少哺乳的次数。可先减去1次，由牛奶、豆浆或鸡蛋羹代替。以后再根据宝宝的适应情况减少喂奶的次数，同时将宝宝的口味由单一逐渐变为多样。为了保证宝宝获得充足的营养，断乳后一定要调配营养丰富的食物，每日供给250～500毫升的牛奶或调好的豆类代乳粉等。除一日三餐外，可在上、下午各加1次点心，三餐的主食可为各种谷物做的稠粥、软食等，还要保证一定量的鱼肉、瘦肉、蛋类、豆制品以及各种蔬菜和瓜果类食物。

3. 给宝宝添加水果

在前几个月，宝宝已经逐渐尝过了果汁、蔬菜汁、蛋黄、肝泥等流质和半流质的食品。在这个月，宝宝就可以进食一些水果泥，从而保证宝宝对维生素和各种矿物质的需求。

★给宝宝吃水果要注意食用时间

水果中有不少单糖物质，极易被小肠吸收，但若是堵在胃中，就很容易形成胀气，以致引起便秘。所以，在饱餐之后不要马上给宝宝食用水果。而且，也不主张在餐前给宝宝吃，因宝宝的胃容量还比较小，如果在餐前食用，就会占据一定的空间。最佳的做法是，把食用水果的时间安排在两餐之间，或是午睡醒来后，这样，可让宝宝把水果当做点心吃。每次给宝宝的适宜水果量为50～100克。

★给宝宝食用水果时要与体质相宜

给宝宝选用水果时，要注意与体质、身体状况相宜。舌苔厚、便秘、体质偏热的宝宝，最好给吃寒凉性水果，如梨、西瓜、香蕉、猕猴桃、芒果等，它们可败火；而荔枝、柑橘吃多了却可引起上火，因此不宜给体热的宝宝多吃。消化不良的宝宝应给吃熟苹果泥，而食用配方奶便秘的宝宝则适宜吃生苹果泥。

★有些水果宝宝食用要适度

荔枝汁多肉嫩，口味十分吸引宝宝，但是，由于荔枝肉含有的一种物质，可引起血糖过低而导致低血糖休克。所以宝宝不宜多吃。西瓜清凉解渴，是最佳的消暑水果，但也不能过多食用，特别是脾胃较弱、腹泻的宝宝。柿子也是宝宝钟爱的水果，但当宝宝过量食用，尤其是与红薯、螃蟹一同吃时，便会使柿子里的柿胶酚、单宁和胶质，在胃内形成不能溶解的硬块儿。香蕉肉质糯甜，又能润肠通便，然而，不可在短时间内让宝宝吃得太多，尤其是脾胃虚弱的宝宝。否则，会引起恶心、呕吐、腹泻。

水果是给宝宝补充维生素必不可少的食品。

4. 注意宝宝饮食的多样化

世界上没有一种单一的食物可以全面满足宝宝的营养需要。所以宝宝的膳食必须多样化。谷、豆、肉、蛋、奶、蔬菜、水果、油、糖、调味品样样要齐全。多种食物合理搭配，比例适当，同时进食，取长补短，才能充分利用。

★饮食品种多样

宝宝的饮食品种应多样化，既有动物性食物，也有植物性食物。这样在宝宝进行过渡性断奶后，才不会导致营养不良。宝宝饮食是由谷、豆、肉、奶、蛋、蔬菜、水果类、油脂类以及糖等各种调味品组合而成的混合食物。任何单一的食物都不能满足宝宝对各种营养素的需要，因为每种食物都有它自己的营养特点，只有将多种食物合理搭配起来，使其比例适当，并同时进食，才能取长补短，达到营养合理的目的。

★饮食比例要适当

由于半岁左右的宝宝体内协调酸碱平衡的功能相对较成人低，因此，更应该重视宝宝的饮食营养合理及平衡。爱吃肉、不爱吃蔬菜的宝宝容易生病，在一定程度上与此有关。为使食物经常有助于维持酸碱平衡，就

对于宝宝来说，吃的既要丰富多彩，又要合理搭配。遵循"金字塔"的饮食结构，宝宝才能更健康。

要引导宝宝不偏食，尤其要保证每天都有定量的蔬菜。一般来说，宝宝体内缺乏某种无机盐，往往是由于另一种无机盐摄入过量造成的。一种微量元素的大量摄入，就会干扰另一种微量元素的利用。过量的摄取某一种营养素都对健康不利。

★饮食调配得当

半岁宝宝的饮食应当做到以下4种搭配：动物性食物与植物性食物搭配（每餐有荤菜也有素菜）；粗粮与细粮搭配（每天有细粮也有粗粮）；干、稀搭配（早、中、晚有干粮，也有汤或粥）；咸、甜搭配（少食甜食为佳）。

5. 学会制作一些婴儿小食品

半岁宝宝的辅食与从前相比，品种增多，数量增多，为了适合宝宝的口感，在口味与营养方面也有了更多的要求。所以，妈妈们学会为宝宝制作一些小食品，能够引起宝宝的食欲，促进宝宝的营养吸收。

★蒸鸡蛋羹的制作方法

将鸡蛋打入碗中，加入适量水（约为鸡蛋的2倍）和少许盐，调匀，放入锅中蒸成凝固状即熟。鸡蛋羹可直接用小勺喂给宝宝吃，软嫩可口，营养价值高，含丰富的蛋白质、脂肪，尤其是蛋黄中含有卵磷脂及铁、钙、磷、维生素A、维生素D、B族维生素等，可营养大脑，又能满足宝宝对铁的需要。

★水果藕粉的制作

准备藕粉50克，苹果（或香蕉也可以）75克，清水250毫升，将藕粉加适量水调匀，备用；苹果去皮，制成泥。小锅加入清水，烧开后改小火，倒入调匀的藕粉，边煮边搅拌。煮至透明后，加入苹果泥稍煮片刻，温凉后即可喂食。水果藕粉含有丰富的碳水化合物、钙、磷、铁和多种维生素等营养物质，具有健脾开胃，补血止泻的功效。

图解育儿圣经

★鲜虾肉泥的制作

准备鲜虾肉 50 克，香油少许。将鲜肉洗净，制成肉泥后，放入碗中。在装虾的碗中加少许水，放入锅中蒸熟。淋上 2 滴香油，搅拌均匀即可。鲜虾中含丰富的蛋白质、钙、磷、铁、维生素 A、维生素 B_1、维生素 B_2 及烟酸等营养物质，有补肾益气等作用。

★玉米豆腐萝卜糊的制作

准备黄玉米面 2 匙，豆腐 1 小块，胡萝卜 2 片，清水 1 杯，香油少许。把胡萝卜蒸熟后压碎，豆腐压碎。将压碎的胡萝卜和豆腐及玉米面一起放入煮开的水中。用中火，边煮边搅拌，煮至菜和面熟后，淋上一点点香油，即可食用。胡萝卜含丰富的维生素 A，豆腐含丰富的蛋白质、钙，玉米面中含丰富的微量元素，营养丰富，有利于预防夜盲症等疾病，对于小儿软骨症有辅助的治疗作用。

美味可口的蒸鸡蛋羹。

6. 让宝宝习惯于一个人睡觉

宝宝已经 6 个月了，从这个时候起，就应该慢慢让你的宝宝习惯于一个人睡觉。因为宝宝独睡有三大好处：有利于宝宝身体健康；有利于培养宝宝的独立精神，有利于促进夫妇关系。那么，怎样让宝宝习惯于独自睡觉呢？

★给宝宝来个睡前仪式

每天晚上在相同的时间开始睡前仪式：给宝宝洗个澡，为他讲个小故事，调暗灯光，放一段柔和的音乐。给宝宝一个信号：已经到了睡觉的时间。接下来，在宝宝昏昏欲睡的时候把他放到婴儿床上，然后轻轻离开，让他独自入睡。如果宝宝哭了，妈妈可以安慰宝宝，给他讲故事、唱催眠曲，直至他睡着再离开。千万不要他一哭闹就陪他睡，更不要表现出急躁情绪或叱责他。

★让小动物来陪伴宝宝

给宝宝买一个棉布小动物，或者把他自己喜爱的一个小枕头给他，让宝宝可以借着拥抱自己的这些安慰物安然进入梦乡。不久之后，你就会发现，即使你不在宝宝的身边，他也能安静地睡觉了。

★让宝宝在规定的时间入睡

每天同一时间把宝宝放到婴儿床上，让他得到睡觉的信号。此时无论他是昏昏欲睡还是清醒状态，妈妈都要离开房间。如果宝宝出现哭闹时，就先让宝宝哭 5 分钟，然后再用平静的声音安慰他，但绝不抱宝宝，然后在房间里最多停留 2 ~ 3 分钟就离开。当宝宝再一次哭时，就等上 10 分钟再进去，第三次，等待 15 分钟，这样，大概 3 ~ 4 天，宝宝就适应独睡了。

父母必读

给宝宝一个缓冲期

按照专家的建议，要给宝宝一个缓冲期，让他一步步地习惯独自睡觉。比如，先让宝宝白天小睡时开始自己独睡，再让他慢慢习惯夜里也能独睡。然后，建立一套宝宝晚间上床前的习惯性活动，比如讲一个故事，给宝宝一个拥抱。

7. 正确对待宝宝的恋物心理

在婴幼儿时期，宝宝即会透过各种感官来满足探索的需求或安抚情绪，为满足触觉舒适的感觉，就出现了抚摸棉被角，或是抱熟悉柔软的毛巾、毛毯、棉质纱布、玩偶、枕头等方式。父母要对宝宝的恋物情结有正确的认识。

★理解宝宝对物品的依恋

面对宝宝对物品的依恋，只要情绪、行为等方面发育正常，对物品的依恋就不是异常的。一般说来，多数宝宝只是在特定的时候才需要依恋物，如必须抱着枕头或玩偶、手摸被面才可入睡等等。对于这种情形，妈妈一般无需干涉，更不应生硬地制止甚至强行夺走宝宝的依恋物。父母唯一需要做的就是保证宝宝依恋物的卫生，其他顺其自然就可以了。

★宝宝对物品的依赖是自然过程

从发育的观点来看，宝宝对物品依赖的现象是自然的过程。当宝宝想睡觉、肚子饿、尿片湿、兴奋、不顺意的愤怒情绪等情形出现时，父母可能会随手拿些替代物来安抚孩子的情绪，这些经常被随手拿来使用的物品有：奶嘴、纱布、柔软的毛巾、被子、枕头、娃娃等，只要不使用过度或不当使用，随着宝宝年龄的增长，人际关系的拓展与生活作息正常化，多数的宝宝是不会对这些替代慰

藉物产生依恋情绪的，长大后自然对婴幼儿期所依附的人及物品会慢慢地转移，而不再强烈需求。

★恋物可能是由于安全感的缺失

"恋物"本身不会对孩子的成长有消极影响，而"恋物"的源头——安全感的缺失才是父母必须时刻关注的。当宝宝突然对一件物品产生了特别的兴趣，甚至须臾不可分离，这个时候父母一方面要把对宝宝"恋物"的烦恼转化为生活的乐趣，并以此为亲近了解宝宝习性的契机，让孩子与家庭成员之间建立稳定的依恋关系。另一方面，重新审视自己和孩子的关系，寻找安全感缺失的原因，问题自然迎刃而解了。

★父母要注意自己的育儿方式

宝宝的恋物依赖习惯可能与父母的育儿方法有关。人类的成长是一连串由依赖到独立的发展过程，从依赖母亲子宫孕育的胚胎，成熟了就独立脱离母体出生了。而婴儿期同样也从依赖喝奶吸收营养以维持生命成长，到成熟了就自然会跟母乳或奶粉告别的。父母在育儿的过程中，或许不会把一些依恋的物品看做是有害的东西，但是孩子对它的癖好一形成，可能会发展成宝宝对某些特定物品产生强烈的依赖，因而影响独立健康人格的发展，父母亲千万不可忽视这个问题。

★不要刻意纠正宝宝的习惯

如果宝宝的习惯一直戒不掉，父母可能会很担心。其实不用刻意禁止已经养成的习

宝宝黄捷政在布玩具的陪伴下不再感到孤独。

父母在育儿的过程中不要将自己的意愿强加给宝宝，应注意正确引导。

图解育儿圣经

惯，因为戒不戒掉这些习惯对于宝宝的日常生活完全没有影响，有的只是外观上的不好看。但如果这些习惯是孩子的自信心来源，或许等到时间到了，宝宝自然会不喜欢，因为对宝宝来说，这些东西是他所能掌控的。如果宝宝一直戒不掉这些习惯，或许该回溯原因，是不是在婴儿期时得不到应有的满足，或者是父母亲没有给他足够的安全感，再来想想该如何戒除这些习惯。

育儿提示

培养婴儿用匙的习惯

应尽早用匙喂食，母乳喂养儿在母乳不足时即可用小匙喂奶；人工喂养儿在补充水果汁时也用小匙喂食；若需补充钙粉，也应用小匙喂；添加米粉等半固体辅助食品时，应调成糊状用匙喂，不提倡把米粉调稀后与牛奶一起用奶瓶喂，这样不仅不利于养成用匙喂食的习惯，也不利于牛奶中矿物质的吸收。孩子愿意或不愿意吃匙里的食物是一种行为习惯，是在不知不觉中逐渐形成的。儿童天生对各种饮食不逆反，他们会按照家庭的饮食习惯，被动地接受各种食物，并在成长过程中受生理、心理、种族、家庭和社会经济等因素的影响，逐步形成自己的饮食行为。

8. 训练宝宝有规律地大小便

初生的宝宝排尿是无条件反射，次数多且不规律。所以，当宝宝已经6个月的时候，爸爸妈妈就可以有意识地训练宝宝有规律地大小便了。

★宝宝小便的训练

宝宝在睡前、醒后、喂完奶和水后15分钟可能有尿，这时给宝宝"把尿"，并把排尿的无条件反射同一些条件刺激联系，如发

"嘘——嘘——"声。经过一段时间的训练，当宝宝一解开尿布并听见"嘘——嘘——"声后，即使膀胱内有尿但未胀满，也会排尿。

★宝宝大便的训练

宝宝大便时一般表现为，停止其他动作，安静下来，脸上有"一本正经"的样子，并且涨得发红。一遇到这种情况就要及时把宝宝大便。把的时候一定要让宝宝感觉很舒适，同时发出"嗯——嗯——"的声音。在宝宝6个月的时候，可以开始训练坐便盆大便，便盆最好放在固定的、光线充足的地方，以免因黑暗引起宝宝不安，干扰便意和条件反射的形成。宝宝大便时如果天气比较冷，最好用柔软的旧布缝制一个套子围在便盆上，以免宝宝受凉，或因冰冷刺激影响排便。

爸爸武润琪在训练6个月宝宝武悠然的排便意识。

专家答疑

控制好宝宝大小便的时间

妈妈为了训练宝宝有规律地大小便，一定要掌握好宝宝每次大小便的时间。一般来说，每次试把宝宝小便时间为2~3分钟，大便时间为10分钟。时间不要过长，免得宝宝过于疲劳，甚至厌恶这种方式。

★注重宝宝的心理训练

妈妈可以有意识地让宝宝了解去便便、去厕所是什么意思与动作，并且能听懂你的指示。当宝宝认知能力到了了解某些单字或语汇之后，才能听得懂对他所提出的口语指令，如"便便"、"嘘嘘"等日常生活中所必需的行为。当宝宝尿湿或弄脏裤子时，要清楚地告诉他"宝宝尿尿了"、"宝宝大便了"。

9. 宝宝学坐阶段的注意事项

宝宝到了6～7个月大时，脊部、背部、腰部已渐渐茁壮。一般来说，6个月至6个半月的婴儿时期，宝宝会开始学会独立的坐姿，但是如果倾倒了，就无法自己恢复坐姿，一直要到8～9个月大时才能不需任何扶助，自己也能坐得好。

★注意宝宝的骨骼

在宝宝学会坐的时候，父母应该特别注意宝宝坐的时间不宜太久，因为这个阶段宝宝坐的脊椎骨尚未发育完全，如果长时间让宝宝坐着，容易致使脊椎侧弯，引发生长发育的损伤。不要让宝宝采取跪姿使两腿形成"W"状或将两腿压在屁股下，如此都容易影响将来腿部的发展，最好的姿势是采用双腿交叉向前盘坐。此外，有些宝宝坐着时背脊会产生突出的情形，可能代表着宝宝太瘦了；但如果发现在背脊突出处有皮肤颜色异常的状况，就须小心留意。

★父母可以给予宝宝一定的辅助

一般来说在宝宝4个月左右，父母可用手支撑宝宝的背部、腰部，让他维持短暂的坐姿。到了6～7个月开始学习坐稳时，父母可在宝宝的面前摆放一些玩具，引诱他去抓握玩具，渐渐练习放手之后也能坐稳。床对刚学会翻身的宝宝而言，无疑是最危险的物品，从床上滚下、坠落都容易使宝宝的头部受到严重的伤害，所以家长们切不可轻视。建议父母可在宝宝的床边安装护栏，以避免宝宝在享受翻身乐趣的同时而遭到意外。

★注意环境安全

当宝宝会坐时，切不可让他单独坐在床上，如果将宝宝置于床上，床面最好与其身体呈垂直的角度，以防有外力或宝宝动作过大而有摔下床的危险。此外，父母可将宝宝坐的空间用护栏围起来，且可放置玩具让宝宝有兴趣坐着。

洗完澡的宝宝傅艺涵可以自己坐着玩了。

10. 6个月宝宝容易患上的传染病

很多妈妈都感觉到，当宝宝半岁的时候，很容易患上传染病。这是因为，刚出生的宝宝免疫系统还不完善，早期体内的免疫球蛋白主要是在胎儿期经胎盘从妈妈那儿获得的。最多6个月，这些免疫物质就会用完。而这时候宝宝自身的免疫系统还不成熟，环境中的致病菌就乘虚而入，所以就特别容易生病。

★肺炎

肺炎是呼吸道病变较重的疾病。小叶性肺炎，小宝宝特别容易患上，病变主要散布在支气管附近的肺泡，有时病变范围很广泛。6个月内的宝宝如果发生肺炎，往往出现高热、气急、咳嗽、鼻翼扇动等现象。肺炎分为病

图解育儿圣经

毒性、细菌性和支原体肺炎，其中，支原体肺炎近年来有增多的趋势，它的表现为阵发性咳嗽、高热、呼吸时的啰音不明显，需要拍片才能诊断。

★手足口病

手足口病是一种主要发生在婴幼儿身上，由肠道病毒传播的传染病，潜伏期为3～5天，发病初期会出现类似感冒的症状，发热不高，为38℃左右，2天后口部出现疼痛性小水疱，四周绕以红晕，手足部位会出现米粒大小的水疱，数目不等。

★流行性感冒

天气转凉，尤其是进入冬季，流行性病毒感冒病例就会明显增加。6个月的宝宝很容易感染。一般来说，初期症状明显，包括有高烧、头痛、喉咙痛、肌肉酸痛、全身无力等，之后咳嗽和流鼻涕症状会陆续出现，部分宝宝可能出现腹痛、呕吐等肠胃症状。流感的发烧可能持续3～5天。严重时，还可能并发肺炎，需要住院治疗。

★玫瑰疹

玫瑰疹好发于6个月至3岁的幼儿，春、秋两季最常出现。患病的宝宝会突然发高烧，甚至高达39～41℃；高烧通常持续3～5天，等差不多退烧的同时，全身开始出现小颗粒状的红疹，此时就离康复不远了；再过2～3天疹子就会退掉。部分宝宝还发生腹泻、咳嗽、哭闹不安等症状。

如宝宝有发热、手足出现米粒大小的水疱等不良症状应立即去医院就诊治疗。

11. 预防佝偻病的方法

维生素D缺乏性佝偻病简称为佝偻病。是由于维生素D缺乏引起体内钙、磷代谢紊乱，而使骨骼钙化不良的一种疾病。佝偻病发病缓慢不容易引起重视。佝偻病使宝宝抵抗力降低，容易合并肺炎及腹泻等疾病影响宝宝生长发育。因此，必须积极防治。

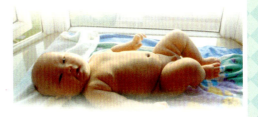

宝宝晒太阳的具体方式应视季节而定。

★让宝宝多晒太阳

预防佝偻病的关键是补充足量的维生素D，最好的办法就是晒太阳，可以说，宝宝佝偻病不仅仅是缺钙，还有缺"晒"。皮肤里的7-脱氢胆固醇经紫外线照射可转变为维生素D，促进钙的吸收，使骨骼坚硬。具体情况应视季节而定，宝宝皮肤娇嫩，应注意保护。夏季可选择在树阴下或打把伞，或在太阳刚出来、日落前进行；春秋季节可常带宝宝到户外玩耍。冬季在风和日丽时可多带宝宝晒晒太阳，以中午前后为佳。注意不要让宝宝隔着玻璃晒太阳，因为玻璃阻挡了阳光中的紫外线。

★服用维生素D

维生素D的日需量为400国际单位，父母应该注意让宝宝每日服维生素D400国际单位或每月1次服5万～10万国际单位或每季1次服20万～30万国际单位。同时适量添加钙粉。冬天及已患佝偻病时，适量增加药量。

★注意宝宝断奶前后的饮食

宝宝断奶前后应多食维生素 D、钙、磷和蛋白质丰富的食物，如蛋黄、肝、乳类、鱼、虾、肉等。另外，可以选择维生素 AD 强化奶粉，每瓶含维生素 A500 国际单位，维生素 D150 国际单位，如果您的宝宝在断母乳后饮用这种强化奶，再注意晒太阳，就可以避免佝偻病的发生。

父母必读

佝偻病的主要表现

主要表现有：食欲不好，烦躁不安，睡眠不宁，夜惊，宝宝将头来回蹭枕部而使头发磨掉的现象临床上称枕秃。头部可呈方颅，乳牙出的晚，小宝宝囟门闭合迟，胸部两侧肋骨呈串珠状，胸骨可呈鸡胸。患佝偻病宝宝严重者可发育迟缓，表情呆滞，免疫功能低下，易患感冒、腹泻、气管炎等疾病。

12. 智能培育与开发

宝宝已经半岁了，这时候对宝宝进行大运动、精细动作、适应能力、语言和社交等方面的能力训练是很有必要的，也是进行早期智力开发的重要手段。

★视觉能力训练

找玩具
培养目的：提高宝宝的视觉空间感。
步骤：
1. 试着将玩具先放在宝宝的面前，然后用小毛巾或小纸盒盖起来。
2. 让宝宝自己将玩具找出来，练习宝宝物体恒存的概念，了解玩具在毛巾的下面或是小纸盒的里面。

提示：也可以将玩具放在宝宝拿得到的桌上或桌下。建立宝宝里外上下等抽象概念。

★动作能力训练

往前爬
培养目的：训练宝宝手脚的动作能力。
步骤：
1. 家长把一只手顶住宝宝的脚掌，使之用力蹬，这样宝宝的身体可以往前移动一点。
2. 再把手换到宝宝另一只脚下，帮助他用力前进，使小儿慢慢体会向前爬的动作。发育较好的宝宝很快就能够学会爬。

提示：不要用力过猛，以免宝宝受伤。

★交际能力训练

爸爸、妈妈、大头叔
培养目的：通过伴有音乐的训练，培养宝宝与人交往的能力。
步骤：
1. 妈妈坐在椅子上，将宝宝放在膝盖上，轻轻弹动双腿，还可以不时转动，让宝宝面对不同的方向。
2. 将宝宝从左向右、从前向后倾斜，最后让他坐直身子。做这些活动时应和着儿歌的节拍：爸爸、妈妈、大头叔，一个一个把门出，妈妈跌一跤，爸爸跌一跤，只有大头叔没事儿，大步流星往前走，大步流星往前走，往前走。

提示：动作要轻柔。

妈妈何慧芹在宝宝张炜晨高兴的时候让他练习爬行。

第八章
给予宝宝更细心的关怀与照料
——第7个月

7个月大的宝宝，运动能力在日渐增强，很多宝宝自己能够独坐着了。这说明宝宝大脑的神经支配已经到达了脊髓下部的神经系统，因为宝宝只有依靠脊柱坚实地支撑住身体才能坐住，这也是作为宝宝是否顺利发育的一个衡量标准。看到这些变化，作为父母的你们，是不是很想把自己的宝贝搂在怀里，狠狠亲上一口呢？但是也不要忘了，给予宝宝更细心的关怀与照料。

1. 身体与感觉发育状况

　　7个月的宝宝，身体与感觉的发育都在继续，如果妈妈们注意细心观察，随时都会发现令人欣喜的变化，在这个月里，很多宝宝甚至已经开始学习站立了。不论是体型、牙齿、动作还是语言等方面都在进一步完善。另外，宝宝的心理发育也在进步，很多宝宝已经开始能够理解别人的感情了。

又成长了一个月的宝宝张炜晨在妈妈的帮助下，站立了起来。

★宝宝体格发育状况

	男婴	女婴
体重	约 8.8 千克	约 8 千克
身长	约 70 厘米	约 68 厘米
头围	约 44.6 厘米	约 43.5 厘米
胸围	约 44.70 厘米	约 43.8 厘米
坐高	约 45 厘米	约 43.7 厘米
牙齿	如果下面中间的 2 颗门牙还没有长出，这个月也许就会长出来。如果已经长出来，上面当中的 2 颗门牙也许快长出来了。	

★动作发育

　　7个月的宝宝各种动作都开始有意向性，有的宝宝会用一只手去拿东西。有的宝宝会把玩具拿起来，在手中来回转动，还有的宝宝会把玩具从一只手递到另一只手或用玩具在桌子上敲着玩。仰卧时会将自己的脚放到嘴里啃。7个月的宝宝不用妈妈扶就能独立坐几分钟。

★语言发育

　　7个月宝宝能发出各种单音节的音，有时候会喃喃自语，会对他的玩具说话。

★心理发育

　　如果父母对7个月的宝宝十分友善地谈话，他会很高兴；如果你训斥他，那宝宝就会哭。从这点来说，7个月的宝宝已经开始能理解别人的感情了。

★睡眠

　　和6个月时差不多，7个月的宝宝每天仍需睡 15～16 小时，白天睡 2～3 次。如果宝宝睡得不好，家长要找原因，要想到宝宝是否病了，给他量量体温，观察一下面色和精神。

2. 7 个月宝宝的喂养食谱

　　虽然7个月左右的宝宝，生长发育较前半年相对较慢，但对宝宝喂养的要求却要更加细致周到。因为在此期间，妈妈们奶量虽然没有减少，但质量已经下降，因此给宝宝添加的辅食必须要满足宝宝生长发育的需求，此时宝宝摄取营养的一半都将来自于辅食。

★7个月宝宝的营养需求

　　不管是母乳喂养还是人工喂养的宝宝，在7个月时每天的奶量仍不变，分 3～4 次喂进。同时除给宝宝每天喂食煮得很烂的面条及粥以外，还可添加些豆制品，当然菜泥、鱼泥、肝泥、蛋黄还是必不可少的。开始时每天 2 次，根据宝宝的情况准备每顿的饭量，为初期宝宝添加一天辅食的量，差不多为 10 小匙左右。食物也应从泥状逐渐变为糊状，

图解育儿圣经

放入宝宝口中稍微含一下就可吞下，食物颗粒也可逐渐增粗，不再需要过滤。水分也可逐渐减少，由原来主料的10倍逐渐减至7倍。

★7个月宝宝的进食食谱

母乳或牛奶，约750毫升，分3～4次。

粥1碗，分2次。

面包、麦片、烂面条、土豆半个、白薯1/3个（煮软研碎）。

蛋黄1个，1～2次。

鸡胸肉2小块（研碎）、肉末2小匙、豆腐1/5块、鱼20克，1～2次。

鱼肉松2大匙。

水果（苹果1/4个、桃1/3个、香蕉1/2个、橘子1/3个）50克，1～2次。

蔬菜（胡萝卜、柿子椒、黄瓜、白菜、番茄、茄子）30克，1～2次。

★注重练习宝宝的咀嚼能力

第7个月宝宝有的已出门牙，辅食中需加固体食物，有助于训练宝宝咀嚼，以利于牙齿及牙槽的发育。如给宝宝吃小饼干、烤馒头片等，让他练习咀嚼。

宝宝朱弈文的门牙可以咀嚼食物了。

★避免在宝宝的食物中使用调味品

此时，宝宝的食物中依然不宜加盐或糖及其他调味品，因为盐吃多了会使宝宝体内钠离子浓度增高，7个月的宝宝的肾脏功能尚不成熟，不能排除过多的钠，使肾脏负担加重；另一方面钠离子浓度高时，会造成血液中钾的浓度降低，而持续低钾会导致心脏功能受损，所以这个时期宝宝尽量避免使用任何调味品。

3. 宝宝咀嚼固体食物的益处

宝宝已经开始长牙了，那么，在这个时期，妈妈们应该相应的给宝宝们添加一些固体食物，锻炼宝宝的咀嚼能力，千万别小看宝宝的咀嚼行为，它可是宝宝探索未知世界的第一步呢！

★有助于宝宝语言、牙齿的发育

经常让宝宝咀嚼固体食物，对宝宝的语言、牙齿的发育很有益处。正常的咀嚼肌能对咀嚼肌和颌骨的发育起着生理性刺激的作用。充分的咀嚼运动，不仅使肌肉得到锻炼，同时对于乳牙的萌出起到积极作用。假如宝宝在乳牙萌出时及以后没有得到充分的咀嚼，咀嚼肌就不发达，牙周膜软弱，甚至牙弓与颌骨的发育增长也会受到一定的影响，口腔中的乳牙、舌、颌骨是辅助语言的主要器官，它们的功能实施又靠口腔肌肉的协调运动。可见，乳牙的及时萌生、上下颌骨及肌肉功能的完善发育，对宝宝发出清楚的语音、学会说话起了重要作用，所以，经常给宝宝咀嚼固体食物，对宝宝的语言、牙齿的发育极其有益。

★有助于促进宝宝的消化吸收

在口腔中完成碾碎固体食物，并吞咽下肚的连贯动作对于宝宝来说至关重要，因为这是整个消化系统完善和成熟的第一步。此外，咀嚼行为也会让宝宝对于食物的不同滋味有所感知，还能促进唾液的分泌。这么一个口腔内部的小动作，即可促进消化与吸收，并且激活脑神经的发育哦！为了配合口腔动作的发育，爸妈要特别注意食物和食材的状态，在牙齿还未发育成熟之前，要选择柔软、用舌头就可以碾碎的固体食物。

★要注意循序渐进的原则

一般来说，父母为宝宝添加固体食物正是在为宝宝做咀嚼训练，但大块、坚硬的成人食物并不适合牙齿尚未发育完全的小宝宝，因此辅食的过渡就尤为重要了。如果太快地喂宝宝吃固体食物或大块大块的东西，一定会遭到宝宝的拒绝。所以，爸妈一定要记得循序渐进地"慢慢来"。

咀嚼不但促进宝宝的消化吸收，同时也有益于宝宝将来的语言发育。

4. 如何增强宝宝的抵抗力

1岁以内的宝宝正处于生长发育迅速、新陈代谢旺盛、免疫力低下的婴幼期，这正是各种疾病的易感染期。此期间应该按照以下几点加倍呵护。

★加强营养

母乳喂养好，能增强小儿抗病能力。在宝宝进行过渡性断奶的过程中，要注意选择营养丰富、荤素搭配、容易消化的食物，如肉、鱼、蛋、豆类和新鲜蔬菜等。开始应喂些烂饭、软饭，菜要切碎，鱼要去刺。饮食要定时，除一日三餐外，可适当加1~2次饼干、豆浆、牛奶、水果等。

★锻炼身体

要让宝宝多接触阳光、新鲜空气和冷水。对于刚出生7~8个月的宝宝来说，让他多爬是最好的锻炼方法；而经常晒太阳可以预防佝偻病，经常接触冷水，可促进宝宝体温调节的反应性，增强机体适应天气变化的能力。

★补充足够的水分

宝宝饮水不足常表现为烦躁不安、哭闹、皮肤干燥失去弹性，不但影响宝宝的生长发育，还能导致免疫功能降低，使宝宝易患感染性病症。以母乳喂养者为例，在宝宝7个月时，应加至每日饮水100毫升。

★保证宝宝有充足的睡眠

睡眠有利于宝宝的生长发育和智力开发，还能促使宝宝增进食欲，增强抵抗力。

7个月的宝宝刘缪希，每天都会喝不少于100毫升的水。

★让宝宝参加全程全量的计划免疫

因为免疫接种是帮助宝宝抵抗感染性病症的有效措施。家长必须按计划免疫要求与医务人员配合，不让宝宝错过每一次保证健康的机会。

★宝宝发热时不要立即退热

一定范围内的发热是机体抵抗疾病的生理性防御反应。发热时，机体代谢速度加快，免疫功能活跃，抗体生成增多，肝脏解毒功能增强，有利于身体对疾病的抵抗。

5.7 个月的宝宝开始爬

有关专家调查发现，感觉统和失调的宝宝 90%以上不会爬行或爬行时间很短，而爬行是目前国际公认的预防感觉统和失调的最佳手段。为此，儿童保健专家呼吁，为了宝宝健康成长，一定要在婴儿期及早训练爬行。

★爬行装备

7 个月大的小宝宝体重较轻，爬行时可能还不会磨破皮肤，而大一些的宝宝由于体重的增长，用肘、膝爬行很容易磨破皮肤，因此，宝宝爬行时要穿上护肘、护膝（可以去商店购买，也可以家中自行制作）。所穿的衣服要宽松、舒适、柔软，又不至妨碍运动。

★爬行地点

家中的床及地面是可供宝宝爬行的有利地点。在地面上爬时，要考虑地面的材质，有些地面过凉、过硬，对宝宝来说都不舒服，有效的补救方法是在地面上为宝宝铺一块毯子，让宝宝在毯子上爬；也可以用巧拼地板铺出一块小天地，供宝宝在上面爬，最好再在上面铺一块地板革，光滑的地板革可减小爬行阻力。

★爬行第一步：先练用手和膝盖爬行

到 7 个月时，宝宝趴着时小肚子离床面很近。妈咪可将宝贝的小肚子托起，把两条小腿交替性的在腹部下一推一出，每天练习数次。

当宝宝两条小腿具备了一定的交替运动能力后，在前面放一个吸引他的玩具。为了拿到玩具，宝宝很可能会使出全身的劲向前匍匐地爬。宝宝妈可用双手稍用力顶住宝贝的双脚，使宝宝得到一点支持力而往前爬，这样慢慢就学会了用手和膝盖往前爬。

★爬行第二步：再练用手和脚爬行

学会了用手和膝盖爬行后，让宝宝趴在床上，用双手抱住腰，把屁股抬高，使得两个小膝盖离开床面，小腿蹬直，两条小胳膊支撑着，轻轻用力把宝宝的身体向前后晃动几十秒，然后放下来。每天练习 3～4 次为宜，会大大提高小胳膊小腿的支撑力。

一段时间后，可据情况试着松开手，用玩具逗引宝宝往前爬，并同时用"快爬！快爬！"的语言鼓励宝贝，逐渐宝宝就完全会真正地爬了。

宝宝陈志轩在妈妈的鼓励下，经过艰辛的训练终于会爬了。

6. 训练宝宝学会自己吃东西

当你发现宝宝对勺子开始感兴趣时，比如你喂他吃东西，宝宝的手开始不老实，总想把勺子抢过来的时候，就差不多可以开始训练宝宝自己吃饭了。这种情况多发生在 7 个月左右的宝宝身上。

★不要夺走宝宝的勺子

宝宝 7 个月的时候，妈妈可以让他学用勺子，当然，这个年龄的宝宝还不可能用好勺子，只是让他开始练习。往往在父母喂饭时，有些宝宝就会去夺父母手里的勺子，这是宝宝在表示想自己吃饭的愿望，父母不要以为宝宝调皮，更不要和宝宝玩"拔河"夺来夺去的，你就把手里的匙给他，自己再去找一把继续喂，让宝宝拿着勺子边吃边"玩"好了。学习用匙就是从这里开始的，使用了一会儿，宝宝会体会到想把食物舀起来送进嘴里是不那么容易的，也许试试就不耐烦了，勺子不往嘴里送而在饭里瞎搅，这时，你就把饭端开，不要去夺宝宝手里的勺子，不然宝宝会失去信心的。每次喂饭都这么练习，你会发现几周后宝宝会有惊人的进步，独立吃饭的基础也就初步奠定。

宝宝李宗正要学会自己使用勺子。

★给宝宝准备一些手抓食物

如果宝宝自己用勺子吃东西比较困难，但宝宝的食欲很好，这时可以让宝宝吃一些手抓食物。宝宝比较适应这种吃法。如果食物较硬，宝宝也可以吮吸。适合宝宝手抓的食物有：任何可以拿起的水果，除去表皮和果核，切成小块，例如香蕉等；任何可以切成小块或容易抓起的蔬菜，例如胡萝卜和土豆泥。另外还有，大米饭团，全营养面包，涂有光滑花生酱的面包，奶酪块，可以拿起来的肉类等等。

父母必读

让宝宝尝试吃一些零食

让宝宝尝试吃一些零食，这可以让他更快地学会自己吃东西。如果他正在出牙，他肯定更喜欢用手抓着吃东西而不是用调羹。但宝宝吃的零食必须是不含香精、色素、防腐剂的健康食品，同时零食要能让宝宝用手抓，又要够软，适合咀嚼、吞咽和易于消化。

7. 宝宝穿衣厚薄要适宜

有些父母总怕宝宝着凉，穿衣时里三层外三层，还整天紧闭门窗，造成室内新鲜空气不足，使宝宝发育不良，抵抗能力减弱且容易感冒。因此，宝宝的衣服应以保暖、柔软舒适、简单、厚薄适度为原则。

★手暖无汗为标准

妈妈可以根据天气预报、实际的气温变化和感觉，有计划地给宝宝增加衣服，以宝宝不出汗，手脚不凉为标准。正常情况下，宝宝的体温一般会比老年人和成年人高，7 个月的宝宝不会走路，总被抱在怀中，所以能够接受妈妈的体温；通常宝宝穿着只要比成人多一件就行，大些的宝宝可以和成人一样多，甚至还可以有意让宝宝略微少穿一点，以锻炼御寒能力。秋季适当地感受凉意反而能增强宝宝的体质，使宝宝不容易生病。

★冬日宝宝如何穿衣

许多爸妈常在冬日将宝宝包得密不透风，其实这是很不恰当的做法，让宝宝穿得像个小胖子，不仅会影响宝宝的活动量，严重时还可能会造成宝宝的皮肤病变。其实，半岁以上的宝宝并不像爸妈们想象的如此脆弱，所以在为宝宝穿衣服的时候，只要依循着"天冷，比大人多一件"这个准则即可。

★春捂秋冻不一定适合小宝宝

我们知道人是恒温动物，体内有一套完善的体温调节系统，但对于小宝宝来说，体温调节功能有待完善。所以不能单纯地强调"冻"，即使秋冻也要从耐寒锻炼开始，逐步进行。当然，根据中医观点，小儿一般是阳气偏旺之体，如果过暖则会助长阳气而消耗阴液。所以妈妈也不要过早、过度为宝宝保暖，可以检查一下宝宝的手、后颈，以不出汗为好，如果身体出汗反而容易感冒。

妈妈周正昀给宝宝于至言穿上干净漂亮的衣服。

为宝宝选购毛线的技巧

市场上有专为宝宝生产的毛线，它所含的羊毛与普通毛线中的羊毛不一样，非常细小，并且很柔软，保暖性好，适合宝宝穿用。不要选择含马海毛的毛线，因为容易脱毛，吸入到宝宝气管和肺内会引起疾病。

8. 宝宝口水长流的原因

宝宝口水长流的原因很多，一般在宝宝半岁左右的时候出现得最为频繁。这是一种正常的生理现象，父母不必过分担忧。

★宝宝流口水与吞咽能力有关

由于宝宝吞咽功能尚没有健全，吞咽口水的能力不如大人，加上口腔较短下咽不易则外流。这就是宝宝容易流口水的原因所在。宝宝口水分泌量的增加与对腺体的刺激有关，如长牙，由乳食变半流食，均可对腺体进行刺激。所以宝宝流口水多在半岁以后，随着年龄的增长，牙齿萌出，口腔深度增加，宝宝逐渐学会用吞咽来调节过多的液体，这种流口水现象逐渐消失。由此可见，流口水对宝宝来讲不是病而是正常现象。

★溃疡也有可能引起口水长流

有的宝宝流口水同时哭闹不安，拒食，进食时哭闹加重或伴有发热现象。这时应仔细检查一下口腔黏膜及舌尖部、颊部有无溃疡。溃疡可引起疼痛及唾液分泌增加以致流口水，应尽早治疗溃疡。

擦拭宝宝的口水应用柔软的纯棉手绢轻轻沾拭。

★脑炎后遗症也会导致口水长流

有的流口水是由脑炎后遗症、面部神经功能不良及呆小病而致调节唾液分泌功能、吞咽功能失调而引起的，则应去医院明确诊断进行治疗。

★宝宝流口水的护理措施

要随时为宝宝擦去口水，擦时不可用力，轻轻将口水拭干即可，以免损伤局部皮肤。常用温水洗净口水流到处，然后涂上油脂，以保护下巴和颈部的皮肤。最好给宝宝围上围嘴，以防止口水弄脏衣服。给宝宝擦口水的手帕，要求质地柔软，以棉布质地为宜，要经常洗烫。宝宝在乳牙萌出期齿龈发痒、胀痛、口水增多，可给宝宝使用软硬适度的口咬胶，或给宝宝啃点磨牙饼干，都能减少出牙时牙龈的不适，还能刺激乳牙尽快萌出，减少流口水。如果宝宝口水流得特别严重，就要去医院检查，看看宝宝口腔内有无异常病症、吞咽功能是否正常等等。

9. 教宝宝做操

宝宝7个月的时候，妈妈可以教宝宝做一些主被动操，每天可做1～2次，做时少穿些衣服，注意不要操之过急，要循序渐进。做操时，动作要轻柔而有节奏，可配上音乐。也可在户外锻炼。

★第一节 起坐运动

预备姿势：宝宝仰卧，成人双手握住宝宝手腕，拇指放在宝宝掌心里，让宝宝握拳，两臂放在宝宝体侧。

1. 把宝宝双臂拉向胸前，两手距与肩同宽。
2. 拉引宝宝，成人不要过于用力。
3. 让宝宝自己用劲坐起来。

★第二节 起立运动

预备姿势：宝宝俯卧，成人双手握住宝宝肘部。

1. 握小儿肘部，让其先跪再立。
2. 扶宝宝站起，然后再由跪而俯。

★第三节 提腿运动

预备姿势：宝宝俯卧，成人双手握住宝宝两小腿。

两腿向上抬起推车状，随着月龄增大，可让宝宝两手支撑抬起头部。重复2个八拍。

★第四节 弯腰运动

预备姿势：成人左手扶住宝宝两膝，右手扶住宝宝腹部，使宝宝与成人方向一致直立，在宝宝前方放一玩具。

1. 使小儿弯腰前倾。
2. 拣桌（床）上玩具。
3. 拣起玩具成直立状态。
4. 成人放回玩具。

重复2个八拍。

宝宝李乃雅在妈妈的帮助下做运动。

★第五节 托腰运动

预备姿势：宝宝仰卧，成人左手托住宝宝腰部，右手按住宝宝踝部。

托起宝宝腰部，使宝宝腹部挺起，成桥形。

★第六节 游泳运动

预备姿势：让宝宝俯卧，成人双手托住宝宝胸腹部。

悬空向前后摆动，活动宝宝四肢，做游泳动作。重复2个八拍。

★ 第七节　跳跃运动

预备姿势：宝宝站在成人对面，成人用双手扶住宝宝腋下。

把宝宝托起离开桌（床）面（让宝宝足尖着地）轻轻跳跃。重复2个八拍。

★ 第八节　扶走运动

预备姿势：宝宝站在成人对面，成人用双手扶住宝宝腋下。

扶宝宝学走。重复2个八拍。

10. 宝宝长痤疮的护理

痤疮，又称"青春痘"、"粉刺"，小宝宝面部皮肤极娇嫩，如果护理不周，皮疹感染化脓、破溃，痊愈后会形成一个个瘢痕疙瘩，或成为凹陷的小坑，影响宝宝的容貌，甚至造成终身遗憾。因此，宝宝脸上长有青春痘时，妈妈不可掉以轻心。

★ 宝宝长痤疮的原因

宝宝出生后6～7个月，就容易长痤疮了，医学上称为婴儿痤疮。如果小宝宝在未出生前从母体内获得雄性激素过多，出生后就会促使皮脂腺分泌旺盛，而宝宝的面部又是皮脂腺发达的部位，分泌过多的皮脂会淤积在毛囊内，致使皮肤隆起一个个小丘疹，一般在面颊及额部长有十几或几十颗。因皮脂排出受阻，它与毛囊壁脱落的细胞及微生物混合在一起，堆积在毛囊口而成为黄白小点，遇空气氧化后可变黑，成为黑头粉刺。毛囊内的痤疮丙酸杆菌乘机大量繁殖，会引起炎症。如忽视治疗，或用手去挤压宝宝面部皮疹，极易继发细菌感染，引起化脓，使病情加重，形成结节、囊肿，甚至瘢痕。

★ 防止挤捏，适当治疗

爸妈发现宝宝面部长有青春痘时千万不可用手去挤捏。可外用硫黄制剂，以促使皮脂分泌畅通。出现炎性脓疮时，点搽氯洁霉素痤疮水液，可减少脂酸形成，消除炎症。如果感染严重，应在皮肤科医生指导下，合理应用抗生素类药物治疗。

★ 注意宝宝皮肤卫生

每天给宝宝用温水洗脸，擦点婴儿香皂，轻轻搓洗后冲净，用洁净柔软干毛巾吸干脸上的水。然后挤点宝宝专用润肤露涂在脸上以滋润皮肤。

★ 多让宝宝喝白开水

不喂糖水或其他饮料，注意宝宝大便通畅，防止便秘。

经常洗澡使宝宝武悠然避免了皮肤病的发生。

11. 智能培育与开发

宝宝7个月的时候，大脑功能分化，神经系统也在感觉学习中，逐渐发展开来。在这一时期里，您对宝宝有多少付出，就会得到多少回报，优质的投入将使您的宝宝获得惊人的良好素质。

★语言能力训练

学押韵

培养目的：通过听押韵儿歌，熟悉语言特点，提高宝宝的语言能力。

步骤：

1.念儿歌，如"小娃娃，嘴巴甜，喊妈妈，喊爸爸，喊得奶奶笑掉牙……"念时，故意加重每句最后一个字的语气，并将前面的字拉长，念成"小娃——娃"，以强调最后那个押韵的字。

宝宝夏雪宸很喜欢妈妈的歌声，并将注意力放在妈妈王昭颖的脸上。

2.妈妈紧接着说："宝宝，说'娃'"，然后再念一遍"小娃——"故意不说出"娃"字，等宝宝说出来。这样反复进行。

提示：家长发音要准确、到位。

★交际能力训练

邀请宝宝跳个舞

培养目的：在音乐和动作中调动宝宝与人交往的情绪，开发宝宝的右脑。

步骤：

1.妈妈打开音乐，轻声问宝宝："宝贝，可以和你跳个舞吗？"

2.在宝宝的耳边哼歌，一只手托着他的头部，一只手抱着他的背部，随着音乐向前向后晃动宝宝的身体。一边称赞宝宝："宝宝跳得真好。"

3.曲子结束时，妈妈应该说："谢谢宝宝陪我跳舞。"

提示：音乐音量不要过高。

★动作能力训练

抓玩具

培养目的：发展宝宝的触觉和手眼协调能力。

步骤：

1.在床上放一些玩具，如小摇铃、拨浪鼓、小皮球、毛绒玩具等。

2.妈妈让宝宝趴在床上，逗引宝宝伸手去够这些玩具，如果宝宝抓到了，妈妈就要鼓励宝宝："真棒"、"宝宝真聪明"等等。

提示：不要让宝宝将这些东西放入口中。

第九章

清除宝宝"探险"中的隐患
——第8个月

宝宝8个月的时候，他的双手已经能随心所欲地活动，他会喜欢和大人玩，并模仿他们的动作。做父母的会发现，只要宝宝醒着，他的手脚总是安静不下来，他喜欢四处"探险"，而"爬"也成为宝宝活动的一种主要方式。在这个时候，做父母的最不容忽视的一件事就是，消除宝宝"探险"中一切安全隐患，给宝宝一个宁静、安全、温馨的活动环境。

1. 身体与感觉发育状况

8个月的宝宝已经初步有了规律性的概念，似乎知道什么时候吃奶，什么时候散步，什么时候便便了。宝宝的胃肠蠕动已经非常有规律，吃奶粉的宝宝每天已经可以定时大便了，宝宝的记忆力进一步增强，宝宝的大脑功能分化及神经系统也在感觉学习中逐渐发展开来。健康快乐的宝宝看上去是那么的美好。

★宝宝体格发育状况

	男婴	女婴
体重	约 9.12 千克	约 8.49 千克
身长	约 71.51 厘米	约 69.99 厘米
头围	约 45.13 厘米	约 43.98 厘米
胸围	约 45.28 厘米	约 44.40 厘米
坐高	约 45.74 厘米	约 44.65 厘米
牙齿	大部分宝宝已经开始出牙，有些宝宝已经出了 2～4 个牙齿，即上门齿和下门齿。	

★动作发育

8个月的宝宝不仅会独坐，而且能从坐位躺下，扶着床栏杆站立，并能由立位坐下，俯卧时用手和膝趴着能挺起身来；会拍手，会用手挑选自己喜欢的玩具玩，但常咬玩具；会独自吃饼干。

★语言发育

这个时候的宝宝能模仿大人发出单音节词。有的宝宝已经会发出双音节"妈妈"了。

★心理发育

宝宝 8 个月的时候，看见熟人会用笑来表示认识他们，看见亲人或看护他的人便要求抱，如果把他喜欢的玩具拿走，他会哭闹。对新鲜的事情会引起惊奇和兴奋。从镜子里看见自己，会到镜子后边去寻找。

★睡眠

8个月的宝宝每天需睡 14～16 小时，白天可以只睡两次，每次 2 小时左右，夜间睡 10 小时左右。夜间如果尿布湿了，只要宝宝睡得很香，可以不马上更换。但有尿布疹或屁股已经淹红了的宝宝要随时更换尿布。如果宝宝大便了，也要立即更换尿布。

8个月大的宝宝杨新宇对身边的许多事情感到好奇。

2. 宝宝的断母乳食谱

经过了一段时间的过渡准备，在这个月中，如果宝宝身体健康的话，妈妈的乳汁不足就应该断母乳了。断奶是宝宝喂养中的一件大事，如果妈妈没有选择正确的时机，或是断奶后宝宝的营养供应不足，就很容易使宝宝的身体抵抗力下降，影响宝宝身体健康。下面，我们就为妈妈们提供一些宝宝的断奶食谱，以供参考。

★火腿土豆泥

原料：火腿肉、土豆、黄油。
制作方法：取鸡蛋大小的土豆一块煮烂，去皮、碾碎；取一大片火腿肉，将硬皮、肥肉、筋去掉，把余下的火腿肉切碎；把土豆泥、碎火腿拌在一起，加入一小块黄油；吃时上锅蒸 5 分钟。

★葡萄干土豆泥

原料：葡萄干、土豆。

制作方法：取鸡蛋大小的土豆一块煮烂，去皮，碾碎；取20多粒质量好的葡萄干放入拌匀煮成糊状，吃时上锅蒸5分钟。

★花豆腐

原料：豆腐、青菜、鸡蛋、盐。

制作方法：取半个鸡蛋大的一块豆腐，用火煮并研碎；取青菜叶5～8片（油菜或小白菜）洗净后，用开水烫一下，剁碎；取1个鸡蛋煮熟，取出蛋黄备用；将豆腐、青菜拌在一起，加适量盐，将鸡蛋黄研碎撒在上面；吃时上锅蒸5～8分钟。注意豆腐不要煮老，青菜不可用菠菜替换。

★鱼泥

原料：板鱼（或带鱼）、番茄、水淀粉、盐。

制作方法：取一条板鱼或两块带鱼，上火蒸熟，去刺，剁碎；取半个番茄去皮，剁碎；锅中放适量水，将鱼肉、番茄同煮成糊状加入水淀粉和适量盐；吃时上锅蒸5分钟。

★海鲜蛋饼

原料：鱼（或大虾）、鸡蛋、葱头、黄油、番茄沙司。

制作方法：将一小块鱼去骨或将1个大虾去皮，剁成泥状；将1个鸡蛋打匀，根据宝宝食量用之；将一小块葱头剁碎；将以上原料拌在一起备用；用一平底锅，放上黄油，把上述备用料摊成一个小小圆饼，抹上番茄沙司即可。

3. 预防断奶综合征

断奶是宝宝生活中的一个转折期，如果断奶不当，或是断奶后营养得不到保证，很可能会使宝宝出现"断奶综合征"。

★了解"断奶综合征"

传统的断奶方式往往是当决定给宝宝断奶时，就突然中止哺喂，或者采取母亲与宝宝隔离几天等方式。如果在宝宝断奶后没有给予正确的喂养，宝宝需要的蛋白质没有得到足量供应，时间一长，宝宝就容易出现哭闹和腹泻等症状，有时还可见到宝宝因干燥而形成特殊的裂纹鳞状皮肤等等。这些由于断奶不当而引起的不良现象，在医学上称为"断奶综合征"。

★正确的断奶方法

正确的断奶方法对预防"断奶综合征"很有效。就是将婴儿期以母乳为主的饮食逐步过渡到以粥、饭为主，渐渐添加各种辅助食品至接近成人饮食。正常发育的宝宝，1岁左右就该断奶，最好不超过1岁半，一般选择春秋季节，宝宝健康状况良好时断奶。一般不宜在夏天断奶，因夏天易发生消化道疾病。

★合理喂养

为了使宝宝适应断奶后的营养供应，应从宝宝出生后4个月开始吃菜汁、米汤等；6个月可喂蛋汤、菜泥等；7～8个月可喂蛋糕、鱼肉松等，以后可吃粥、面条、饼干、肉等。宝宝的食物应单独做，要求精细、干净，并要煮烂，不要吃大人嚼过的食物。如果出现断奶综合征，应积极进行饮食调整，给予每天每千克体重1～1.5克蛋白质，同时多吃些新鲜蔬菜和水果来补足维生素，这样做后，宝宝很快就会获得好转和痊愈。

断奶期是宝宝从母乳饮食逐步过渡到接近成人饮食的关键时期。

4. 宝宝不宜食盐过多

医学科学发现，日常进食盐量过多，容易引起心血管疾病，因而提倡低盐饮食。对宝宝来说也是一样的。宝宝食盐过多，容易引起多种疾病。所以，父母一定要注意，在给宝宝添加各种辅食和制作小食品的时候，要注意口味清淡。

为了让宝宝杨新宇在夜间有最佳的睡眠状态，白天应合理安排他的睡眠时间。

★食盐过多引起宝宝心血管疾病

食盐过多对宝宝的害处，主要缘于食盐中的钠。未满周岁的宝宝肾脏没有发育成熟，没有能力排除血液中过多的钠，这种伤害是很难恢复的。宝宝食盐过多，无法自行排泄的钠会滞留在体液中，促使血量增加，导致血压增高，很可能发生高血压甚至中风；过咸食物还会加重心脏负担，也可引起水肿和充血性心力衰竭；摄入盐分过多，还会导致体内的钾从尿中排出。钾丢失过多，对心脏功能会造成伤害，严重者会引起心衰而死亡。

★食盐过多导致宝宝上呼吸道感染

高盐饮食可抑制黏膜上皮细胞的繁殖，使其丧失抗病能力；还可使口腔唾液分泌减少，溶菌酶亦相应减少，有利于各种细菌、病毒在呼吸道的繁殖；同时由于盐的渗透作用，可杀死上呼吸道的正常寄生菌群，造成菌群失调，导致发病。以上这些因素都会使上呼吸道黏膜抵抗疾病侵袭的作用减弱，加上宝宝的免疫能力比成人低，吃盐多了，就更容易患上呼吸道疾病。

★食盐过多导致宝宝缺锌

有的人认为，盐是百味之首，让宝宝多吃些咸味菜，能调节口味，促进宝宝食欲。但事实上，高盐饮食会影响儿童体内对锌的吸收，导致宝宝缺锌，影响宝宝智力的发育，还会造成宝宝免疫力下降，从而引发各种疾病。一般说来，健康宝宝食盐的用量一般应

控制在每天 2.5 ～ 5 克；8 个月左右的宝宝，食盐用量应当更少。另外，父母在给宝宝准备食物的时候应该注意，给宝宝使用加碘盐，以利于大脑的健康发育。

5. 宝宝夜间哭闹的应对措施

有的宝宝在 8 个月左右的时候会出现这样的情况：晚上睡着后半小时就会大哭，眼泪直流，很伤心似的，而且之后就每个小时左右就会醒来，眼睛闭着哭，拿几口奶喂他，又会睡去。这样反反复复一直到天亮。可是宝宝其他方面又没什么事，这是什么原因呢？碰上宝宝夜间哭闹的情况怎么应对呢？

★生理性哭闹的应对办法

宝宝的尿布湿了或者裹得太紧、饥饿、口渴、室内温度不合适、被褥太厚等，都会使宝宝感觉不舒服而哭闹。对于这种情况，父母只要及时消除不良刺激，宝宝很快就会安静入睡。此外，有的宝宝每到夜间要睡觉时就会哭闹不止，这时父母若能耐心哄其睡觉，宝宝很快就会安然入睡。

★午睡时间安排不当的应对办法

有的宝宝早晨起不来，到了午后 2：00 ～ 3：00 点才睡午觉，或者午睡时间过早，以致晚上提前入睡，半夜睡醒，没有人陪着玩就哭闹。这些宝宝早晨可以早些唤醒，午

图解育儿圣经

睡时间作适当调整，使宝宝晚上有了睡意，就能安安稳稳地睡到天明。

★不适应环境的应对办法

有些宝宝对自然环境不适应，黑夜白天颠倒。父母白天上班他睡觉，父母晚上休息他"工作"。若将宝宝抱起和他玩，哭闹即止。对于这类宝宝，可用些镇静剂把休息睡眠时间调整过来，必要时需请幼儿保健医生做些指导。

★因疾病原因的应对办法

某些疾病也会影响宝宝夜间的睡眠，对此，要从原发疾病入手，积极防治。患佝偻病的宝宝夜间常常烦躁不安，家长哄也无用。有的宝宝半夜三更会突然惊醒，哭闹不安，表情异常紧张，这大多是白天过于兴奋或受到刺激，日有所思，夜有所梦。此外，患蛲虫病的宝宝，夜晚蛲虫会爬到肛门口产卵，引起皮肤奇痒，宝宝也会烦躁不安，啼哭不停。

6. 宝宝爬行时的注意事项

爬行是一种极好的全身运动，它能促进宝宝身体的生长发育。宝宝在爬行的过程中，头颈抬起，胸腹离地，用四肢支撑身体的重量，这就锻炼了胸、腹、背与四肢的肌肉，并可促进骨骼的生长，为日后的站立与行走创造了良好的基础。

★父母在宝宝爬行时要积极配合

教宝宝学习爬行的时候，父母配合效果比较好。母亲拉着宝宝的双手，父亲推宝宝的双脚，拉左手的时候推右脚，拉右手的时候推左脚，让宝宝的四肢被动协调起来。经过这样几次练习后，宝宝就能够向前爬。另外，父母要培养宝宝的兴趣。教爬时要选择宝宝情绪好的时候，可以用宝宝非常喜欢的玩具逗引他向前爬，这样可避免宝宝感到厌倦。

★做好安全防范工作

宝宝会爬了，他的"探索欲"会变得很强，说不定你一眨眼，他就爬出你的视线之外了。由于宝宝不可能随时都在大人的注意范围里，所以爸妈们必须做好安全防范工作。房间里易碎、易绊倒宝宝的物品要收起来，如杯子、花盆、玻璃器皿等；剪刀、水果刀、针线等物品要收拾妥当；塑料薄膜、塑料袋、气球等物品要收好，以免造成宝宝窒息；药品，及其他不适合宝宝吃的食品也都要收起来；将所有尖锐的桌角、柜角套上保护垫，以免宝宝不慎撞到；注意电源线，并在未使用的插座上加套防护盖或使用安全插座。

★宝宝爬行要坚持

宝宝的爬行训练要每天坚持，但不一定要花很长的时间，即使每天花10分钟，也能让宝宝得到持续的学习和锻炼。如果宝宝在爬的过程中停下来，实在不愿意再动，也请不要勉强，可以让他做点自己喜欢的事，然后再接着进行训练。

7. 消除宝宝活动时家中的安全隐患

家，是宝宝温暖的港湾，但是，有些家庭，却未能注意到一些细节问题，使家里变得危机重重。对于8个月大喜欢爬来爬去的宝宝来说，消除家中的安全隐患，是每个做父母的必须引起重视的问题。

★消除客厅的安全隐患

时常用吸尘器对全屋进行"地毯式搜索"，把那些小的、不易被发现的小东西清理掉，如硬币、别针、珠子、纽扣等。使用安全门塞，或用两条厚毛巾，拴在门里面和外面的把手上，防止风把门刮上时，宝宝的手被掩住。各屋的门钥匙，最好都备一把放在客厅，以防宝宝误把自己反锁在屋里。电视机、DVD

111

机等比较重的电器，要远离桌边（或桌子足够高），书架最好能与墙固定，以免宝宝试图沿着它"爬楼梯"时，把整个书架拽倒而被砸。

★消除卫生间、浴室的安全隐患

厕所、浴室的门应该是从外面打开的，以防宝宝自己把自己锁在里面。消毒液、洗衣粉、漂白粉、化妆品、剃须刀、肥皂、浴液等都要锁在宝宝够不到的柜子里，大多数宝宝都对抽水马桶极感兴趣，所以马桶一定要盖上盖子。

★消除厨房的安全隐患

多用带盖子的旅行杯喝热水。因为旅行杯是密封、隔热的，不会因歪倒而把热水洒出来。多用固定的餐桌垫代替桌布，以防宝宝拉桌布角时，桌上的东西砸伤或烫伤宝宝。不要把暖壶、茶壶这样的东西放在桌子边沿附近，也不要让宝宝靠近灶台。橱柜尽量不要用玻璃门；抽屉、柜门用安全锁锁好。

★消除卧室的安全隐患

床上不要放置衣物或其他的东西，特别是各种包装袋、塑料纸、马甲袋和尿布、衣服等杂物，避免宝宝窒息。藏好尖锐利器，刀、剪刀、毛衣针等尖锐锋利的危险品必须收妥。宝宝拿到后，常爱模仿大人而胡乱摆弄，而误伤自己。此外，带有锐尖的东西，也不要让宝宝拿在手里玩耍，以防戳伤，特别是伤到眼睛。

8. 带宝宝外出时的注意事项

户外活动让宝宝充分地享受了新鲜空气和温暖的阳光，进而达到锻炼皮肤和呼吸道黏膜，促进新陈代谢的目的。可是，父母在带宝宝外出时一定要注意以下事项。

★注意宝宝的冷暖

带宝宝外出时一定要注意宝宝的冷暖，

要根据天气及时调整宝宝衣物的厚薄。穿得太少，宝宝容易着凉，而过多的穿着，宝宝一活动出汗很容易伤风感冒。如果是天气变化较大的季节，外出时应带上必要的衣物并及时增减。此外，应远离汽车拥堵或流量多的地方，越来越多的汽车排放出的尾气对人体健康不利，尤其对婴幼儿更加有害，因此，别带宝宝在马路上溜达。

★不要去人口密集的场所

带宝宝外出活动不要到人口聚集处，比如商场、电影院等地。这些地方通风不好，人流复杂，难免有疾病患者或带菌者，而宝宝抵抗力低，容易被感染。

★不要长时间让宝宝坐车

如果你们是开车外出，父母要确保正确安装了宝宝的汽车安全座椅，使用活动的遮阳挡板为宝宝遮挡阳光。如果行程很长可以把整个旅程分解成几段，让你的宝宝定期有机会下车舒展一下。

★随身带好水和充足的零食

一个装有零食及水瓶的背包是每次外出都必不可少的装备。你的宝宝有可能在外出中脱水，而且他们也不可能坚持到大人正常的开饭时间。你要准备好的最佳食物包括葡萄干、香蕉、面包条、米饼、小盒装果汁、水果干，以及小盒装的干果。要随身携带婴儿湿巾，好方便给宝宝清洁。

9. 宝宝消化不良怎么办

宝宝消化不良一直都是让很多做父母的头疼的事情，宝宝一天比一天瘦弱，爸爸妈妈看在眼里，疼在心里。解决的办法是什么呢？一般来说，宝宝的消化不良都是由于饮食行为不当引起的，所以，我们应该对症下药。

★喂养要定时定量

父母在喂养宝宝的时候，要注意定时、定量。让宝宝从小养成好的饮食习惯，使其内脏更容易适应。添加辅食的时候注意不要给宝宝太多的含糖的食物。

★注意营养要全面

妈妈在喂养的时候要注意营养全面性。荤素配合要适当，克服以零食为主的坏习惯。避免浓茶、咖啡、酒类及香料、辣椒、芥末等强烈刺激性食物。

★保持宝宝的良好食欲

注意保持好宝宝的食欲。因为只有在有食欲的情况下，进食才最为有益。要保持宝宝好的食欲，必须注意进食环境不能过于嘈杂；注意不要强迫进食或对宝宝饮食限制过严；不要饭前吃甜食；避免进食时宝宝过于疲惫或精神紧张；食物的色、香、味要有一定的吸引力。

★贪吃的宝宝一定消化不良

有的父母生怕宝宝饿着，只要宝宝不拒绝，就大口大口地喂进去，其实美国儿科专家在研究中发现，婴儿期吃得太多会引起肚腹胀满、消化和吸收不良。胃中食物过多时，机体必须动员大量的血液到胃肠道帮助消化，由此就使脑部的血液供应量相对减少，长此以往就会使大脑的功能减弱，造成智力发育迟缓。

★注意饮食卫生

注意卫生，注意食物清洁新鲜，妈妈在

喂宝宝食物之前，一定要洗手，同时也要给宝宝洗手。多进食易消化食物，避免煎炸等难消化食物。

10. 培养良好的卫生习惯

要让宝宝不生病，就应讲卫生，增强体质，做到预防为主。宝宝生不生病，与饮食和卫生习惯的培养有很大关系，为此，爸爸妈妈和宝宝都应注意培养良好的卫生习惯。

★饭前要洗手

吃饭前应该让宝宝安静地休息一会儿再吃，如果饭前活动量太大，会影响食欲、食量。同时让宝宝养成饭前洗手的好习惯，不用脏手、未洗干净的手拿东西吃。尽量让宝宝自己拿匙子吃。另外，不要爸妈嚼东西喂宝宝吃，这很不卫生，很容易把疾病传染给宝宝；吃饭时不要惹宝宝哭，以免影响消化。

★吃东西要定时定量

宝宝从小就应养成按时吃饭的习惯，每次食量也要合适，不要忽多忽少。有的爸妈看孩子一哭就随便给东西吃，让他一边哭一边吃，或者一边玩一边吃。还有老吃零食，也非常不好，等到吃饭时间就不再好好吃饭，长此下去，会养成吃零食的习惯，也会导致消化不良，影响宝宝的健康。

育儿提示

酸牛奶巧治消化不良

先将牛奶加5％～10％蔗糖煮沸消毒，待奶液冷却后，徐徐滴入乳酸液（按每100毫升牛奶加乳酸液5毫升），边加边搅，使成细颗粒状即成。酸牛奶易于消化，适用于胃肠炎的宝宝。

夏天洗完澡后给宝宝用些爽身粉。

★每天都要洗脸、洗手，要常洗澡

宝宝整天什么都摸，手和脸很容易弄脏，所以每天早晚和必要时都应清洗。宝宝的指甲也应经常修剪，指甲长了容易藏脏东西，并随食物吃进肚子，从而引起疾病。还要常洗头常洗澡，从小养成宝宝爱洗澡的习惯。洗澡是锻炼身体的好方法，一方面能洗掉泥土，保持皮肤清洁，另一方面温水能刺激皮肤，增加抵抗力，不易得皮肤病。夏天常洗澡，免得生痱子、痱毒。

★培养大小便的卫生习惯

要尽可能早一些培养宝宝在一定时间内大便和定时小便的习惯。如果大小便习惯训练好了，对宝宝健康发育很有益处。

★其他方面的清洁卫生

平时要注意教育宝宝不要吃手指头，不要把不洁的东西放入口中玩耍，也不要玩生殖器，以免形成不良的习惯。

11. 智能培育与开发

宝宝8个月的时候，为了扩大宝宝认识世界的范围，有利于思维和空间想象能力的锻炼，父母应尽可能地创造出可以让宝宝自由运动的空间，这对于宝宝大脑各部位的发育都是有好处的。

★语言能力训练

模仿宝宝"说话"
培养目的：帮助宝宝尽快地掌握一些基本的语音，提高宝宝的语言能力。
步骤：
1.适当的牵引宝宝，让宝宝发出声音，如"咕噜"、"咕噜"，父母马上模仿发出"咕噜"、"咕噜"的声音。
2.重复几次之后，父母可以在"咕噜"

的基础上稍加改动，如"咕咕"，宝宝会注意到并模仿，宝宝发出"咕咕"后，父母再模仿。如此多进行几次。

提示：宝宝8个月的时候，可以适当地让宝宝学一学新的音节（主要是元音：a、o、e、i、u、ü）。

★视觉能力训练

手指木偶
培养目的：训练宝宝的视觉灵敏度和移动能力，提高宝宝的视觉能力。
步骤：
1.父母在食指上套一个木偶，叫着宝宝的名字。
2.让木偶上下移动，或试着让木偶绕圈子，看宝宝的视线是否能跟着动。运动形式可以变换。
提示：移动不要过快。

★动作能力训练

翻越障碍
培养目的：锻炼宝宝的爬行能力。
步骤：
1.在地毯上设置简单的障碍物，如大的枕头、沙发垫、纸箱隧洞、椅子（可以从下面钻过去）等。
2.鼓励宝宝沿着设置好的障碍一个一个地翻越：爬过这个枕头，绕过那个玩具，从这把椅子下面钻过去，再通过那个隧洞。
提示：当宝宝全部完成后，要紧紧地抱他以示鼓励。

爬行动作对婴儿身体的全面活动、四肢的协调动作，以及全身各关节的运动都起着重要作用。宝宝杨新宇在爸爸的训练下，终于学会了爬行。

第十章 当好宝宝的第一任老师

——第9个月

　　宝宝的生活已经很规律了，每天他都会定时大便，宝宝的心里现在也有一个小算盘，明白早晨吃完早饭后可以去小区的公园里溜达，下午天快黑时妈妈就要下班了，时间观念的加强，会促进宝宝养成良好的生活规律。另外，很多父母也会感觉到，宝宝"喜新厌旧"的速度加快，他喜欢学习新的东西、对新的玩具、新的图片、新的环境都表现出极大的兴趣，这时候，父母就要教宝宝好好学习了，要当好宝宝的第一任老师。

1. 身体与感觉发育状况

> 9 个月的宝宝身体与感觉发育是什么样子呢？一般来说，很多宝宝在这个时候已经能够独自玩一会儿了。

★宝宝体格发育状况

	男婴	女婴
体重	约 9.4 千克	约 8.8 千克
身长	约 73 厘米	约 71 厘米
头围	约 45.6 厘米	约 44.5 厘米
胸围	约 45.6 厘米	约 44.6 厘米
坐高	约 46 厘米	约 45.2 厘米
牙齿	小儿乳牙开始萌出，大部分在 6 ～ 8 个月时，最早的可在 4 个月，晚的可在 10 个月。宝宝乳牙萌出的数目可用公式计算：月龄减去 4 ～ 6，例如 9 个月小儿，9－（4 ～ 6）＝5 ～ 3，应该出牙 3 ～ 5 颗。	

宝宝身体的高低与营养状况有密切的关系，但同时也受到遗传、性别、母亲健康状况、生活环境等多种因素的影响。所以，身高不够正常标准的小儿，不一定都有病，很可能是由于父母身材矮，宝宝个头也不高。7 ～ 12 月的小儿身高平均每月增长 1.2 厘米左右。

★动作发育

9 个月宝宝能够坐得很稳，能由卧位坐起而后再躺下，能够灵活地向前、后爬，能扶着床栏杆站着并沿床栏杆走。会抱娃娃、拍娃娃，模仿成人的动作。双手会灵活地敲积木，会把一块积木搭在另一块上或用瓶盖去盖瓶口。

★语言发育

9 个月的宝宝能模仿发出双音节，如："爸爸"、"妈妈"等。

★心理发育

9 个月的宝宝知道自己的名字，叫他名字时他会答应，如果他想要拿某种东西，家长严厉对他说："不能动！"，他会立即缩回手来，停止行动。这表明，9 个月的宝宝已经开始懂得简单的语意了。这时大人和他说再见，他也会向你摆摆手；给他不喜欢的东西，他会摇摇头；玩得高兴时，他会咯咯地笑，并且手舞足蹈，表现得非常欢快活泼。

★睡眠

9 个月宝宝的睡眠和 8 个月差不多，每天需睡 12 ～ 16 小时，白天睡两次。正常健康的宝宝在睡着之后，应该嘴和眼睛都闭得很好，睡得很甜。若不是这样，就该找找原因。

这一阶段的宝宝可以用双手灵活地玩自己喜欢的玩具。

2. 出牙常见的问题

> 一般宝宝在出生后 4 ～ 10 个月开始萌出乳牙，在正常情况下，宝宝出牙时也会有一些不舒服的状况，比如口水特别多，萌牙血肿等，这些症状在正确的护理下会消除或者缓解。

★出牙期的症状

口水增多：出牙时的宝宝有个比较明显的特征，就是口水比较多，主要是因为他们的神经系统发育和吞咽反射差、控制唾液在口腔内流量的功能弱造成的，通常随年龄增大和牙齿萌出，流口水将逐渐消失。

萌牙血肿：牙龈上出现大小不等的肿

包，肿包的表面呈现出蓝紫色，肿块一般出现在即将出牙的地方。

发热、腹泻：有些宝宝在长牙时还会有发热、腹泻的症状，大多数宝宝症状不会太严重，一般精神都比较好，食欲旺盛。

烦躁：出牙时的不舒服会让宝宝表现得烦躁不安，他们看起来比平时更爱哭，情绪不好。不过如果看到什么有趣的事情，通常宝宝会安静下来。

★出牙期的护理

保持口腔清洁：每次进食过后，喝几口白开水，用湿毛巾或者湿纱布缠绕在手指上轻轻擦拭宝宝的牙齿；不要让宝宝含着奶瓶一边吸一边睡觉。平时少喝含糖饮料，尽量给宝宝喝白开水。

进行牙床锻炼：可以让宝宝做些牙齿操以缓解宝宝流口水、牙龈痒的症状，可以使用磨牙饼或者牙齿训练器，让宝宝放在口中咀嚼，以锻炼宝宝的颌骨和牙床，促进牙齿萌出。

加强营养：营养不足会导致出牙推迟或牙质差。宝宝出牙期间，要注意为宝宝添加维生素D及钙、磷等微量元素。最简单的做法是经常抱宝宝去户外晒太阳。

★宝宝乳牙的出牙时间

正切牙（即上下门牙）：6～12个月
侧切牙：9～16个月
尖牙：16～23个月
第一乳磨牙：13～19个月
第二乳磨牙：23～33个月

宝宝出牙时唾液量增加、流口水，喜欢咬硬物，更喜欢将手指放在口内吮吸。

3. 米、面食品搭配喂养

大豆和米、面是"最佳拍档"，因为豆类富含促进宝宝发育、增强免疫功能的赖氨酸，而米、面赖氨酸含量较低，因此两者搭配最佳，对宝宝的饮食健康有着积极的作用。

★米、面各有长短

米、面在碳水化合物的含量以及所产生的能量上几乎相差无几，但米中脂肪含量明显高于面，另外，常量元素钾、镁与微量元素锌的含量以及烟酸含量，也是米比面高。有些品种的大米含铁较丰富，宝宝常食可补血。与大米相比，小麦的蛋白质含量要高3%，面中维生素 B_1、维生素 B_2、维生素 E 含量以及钙、磷、钠等无机盐的含量均高于大米，微量元素硒的含量明显超过大米。此外，小麦含食物纤维比稻米高10倍多，麦类所含的食物纤维可分为不溶性纤维素、半纤维素和β 葡聚糖，而且面粉的淀粉颗粒较大米为大，在小肠中难以吸收，因此面食可帮助宝宝肠蠕动，防止发生便秘。

★米、面搭配举例

9个月宝宝可以选择的米面食品有米糊、麦糊、稀饭或面条、面线、面包、馒头等。

大米、面粉都是人们日常生活中离不开的主要食品，进行合理的搭配使宝宝的膳食多样化，可引起宝宝对食物的兴趣，从而增强宝宝的食欲。

妈妈在给宝宝准备食物的时候应该注意巧妙搭配，如宝宝早餐可以进食一碗稀饭，加两三片全麦面包或一两个小馒头；午餐可以吃一碗米糊或麦糊；晚餐则可喂食一碗面条或青菜瘦肉粥等等。

★米、面搭配使膳食多样化

宝宝应米、面食品搭配喂养，面食的做法花样比较多，可以经常变换。用米、面搭配使膳食多样化可引起宝宝对食物的兴趣，从而增加宝宝的食欲，而且不同粮食的营养成分也不全相同，如用几种粮食混合食用，可以收到取长补短的效果。所以，每天的主食最好用米、面搭配，或不同的品种搭配。

父母必读

宝宝吃完粗粮要多喝水

粗粮中的纤维素需要有充足的水分做后盾，才能保障肠道的正常工作。一般多吃1倍纤维素，就要多喝1倍水。所以父母如果给宝宝准备了粗粮食品，一定要注意给宝宝多喂水。

4. 促进宝宝智力发育的饮食

如何促进宝宝的智力发育呢？不同的父母有着不同的办法，可是，做父母的千万不要忽视了，从宝宝的饮食着手，给宝宝选择一些益智的食物，也是一条捷径哦！

★蛋黄和鱼肉是首选

鱼肉中富含多种蛋白质，还含有不饱和脂肪酸以及钙、铁、维生素 B_{12} 等成分，是脑细胞发育的必需营养物质。而蛋黄中的卵磷脂经肠道消化酶的作用，释放出来的胆碱直接进入脑部，与醋酸结合生成乙酰胆碱。乙酰胆碱是神经传递介质，有利于智力发育，

改善记忆力。另外，动物的脑、心、肝等含有丰富的蛋白质和脂类等物质，也是很好的益智食品。

★大豆及其制品促进脑部发育

大豆及其制品富含优质的植物蛋白质。大豆油还含有多种不饱和脂肪酸及磷脂，对脑发育有益。所以，让宝宝多进食一些大豆制品如豆奶、豆腐以及其他豆制品。

★益智要选富含微量元素的食物

牛肉、猪肝、鸡肉、鸡蛋、鱼、黑木耳、蘑菇、海带等，这些物质富含锌、碘、铜、铁、硒等微量元素，它们是构成大脑所必需的营养成分，是提高幼儿智商不可少的物质。幼儿一旦缺乏这些微量元素，尤其是缺锌元素，可使大脑边缘海马区发育不良、智力和记忆力将受到损害。

★蔬菜水果不可少

蔬菜、水果及干果富含多种维生素，对促进大脑的发育、大脑功能的开发等均有一定的作用。目前宝宝普遍缺乏维生素。轻微的维生素缺乏需要较长时间才会有一些明显的症状，但有些是无法观察到的，如智力发育迟缓等；较严重的维生素缺乏，会有相应的表现症状，如缺乏维生素A、维生素C，宝宝容易感冒、近视；缺乏B族维生素，宝宝记忆力不好，注意力不集中，胃口差。家长要注意适当给宝宝补充维生素，不但能很好地帮助宝宝获得全面均衡的营养，还能帮助宝宝提高食欲。

豆制品对宝宝的脑部发育很有促进作用。

5. 如何矫正宝宝偏食、厌食

厌食和偏食是宝宝常见的进食问题，据报道，发病率为12%～14%。宝宝厌食和偏食会引起营养缺乏性疾病，甚至会影响生长发育，所以，父母应该学会几招关于矫正宝宝偏食、厌食的方法。

★注意食物的烹调方法

宝宝厌吃某种食物往往是因为首次食用这种食物时有不愉快的体验。宝宝偏爱某种食物一方面是对这种食物有良好的口感，另一方面是因为宝宝厌吃的食物较多，只好偏吃某一种自己喜爱的食物，这就造成了厌食和偏食。如果在家庭生活中注意烹调的方法，做到色香味俱佳或经常变换吃法，就能激起宝宝的好奇心，增进宝宝的食欲，逐步改变原有对某种食物的偏见，从而接受这种食物。

★增加宝宝的用餐兴趣

如果父母发现宝宝有偏食、厌食的现象，可以通过增加用餐趣味的方法来加以矫正，用餐时可选用有图案、造型可爱的餐具，而且属于宝宝专用。在吃流质食物时可给一个吸管，不会把食物打翻，均会增加食欲兴趣，从而达到纠正宝宝就餐的习惯。

★适当采用"饥饿疗法"

宝宝厌食和偏食往往是由于食物供给丰富，终日吃个不停，到了三餐进餐时，毫无饥饿之感，没有一点食欲。所以，家长要严格控制宝宝三餐之外的食品供给，在增添辅食的时候不要过量。宝宝厌食和挑食时，不要担心宝宝饿着而给他吃一些零食。他不想吃饭就什么都不给他吃，让他饿着，用不着多久，宝宝就会"饥不择食"。适当训练宝宝就会逐渐克服厌食和偏食的习惯。

★父母要以身作则

研究表明，宝宝对食物的好恶与父母的饮食习惯有很强的相关性。在宝宝没有对食物产生好恶的时候，父母就要引起重视。因此，在烹制食物和食用食物时，要时刻注意对宝宝的影响，以免无意中诱导宝宝挑食、偏食。

6. 给宝宝穿衣服的学问

俗话说："衣食住行"，每个做父母的早晨起来第一件事就是给宝宝穿衣服，这虽然是一件很简单的事情，其实也含着大量的学问呢。

★给宝宝穿上衣的学问

给宝宝穿爬爬装和衬衫的时候，要记住，他的头是椭圆形的而不是圆形的。如果领口小，要把套头衫的下摆提起，挽成环状，先套到宝宝的后脑勺上，然后再向前往下拉。在经过宝宝的前额和鼻子的时候，要用手把衣服伸平托起来。宝宝的头套进去以后，再把他的胳膊伸进去。脱衣服的时候，要先把宝宝的胳膊从袖子中退出来，再把衣服向上挽到宝宝的脖子，接着，托起前面，抹过他的鼻梁和前额，使套头衫呈环状留在脖子的后边。最后，再把衣服从宝宝的脑后抽出来。

★给宝宝穿裤子的学问

宝宝在1岁以内，为了护理上的方便，一般说来，需要穿开裆裤。但是开裆裤也应选择较为宽松的。另外，一些父母为了防止宝宝的裤子掉下来，就用力帮宝宝系紧裤带，

妈妈陶月萍正在矫正宝宝赵宸的偏食习惯。

其实，这种做法非常错误。专家告诫，裤带不宜扎得太紧，否则容易引起宝宝肋骨外翻，同样道理，宝宝裤腰上的松紧带也不宜过紧。

★给宝宝穿鞋子的学问

宝宝在未满周岁的时候，最好选择脚底松软的鞋子。父母在给宝宝穿鞋的时候，最好是弯下腰去穿，而不是将宝宝的脚提起来穿，因为这样很可能会伤害到宝宝柔嫩的小脚。另外，系鞋带的时候不能太紧，也不能太松，太紧会勒疼宝宝的小脚，太松则会导致鞋带松开，很容易使宝宝因踩到鞋带而摔倒。

宝宝的脚骨软而柔顺，家长在给宝宝买鞋时要特别注意，鞋子是否合适会影响宝宝双脚的生长发育。

育儿提示

给宝宝选购袜子的技巧

选择袜子时应注意选择透气性能好的纯棉袜，因为尼龙袜不吸汗而且影响宝宝的皮肤。另外还注意选择适合宝宝脚型的袜子，避免过大或过小的袜子影响宝宝的脚的发育。

7.认识色彩让宝宝变得更聪明

最近，国外有学者对300名宝宝进行了长达5年的观察和研究，结果表明：一个在五彩缤纷的环境中成长的宝宝，其观察、思维、记忆的发挥能力都高于普通色彩环境中长大的宝宝。

★不同颜色对宝宝心理的刺激作用

不同的颜色会对宝宝的心理产生不同的效应，一般来说，红、黄、橙等颜色能产生暖的感受，是暖色。暖色有振奋精神的作用，使人思维活跃、反应敏捷、活力增加。绿、蓝、青等颜色能产生冷的感觉，是冷色。冷色则有安定情绪、平心静气的特殊作用。所以，给宝宝布置一个适合他身心发展的多彩世界非常重要。

★给宝宝布置一个多彩的环境

宝宝半岁以后，父母应该给宝宝布置一个多彩的环境。黑白图片可以换成彩色的，宝宝很喜欢那些比较大的彩色几何图形。房间里挂些彩色气球、吹塑玩具之类的，并经常更换，让宝宝感受到不同的色彩。

★宝宝的玩具也应该是多彩的

父母可以给宝宝买一些可以发出声响的彩色玩具，如摇铃、音乐盒等，有声有色，宝宝喜欢，还可以对视觉和大脑发育起到很好的刺激作用。有大的彩色图案的布书、撕不烂的书等，既可以帮助宝宝认识色彩，还能培养读书的好习惯。

★带宝宝认识多彩的世界

带宝宝走出家门，认识多彩的世界。观察红绿灯的变化，欣赏绿草鲜花、蓝天白云，

父母应该给宝宝布置一个多彩的环境。

领略湖光山色、秋叶冬雪……见多才能识广。

★妈妈和宝宝的衣服颜色要鲜艳

日常生活中的物品都是宝宝色彩认知的好道具，随时随地都可以利用。宝宝和妈妈的衣服也应该多些色彩变化，最好不同的色系、色调都要有，以免因长期看同一色系，引起视觉迟钝。另外，"我们用黄色的小毛巾擦擦手吧。""戴上红色的小帽子。"随口一句，对宝宝都是一种信息刺激。

8. 培养宝宝欣赏大自然

大自然是婴幼儿的精神营养之源，是融智育、美育、体育于一体的大课堂，宝宝在这里可以学到太多的东西了，这对于宝宝的早期教育来说，是很有好处的。

★太阳公公的微笑

在有阳光的天气下，利用光线射进窗户的时间，将幼儿抱至窗户边，感受间接光线的明暗及温度的变化；但需注意保暖，避免让幼儿眼睛直视光线，或过度暴晒在阳光下。

★小雨滴答滴答

在阴暗有雨的天气中，利用宝宝的视觉及听觉，去感受雨滴打在窗户的声音，聆听自然的交响乐章，以及观赏雨珠滑过窗面构成的图案，让视觉及听觉感官同时受到刺激。

★花儿花儿真美丽

妈妈可以带着宝宝去公园里欣赏盛开的鲜花，这时最好是将宝宝放在婴儿车里。然后妈妈推着宝宝一起看花。要注意告诉宝宝各种花的颜色，妈妈可以时不时呼唤宝宝："宝宝，来，看，这是月季，你看，红红的，多漂亮。"或者"宝宝，这是黄色的迎春花，像宝宝一样漂亮，对不对？"等等，从而引起宝宝的兴趣。

★树叶就是一幅画

妈妈带宝宝外出散步的时候，如果有飘落的树叶，妈妈可以捡起来带回家，给宝宝做一幅树叶画，然后告诉宝宝，树叶是绿色的，这幅画很美丽。

★小鸟多么快乐

爸爸妈妈带着宝宝去公园的时候，如果听到有鸟叫的声音，最好将鸟叫声录下来，然后在家里经常放给宝宝听，告诉宝宝，这是我们上次在公园看到的小鸟在唱歌，或者给宝宝编一首童谣，经常唱给宝宝听，刺激宝宝的听觉。

父母经常带着宝宝武悠然到户外去感受大自然的美丽。

9. 宝宝打呼噜怎么办

许多家长以为，宝宝睡觉打呼噜，是睡得香的表现。其实，宝宝打呼噜很可能是某种疾病发出的信号，最常见的原因有增殖腺肥大、慢性扁桃体肥大、支气管炎等。对于宝宝的打鼾千万不可忽视。倘若对这些病不及时治疗，对宝宝的生长与智力发育均会造成极大的影响。

健康的宝宝何元棋在睡觉时偶尔也会打呼噜。

★宝宝打呼噜的原因分析

第一，宝宝仰睡（面向上）时易打鼾，因面部朝上而使舌头根部因重力关系而向后倒，半阻塞了咽喉处的呼吸通道。第二，宝宝本身的呼吸通道，如鼻孔、鼻腔、口咽部比较狭窄，故稍有分泌物或黏膜肿胀就易阻塞。周岁以内的宝宝时常有鼻音、鼻塞或喉咙有杂痰音，就是这个原因导致的。第三，当感冒造成喉咙部位肿胀、扁桃腺发炎、分泌物增多时，更易造成气流不顺而鼾声加重。

★针对病因采取相应措施

如果宝宝出现睡觉打鼾，首先应该确定打鼾的病因，然后针对病因采取相应的治疗措施。对于腺样体肥大，不是很严重的情况下，腺样体随着宝宝年龄的增长会自己萎缩，两岁以内宝宝一般会自己康复。若是很严重的情况，必须经耳鼻喉科医生检查后，做出是否需要手术切除的结论。而扁桃体肥大者，除有风湿热病史或急性肾炎迁延不愈、急性扁桃体炎反复发作者外，一般不主张手术切除，治疗上主要是积极控制炎症，增强抵抗力。

★偶尔打呼噜不是病

有的宝宝，偶尔出现睡时打呼噜，可能是由于睡眠时与呼吸有关的肌肉松弛，尤其舌的肌肉放松后造成舌根向后面轻度下垂，使呼吸时排气受到影响，改变体位后，呼噜声就会消失。

★宝宝打呼噜的饮食调养

所谓"鱼生火、肉生痰"，对于爱打鼾的宝宝，在饮食上要以清淡为主，不要吃油腻、煎炸、不易消化、高热量的食物，如巧克力、果汁、话梅、鱼片等；应多吃新鲜的蔬菜和水果，如油菜、冬瓜、黄瓜、菠菜、萝卜、鲜藕、苹果、梨、菠萝、枇杷等。

10. 口角炎的症状与治疗

口角炎是上下唇联合处发生的各种炎症的总称，此病多发生于北方干燥地区的春、秋、冬季。幼儿口角炎主要有两类：一是感染性口角炎，二是营养缺乏性口角炎。

★口角炎的症状表现

口角炎的症状主要表现为嘴角糜烂、潮红、脱屑、皲裂，张嘴时嘴角出血、疼痛等等，有的宝宝口角湿白，有皲裂样黏膜，或有轻度糜烂。经检查，常可发现白色念珠菌或链球菌等，病程持续很长，不易治愈。

★口角炎的预防

预防宝宝口角炎，要先从饮食调节着手。春、秋、冬季新鲜蔬菜较夏季为少，有些宝宝偏食、挑食，容易导致体内核黄素摄入不足。核黄素即维生素 B_2，是人体细胞中促进氧化还原的重要物质之一。人体如果缺乏核黄素，就会影响体内生物氧化的进程而发生代谢障碍，出现口角炎、唇炎、舌炎、黏膜皮肤干燥等。另外，要改正宝宝舔口角、舔唇的习惯，一旦发现有口角炎的症状，要常用温水清洗

口角周围，保持口角局部清洁，但不能用肥皂水清洗患处。

★口角炎的治疗

口角炎的外用药有：局部涂一氧化锌油，也可用冰硼散、青黛散等中药；无渗出物的口角炎，可涂肤轻松软膏；属于白色念珠菌感染者，需用 1% ~ 5% 克霉唑软膏涂于患处。

口角炎的口服药有：复合维生素 B 或核黄素，适于维生素 B_2 缺乏引起症状者。值得注意的是，有些疾病，如糖尿病、缺铁性贫血及恶性贫血等也可以引发口角炎。还有长期服用激素等药物，同样可引发此病，遇有上述情况，需及时去医院治疗。

11. 智能培育与开发

9 个月的宝宝智力发展与前 8 个月相比，已经有了很大的进步，宝宝的记忆力也在增强，父母千万不要忘了，做宝宝的好老师。

★视觉能力训练

在哪只手

培养目的：通过训练，训练宝宝的视力和反应能力。

患有口角病的宝宝宜多食用富含核黄素的食品。

父母通过与宝宝传球的游戏，来训练宝宝的反应能力与认识交往能力。

步骤：

1.当着宝宝的面，父母把一个有趣的小东西放在手里。

2.然后张开手给宝宝看，再握紧拳，并问："东西哪儿去了？"使用另一只手重复上述动作。几次后，宝宝就会开始兴奋地扒找父母手中的东西。

提示：注意玩具不要有锋利的地方，以免划伤宝宝。

★动作能力训练

找爸爸

培养目的：刺激宝宝的视觉，让宝宝在爬行中锻炼四肢。

步骤：

1.和宝宝一起看照片，"这是爸爸呀！"

2.把照片放在地毯或床的对面，诱导宝宝朝照片爬，"过来找爸爸！"

3.移动照片，鼓励宝宝继续爬，夸张地给宝宝加油。

4."找到啦，亲亲爸爸！"

提示：不要让宝宝过于劳累。

★交际能力训练

传球小训练

培养目的：引发宝宝对人的注意、与人互动交往，可增强反应力。

步骤：

1.拿一个球传给宝宝，让他接住，边递边说："小宝宝，快快来，接住妈妈的小球球。"

2.宝宝接住球之后，父母伸手向宝宝要球，说："乖宝宝，递球球，给妈妈。"

提示：这一年龄段，宝宝最好、最安全的人际互动方式就是让他和年龄相仿的宝宝一起玩耍。因此，如果宝宝已经坐得很稳，腰杆、颈背的发展都很好，就可以带宝宝参加一些亲子课程。这样宝宝就有更多机会看到其他同龄的宝宝，并在和他们的活动和互动中提升人际能力。

第十一章

为宝宝创建良好的语言环境
——第10个月

　　10个月的宝宝给父母带来的惊喜实在是太多了，一般来说，在第10个月，宝宝的运动发育与精神发育都很快，但各种发育快慢都与宝宝的体质强弱有关系，也与大人的教育有很大关系，发育较快的宝宝，有的能够独自站立一会了，还有的宝宝会叫"妈妈"、"爸爸"了。所以，父母在给宝宝补充营养、增强体质的同时，正确掌握教育的时机和方法也是极为重要的。

1.10个月宝宝的发育特点

10个月宝宝的变化显而易见，从刚出生时的柔弱无助，到现在的独立自主，宝宝随时令你惊喜无限。

★宝宝体格发育状况

	男婴	女婴
体型	宝宝的身长会继续增加，给人的印象是瘦了。	
体重	约 9.66 千克	约 9.08 千克
身长	约 74.27 厘米	约 72.67 厘米
头围	约 46.09 厘米	约 44.89 厘米
胸围	约 45.99 厘米	约 44.89 厘米
坐高	约 46.92 厘米	约 46.03 厘米
牙齿	陆续又长出 2 ～ 4 颗门牙	

★运动

此时的宝宝能够独自站立片刻，能迅速爬行，大人牵着手会走。这个年龄阶段的宝宝也是向直立过渡的时期，一旦宝宝会独坐后，他就不再老老实实地坐了，就想站起来了。如果宝宝运动发育好些的话，还会扶着

10个月大的宝宝杨骐宇已经会叫"妈妈"了。

东西挪动脚步或者独站而不需要扶东西。有的宝宝在这段时间已经学会一手扶物体蹲下捡东西。

★语言发育

此时的宝宝也许已经会叫妈妈、爸爸，能够主动地用动作表示语言；宝宝发出可识别的词汇的年龄有很大差异。只要宝宝的声音有音调、强度和性质改变，他就在为说话作准备。在他说话时，你反应越强烈，就越能刺激宝宝进行语言交流。

★认知发育

此时的宝宝能够认识常见的人和物。他开始观察物体的属性，甚至他开始理解某些东西可以食用，而其他的东西则不能，尽管这时他仍然将所有的东西放入口中，但只是为了尝试。此时宝宝的生活已经很规律了，每天会定时大便，明白早晨吃完早饭后可以去小区的公园里溜达。

★认知发育

随着时间的推移，宝宝的自我概念变得更加成熟，他见陌生人时和与你分离时几乎没有障碍，他自己也将变得更加自信，喜欢被表扬，主动亲近小朋友。以前你可能在他舒服时指望他能听话，但是现在通常难以办到，他将以自己的方式表达需求。但是即使在他可以理解词汇以后，他也可能根据自己的意愿行事，必须认识到这仅仅是强力反抗将要来临的前奏。

2.强化食品的种类与选择

"强化食品"是国际上的一种通俗称谓，即在食品原料中添加身体所必需的矿物质和维生素。其种类有强化维生素 A、维生素 B_1、维生素 B_2、维生素 C、维生素 D 等的强化食品；有添加矿物质钙、磷、铁等的强化食品；有添加蛋白质如赖氨酸、蛋氨酸等的强化食品。

现在市场上有很多种类的婴儿强化食品，父母在选购时一定要根据宝宝的营养需求来购买。

★为什么选用强化食品

在天然食物中，几乎没有一种食物能完全满足人体的营养需要。而且食品在加工、贮藏、运输过程中，也会损失一部分营养素。故在膳食中强化某些营养成分，可使各营养成分的组成更加合理，从而提高食品营养素的利用率。

★营养素必须是宝宝确实缺乏的

强化食品中添加的营养素，必须是宝宝确实缺乏的。如人工喂养的宝宝，其理想的乳类强化食物是维生素 A、维生素 D 强化奶。还可用 B 族维生素强化的面粉、面包补充宝宝的营养不足。宝宝究竟缺哪种营养，应经过医生检查、确诊，然后再选用相应的强化食品。否则适得其反，造成不可逆的后果就

严重了。

★注意各种营养素的平衡

有些维生素及矿物质如供应过量，不仅对宝宝无益，反而会有损于其身体健康。如维生素 A、维生素 D 食用过量，可引起毒性反应；铁、锌等元素摄取过量，不仅会影响各元素之间的平衡，而且由于某种元素相互之间的拮抗作用，从而会影响宝宝健康。

★根据宝宝饮食结构特点进行选购

如我国婴幼儿膳食中容易缺乏蛋白质、钙、铁、锌和维生素 A、维生素 D，所以这个年龄段的宝宝容易患不同程度的营养不良、缺铁性贫血、佝偻病，以及多种营养素缺乏引起的生长发育迟缓。

3. 10 个月宝宝的营养需求

宝宝一般在 10 个月时可以完全断奶（母乳）了，饮食也大部分固定为早、中、晚三餐，并由稀饭过渡到稠粥、软饭，由肉泥过渡到碎肉，由菜泥过渡到碎菜，这个时候要特别注意宝宝营养的搭配了。

★能量需求及食物要求

断乳后喂养，宝宝每日需要热量 4600 ～ 5020 千焦，蛋白质 35 ～ 40 克，需

宝宝武悠然现在虽然能够进食许多食品了，但还是不能进食与成人同样的饭菜。

要量较大。由于宝宝消化功能较差，不宜进食固体食品，应在原辅食的基础上，逐渐增添新品种，逐渐由流质、半流质饮食改为固体食物，首选质地软、易消化的食物。鉴于此，宝宝的饮食可包括乳制品、谷类等。烹调时应将食物切碎、烧烂，可用煮、炖、烧、蒸等方法，不宜油炸及使用刺激性配料。

★均衡营养和食物来源

宝宝断乳后不能全部食用谷类食品，也不可能食用与成人同样的饭菜。主食应给予稠粥、烂饭、面条、馄饨、包子等，副食可包括鱼、瘦肉、肝类、蛋类、虾皮、豆制品及各种蔬菜等。主粮为大米、面粉，每日约需100克，随着年龄增长而逐渐增加；豆制品每日25克左右，以豆腐和豆干为主；鸡蛋每日1个，蒸、炖、煮、炒都可以；肉、鱼每日50～75克，逐渐增加到100克；豆浆或牛奶，每日500毫升，1岁以后逐渐减少到250毫升；水果可根据具体情况适当供应。

★修订好每日食谱

断乳后宝宝进食次数，一般每日4～5餐，分早、中、晚餐及午前点、午后点。早餐要保证质量，午餐宜清淡些。例如，早餐可供应牛乳或豆浆、蛋或肉包等；午餐可为烂饭、鱼肉、青菜，再加鸡蛋虾皮汤等；晚餐可进食瘦肉、碎菜、面等；午前点可给些水果，如香蕉、苹果片、鸭梨片等；午后点为饼干及糖水等。每日菜谱尽量做到多轮换、多翻新，注意荤素搭配，避免餐餐相同。若色、香、味俱全，可促进宝宝食欲，增多食物摄入，加强其消化及吸收功能。

4. 宝宝吃粗粮的好处

许多家长认为，宝宝的饮食是越精制越好。这就错了，其实粗粮对宝宝大有好处。

★清洁体内环境

各种粗粮以及新鲜蔬菜和瓜果，含有大

为了防止小儿肥胖症，宝宝的饮食搭配要合理。

量的膳食纤维，这些植物纤维具有平衡膳食、改善消化吸收和排泄等重要生理功能，起着"体内清洁剂"的特殊作用。

★控制小儿肥胖

膳食纤维能在胃肠道内吸收比自身重数倍甚至数十倍的水分，使原有的体积和重量增大几十倍，并在胃肠道中形成凝胶状物质而产生饱腹感，使进食减少，利于控制体重。

★预防小儿糖尿病

膳食纤维可减慢肠道吸收糖的速度，可避免餐后出现高血糖现象，提高人体耐糖的程度，利于血糖稳定。膳食纤维还可抑制增血糖素的分泌，促使胰岛素充分发挥作用。

★解除便秘之苦

在日常饮食中只吃细不吃粗的宝宝，因缺少植物纤维，容易引起便秘。因此，让宝宝每天适量吃点膳食纤维多的食物，可刺激肠道的蠕动，加速大便排出，也解除了便秘带来的痛苦。并且食用淀粉类食物越多，大肠癌的发病率越低。

★保护心血管
▼▼▼▼▼▼▼▼▼▼▼▼▼▼▼▼

如果经常让宝宝吃些粗粮，植物纤维可与肠道内的胆汁酸结合，降低血中胆固醇的浓度，起到预防动脉粥样硬化、保护心血管的作用。

★预防骨质疏松
▼▼▼▼▼▼▼▼▼▼▼▼▼▼▼▼

宝宝吃肉类及甜食过多，可使体液由弱碱性变成弱酸性。为了维持人体内环境的酸碱平衡，就会消耗大量钙质，导致骨骼因脱钙而出现骨质疏松。因此，常吃些粗粮、瓜果蔬菜，可使骨骼结实。

★有益于皮肤健美
▼▼▼▼▼▼▼▼▼▼▼▼▼▼▼▼

宝宝如吃肉类及甜食过多，在胃肠道消化分解的过程中产生不少毒素，侵蚀皮肤。若常吃些粗粮蔬菜，能促使毒素排出，有益于皮肤的健美。

5. 预防宝宝缺锌

> 宝宝缺锌会引起严重的后果，不仅会导致生长发育的停滞，而且会影响免疫防卫、创伤愈合、生殖生育等生理功能。

★宝宝缺锌的症状
▼▼▼▼▼▼▼▼▼▼▼▼▼▼▼▼

食欲差或厌食，味觉减退；生长速度减慢，身材矮小，消瘦，下肢水肿；免疫功能降低，容易患呼吸道感染与腹泻；皮肤与黏膜交界处（如口腔、肛门、生殖器）及眼、鼻和肢端可见经久不愈的、对称性皮炎；大孩子可出现性成熟障碍；少数宝宝可有异食癖、反复发作的口腔溃疡、脂肪吸收不良及维生素A缺乏性夜盲症。

★预防缺锌
▼▼▼▼▼▼▼▼▼▼▼▼▼▼▼▼

1. 食用加钙或铁的强化食品时更要注意锌的供给，因为大量的钙和铁会妨碍锌的吸收。

2. 提倡母乳喂养：母乳中有含锌的配位体，有利于锌的吸收，故应尽可能喂宝宝母乳。

3. 注意从膳食中补锌：食物中牡蛎、鲱鱼含锌量最高，每千克中含锌超过100毫克；其次是肉、肝、蛋类、蟹、花生、核桃、茶叶、杏仁、可可，每千克中锌含量20～50毫克；麦类、鱼类、胡萝卜、土豆，每千克中锌含量6～20毫克。这些食物含锌量较高，可以作为补锌食品食用。精制米面中锌含量低，故不宜长期给宝宝吃精白米面。

4. 宝宝缺锌应设法及时纠正：根据程度不同，除及时添加含锌丰富的食物外，还可按医生嘱咐服用锌制剂，如葡萄糖酸锌、硫酸锌、甘草锌、醋酸锌糖浆和复合维生素锌糖浆等。通常宝宝服用1～2周后，食欲便可明显增加。整个疗程应维持2～3个月。

★防止锌过量
▼▼▼▼▼▼▼▼▼▼▼▼▼▼▼▼

对缺锌宝宝，首先应采取食补的方法，多吃含锌量高的食物。如果需要通过药剂补充锌时，应遵照医生指导进行，以免造成微量元素中毒危害健康。有些父母为了使宝宝健壮、聪明，滥用锌制剂，殊不知锌的有效剂量与中毒剂量相距甚小，若使用不当，很容易导致过量，使体内微量元素平衡失调，甚至出现加重缺铁、缺铜，继发贫血等一系列病症。

当宝宝出现上述症状而怀疑缺锌时，应请医生检查发锌、血锌，确诊缺锌后，在医生指导下服用补锌制品。

6. 早期音乐熏陶的好处

音乐教育是开发人类智力的最佳途径。幼儿时期进行良好的音乐教育，是全面发展教育不可缺少的重要组成部分，更是审美教育的重要内容之一。

★感知空间方位

宝宝根据音乐的旋律产生了自身运动的韵律，即手、脚、身段的上下、左右、前后等不同的位置变化。另外，在音乐游戏和舞蹈这个群体活动中，也能更好地发展宝宝的空间方位感知，如个体与个体的位置变化、组与组的队形变换。

★促进动作协调发展

宝宝在进行有节奏的身体动作时，通过学习各种动作，使大脑神经控制动作的能力和保持平衡的能力有所发展，宝宝音乐脑（右半球）的经常活动还可促进大脑左半球的活动，加强左右两半球的联系，为智力发展提供良好的基础。

★发展想象力和创造力

宝宝在进行内容丰富的音乐活动时，有很多机会需要运用想象进行创造。如在舞蹈

宝宝陈卓然在模仿妈妈听音乐时的可爱样子。

中，宝宝"闻乐而思"，灵敏地感知特定的时间、空间的各种情态，把音响转化为形象，然后在头脑中反映出种种栩栩如生的形象和情节。

★增强节奏感

它可以让宝宝在活动中亲自感受到音乐中的动与静、长与短、强与弱，体会音乐节奏的魅力。

★妈妈的歌声使宝宝快乐

母亲对宝宝唱歌意味深长，很重要。录音的歌，每次播放，都是一样的重复。但是，妈妈唱的歌每次都是不一样的，妈妈可以根据宝宝的需要来调节她的歌声。当宝宝兴高采烈时，妈妈会唱得欢快，当宝宝烦躁时，妈妈就唱得比较柔和宁静。宝宝尚不能控制自己的情绪，妈妈的歌声就会起到至关重要的作用。对宝宝来讲，妈妈的歌唱，不仅使他感到愉快，得到享受，而且还获得了安全感。

7. 享受宝宝语言的乐趣

宝宝10个月已经能模仿大人的声音说话，说一些简单的词。能够理解常用词语的意思，并会一些表示词义的动作。这个时候和宝宝在一起可以享受语言的乐趣了。

★抓住时机

生活中，要抓住时机对宝宝进行语言能力的训练，当爸爸回家时，妈妈说"爸爸回来了"，宝宝马上朝门的方向转头看爸爸。宝宝在爸爸怀中听说"妈妈"时，马上朝妈妈看，并且要妈妈抱。

★具有一定记忆力

宝宝会记住事情。当你重新播放某支歌曲时，会触发他的记忆力，虽然他不会向你表达他已记起这首歌，但他脸上兴奋的表情和微笑已说明一切。

图解育儿圣经

这一阶段的宝宝陈可蓉，当家长说「欢迎」时，她会拍手；说「再见」时，他会挥手。

"脱离视线，记忆消失"已不再适用。比如宝宝曾很喜欢你放在橱柜上的面巾纸盒，那么每次他经过橱柜都会记得那种快乐。

★开始懂字义

宝宝能把一些词和常用的物体联系起来。问他"电灯在哪儿"，他会将头转向电灯方向，或用手指着电灯，这虽然不是语言，但对宝宝的发音器官是一个很好的锻炼，为模仿说话打下基础。对"不行"有了反应，宝宝在活动中，家长说"不行"后，他能把活动停下来。这表明他能懂字义，而不仅是音。

★培养宝宝的主动语言

声音对宝宝来说已起到初步的交际作用，但还只是有限的联系，宝宝还不能说出有些已经理解的词。此时的宝宝常常用一个单词表达自己的多种意思如"外外"，根据情况可能是指"我要出去"或"妈妈出去了"；"饭饭"，可能指"我要吃饭"或"我要吃东西"等。这个阶段的宝宝，已能有意识地说出"爸爸"、"妈妈"、"帽帽"、"拿"、"抱"等 5 ~ 10 个简单的词。并且不像以前见到谁都乱叫"爸爸"、"妈妈"了。当东西掉在地上时，宝宝也会发出"拿"的声音。

8. 如何让宝宝的头发长得好

一头好发，不仅对于宝宝的外表是极为重要的，也是宝宝健康成长的标志。要想宝宝头发长得好，父母应该从哪些方面做起呢？

★营养均衡

这对头发生长极为重要，要保证肉类、鱼、蛋、水果和各种蔬菜的摄入和搭配，含碘丰富的紫菜、海带也要经常给宝宝食用。如果宝宝有挑食、偏食的不良饮食习惯，应该赶快纠正，以保证丰富、充足的营养通过血液循环供给毛根，促进头发生长。

★清洁头发

通常 2 ~ 3 天就应给宝宝清洗一次头发，使头皮得到良性刺激，促进头发的生发和生长，还可避免头皮上的油脂、汗液以及污染物刺激头皮，引起头皮发痒、起疱甚至发生感染，导致头发脱落；给宝宝洗发时，要选用无刺激、易起泡沫的儿童专用洗发液，洗头发时要轻轻用手指肚按摩宝宝的头皮；每

为了让宝宝健康成长，爸爸张博晴与妈妈黄艳秋给宝宝张景溪清洗头发。

131

次清洗后，最好用柔软而有弹性的儿童专用发梳为宝宝梳理头发，这样可刺激头皮，促进局部血液循环，促使头发生长。

★ 充足睡眠

充足的睡眠对宝宝的头发生长也很重要，睡眠不足容易导致宝宝食欲不佳、经常哭闹、生病，间接地影响头发生长。

★ 阳光照射

适当地接受阳光照射对宝宝头发生长也非常有益，紫外线可促进头皮的血液循环，改善头发质量。需要提醒的是，在阳光强烈时不可让宝宝的头皮暴晒，最好戴上一顶遮阳帽，以防晒伤头皮。

专家 答疑

宝宝出现白发要当心

通常小宝宝偶尔出现的白发多是由生发层色素分泌不均匀而引起的，宝宝大些后自然会好转。其次，还应排除有无家族遗传白发，平时饮食注意加强营养，适当补充营养素和微量元素等。可去医院化验一下头发或血的微量元素，缺锌、缺铁尤其是缺铜可致头发色素脱失、变黄、变白。

9. 成长环境与宝宝的智商

宝宝的智商高低除与遗传、营养以及早期智力开发等因素有关外，还与后天的成长环境有关。所以给宝宝营造好的成长环境也是必不可少的。

★ 宁静益智

法国专家进行的试验显示，噪声在55分贝时，宝宝的理解错误率为4.3%，而噪声在60分贝以上时，理解错误率则上升到15%。因此，应让宝宝尽量避免各种噪声的干扰，以利于智力发育。

★ 和睦益智

家庭和睦、气氛融洽、充满亲情可增进宝宝的智力。恶劣的家庭环境会使宝宝心情压抑、孤独，生长激素减少，导致宝宝身材矮小、智商降低。

★ 交往益智

在宝宝还未满周岁的时候，妈妈可以邀请其他的妈妈带着同龄宝宝来家里玩耍，让两个宝宝在一起爬行、交流，你会发现，宝宝非常快乐。

★ 芳香益智

科学家认为，与一般环境比较，生活在芳香环境中的宝宝，无论是在视觉、知觉方面，还是在接受与模仿能力等方面，都有明显的优势，其奥妙在于芳香能给人一种良好刺激，使人心情松弛、情绪高涨，增强听觉与嗅觉及思维的灵敏度，进一步提高智商。

★ 颜色益智

淡蓝色、黄绿色以及橙黄色能振奋精神，提高学习注意力。而黑色、褐色、白色可损害智力，降低智商。故在宝宝的居室或教室的墙壁上悬挂一些淡蓝色背景的挂画或条幅，将有助于宝宝的智力发育。

宝宝与同龄人之间的交往才是交往益智的主要体现。

★家庭环境好能提高宝宝智商

家是宝宝成长的摇篮，父母是宝宝的第一任教师。近些年来许多人认识到培养聪明的宝宝要有一个相应的家庭环境。家应该是一个能激起好奇心，有语言性、知识性、趣味性和训练性的环境。其中培养宝宝的好奇心很重要，要培养宝宝好奇心，在这个环境里，父母是关键性的因素，他们应该不断地创造一些氛围，或者提出一些问题，引起宝宝的好奇，引导他去思考、探索。

10. 关于学步车

关于学步车，有多方面的意见，从目前的报道看，似乎反对的意见较多。对于学步的宝宝来说，学步车有利有弊。

★学步车的好处

1. 为宝宝学走路提供了方便的工具。
2. 使宝宝克服胆怯心理，成功独立行走。
3. 比宝宝扶桌腿或其他物品学走路更不易摔跤。
4. 在某种程度上解放了家长。

★学步车的弊端

1. 把宝宝束缚在狭小的学步车里，限制了自由活动空间。
2. 减少了宝宝锻炼的机会。在正常的学步过程中，宝宝是在摔跤和爬起中学会走路的，有利于提高宝宝身体的协调性，让他在

父母必读

两种宝宝不适合使用学步车

有佝偻病或超低体重的宝宝和难养型气质的宝宝。难养型气质的表现为：看见生人就害怕；对新事物采取拒绝态度，适应慢；任性、好哭、脾气急躁，易发脾气等。

自由自在的活动是每一个宝宝的梦想，婴儿学步车帮他们圆了这个梦。

挫折中走向成功，使宝宝会有一种自豪感，对增强其自信心很有好处，而学步车没有这一功能。

3. 增加了宝宝学步的危险性。一些爸妈常将宝宝搁置在学步车中，就去忙其他的事情，容易使宝宝发生意外，如撞伤及接触危险物品等。

4. 不利于宝宝正常的生长发育。宝宝的骨骼中含胶质多、钙质少，骨骼柔软，而学步车的滑动速度过快，宝宝不得不两腿蹬地用力向前走，时间长了，容易使腿部骨骼变弯形成罗圈腿。

5. 许多宝宝不具备使用学步车的协调、反应能力，容易对身体造成损害。另外，在快速滑动的学步车中，宝宝会感到非常紧张，这不利于宝宝的智力发育和性格的形成。

★使用学步车应注意

1. 不能过早使用。在宝宝满10个月之前，最好不要尝试使用学步车。
2. 尽量购买正规厂家生产的学步车。
3. 仔细阅读装配使用方法。
4. 宝宝使用学步车时，爸妈一定要在旁边看护，避免发生意外。
5. 不同宝宝对学步车的适应能力是不同的，是否选择学步车要因人而异。

11. 女婴的阴道疾病

除了"新生儿假月经"，引起女宝宝外阴、阴道出血的原因可分激素性和非激素性两大类。激素性引起的出血主要为性早熟，比较少见；而非激素性引起出血的约占80%，父母要注意观察引起的原因。

★ 阴道异物

宝宝常常出于好奇心或者为了解除外阴的瘙痒，会将发夹、扣针或小玩具插入阴道内，尤其农村的宝宝穿开裆裤，坐在麦子、稻谷堆上，麦粒或谷子进入阴道内，异物会停留在阴道内，通常会引起炎症，使阴道分泌物增多，呈脓性或带血性伴有恶臭，时间稍久后阴道黏膜面形成溃扬。当宝宝患非特异性、细菌性阴道炎时，尤其是顽固性经久不愈的患儿，应考虑阴道内有异物存在的可能。

★ 损伤性出血

小宝宝比成人好动，自我保护意识差，由创伤引起的操作性外阴阴道出血比较常见。一般为自高处跌下或外阴部碰在石块、铁器、凳角上，外阴损伤后局部疼痛，部分产生血肿，部分产生外阴皮肤裂伤，甚至阴道口黏膜、阴道壁裂伤，出血量多少不一。

★ 外阴阴道炎

女宝宝由于外阴发育不完善，雌激素水平低下，阴道上皮抵抗力弱，而阴道又邻近肛门，易受细菌感染而发生炎症。病原体可通过患病的家人的衣服、浴盆、手等传播，也可由卫生不良、外阴不洁、经常为大便所污染引起。症状多表现为外阴红肿、痛痒、流脓性分泌物，有的表现为反复阴道出血。

★ 预防措施

应使用吸水性强、透气性好的尿布，勤洗换保持卫生，大便后要清洗外阴，谨防粪便不能擦净而污染会阴部。还要注意由于疾病所致的小阴唇粘连，粘连较重者可引起排尿不畅，需到医院处理。尽早穿合裆裤，减少阴部外露污染的机会。宝宝游泳后要预防性使用专用液体坐浴。对宝宝进行早期教育，防止异物插入阴道。对有明显畸形造成反复感染者，应早做手术修补。母亲要积极治疗自身生殖系统传染性疾病，以免传染给宝宝。

12. 预防宝宝出现猝死

数据显示，死者多数为轻磅宝宝，而男宝宝占六成。死者的母亲较多是低下阶层、产次略高、未婚、有抽烟习惯的年轻女性。除了生理上的因素外，外在环境与"婴儿猝死症"也有关系，甚至连天气变化亦有影响。通常宝宝猝死事件多发生在冬天。怎样预防宝宝猝死呢？

★ 睡姿正确

很多调查显示，俯睡的宝宝导致猝死的危险性较大，所以有许多国家的医生都建议宝宝应该仰睡；而评估结果显示，若是宝宝由俯睡改变习惯为仰睡，那么猝死症便会大

女婴阴道疾病与她们穿着开裆裤经常与外界接触或便后擦屁股不当所引起的感染有关。宝宝武悠然的父母就格外注意她的卫生状况。

为了宝宝的健康，父母应该戒烟。

大减少。侧睡也是一种选择，但不如仰睡安全。出生1个月以上的宝宝应尽量仰睡。

★父母禁烟

母亲的吸烟量与宝宝猝死的几率成正比。如果父亲也是吸烟者，危险性自然要相对提高。

★温度适当

生活环境的温度过高、宝宝穿得过多，会有危险。一般来说，1个月（或以上）的宝宝所需的衣服、被褥、热量与父母相当为宜。

★寝具合理

避免使用过厚或过软的床垫和被单。宝宝的脚部应尽量紧贴床尾边缘；这样，宝宝即使移动，也不致会把头钻进被窝，导致过热或窒息的危险。

★分床睡觉

父母与宝宝分床睡觉可以避免挤压宝宝。如果父母与宝宝同床睡觉，就要加倍小心不要挤压宝宝。有资料指出，宝宝与父母同睡一间睡房比较安全，这样可以随时发现宝宝有任何异样或危险动作发生。

★预防疾病

如果发现宝宝有任何身体不适，应尽快找医生诊治，不要以为只是小病就可以漫不经心或者乱服成药；否则，对小生命将构成严重威胁。

育儿提示

使用安慰奶嘴有助于预防婴儿猝死综合征

专业人士对于使用安慰奶嘴（为减少啼哭让宝宝含在嘴里的空奶嘴）一直存有争议。而美国儿科学院中美国儿科专家提出的有助预防宝宝猝死的建议中指出：研究发现使用安慰奶嘴有助于降低宝宝猝死的风险。

通过这个游戏不但融洽了亲子关系，还能使宝宝蒋芬乔在游戏中体验到了成功的快乐。

13. 智能培育与开发

10个月宝宝可以自由地在地上爬来爬去了，为了训练宝宝独自站立，家长可以先训练他从蹲位站起来，再蹲下再站起来。独自站立是宝宝学走的前奏。

★ 运动能力训练

钻隧洞

培养目的：锻炼宝宝全身协调能力和平衡能力，促进脊柱生理弯曲形成。

步骤：

1. 找一个大纸箱，用胶布将纸箱两边开口的翻盖粘成隧洞状。

2. 把一个玩具放在隧洞的另一头，让宝宝爬过去得到它。

提示：最好在隧洞中铺点质地柔软的铺垫。

★ 语言能力训练

动物的声音

培养目的：通过模仿父母的发音，训练宝宝发音的准确度，提高宝宝语言能力。

步骤：

1. 家长（指着小狗）："小狗，汪——汪——，小狗怎样叫？"

宝宝："狗！"

家长："跟我学，小狗，汪——汪——"

宝宝："汪——汪——"

2. 家长（指着牛）："这是牛！跟妈妈（或爸爸）说，'牛'！"

宝宝："牛！"

家长："跟我学，牛，哞——哞——"

宝宝："哞——哞——"

3. 宝宝学完后，父母要给予夸奖："宝宝真聪明！"

训练提示：最开始宝宝还学不好，或者根本发不出这个音，爸爸妈妈也不用着急，当宝宝的发音器官渐渐地成熟之后，经过这样的启发和引导，相信他的语言表达能力一定不会差。

★ 交际能力训练

喂妈妈

培养目的：训练宝宝手的运动能力，同时增进宝宝与父母之间的情感交流。

步骤：

1. 当喂完宝宝吃饭时。握住宝宝的手，让他拿起勺子，喂给自己一勺，说"宝宝乖，自己吃饭。再喂妈妈（或爸爸）一勺。"

2. 喂完后说："宝宝真不错。"可以多次重复。

提示：家长根据孩子的能力，不断调节与孩子之间的距离，让孩子体验到成功的快乐。当孩子成功时，家长即时表扬鼓励。但要在宝宝疲倦之前停下来。

第十二章
重视与宝宝的亲子交流
——第11个月

第11个月是宝宝生命中的一个转折点，从这个时候起，他将从一个完全依赖他人的小宝宝逐渐向幼儿阶段发展。11个月的宝宝非常好动，在房间里四处游晃、玩耍；手的动作更加灵活了，运动能力也在不断地增强，除了喜好模仿外，还特别希望和人交流、玩耍。处于这个阶段的宝宝比其他任何时候，都更加需要父母的关爱和鼓励，做父母的千万不要忘记和宝宝之间的双向交流哦。

1. 成长发育特点

> 这个月宝宝可能会有突飞猛进的变化，也许这个月他就会第一次叫"妈妈"或"爸爸"，第一次迈步走路……这一切随时都可能发生。

出牙顺序图。

★宝宝体格发育状况

	男婴	女婴
体重	约 9.8 千克	约 9.3 千克
身长	约 75.5 厘米	约 74 厘米
头围	约 46.3 厘米	约 45.3 厘米
胸围	约 46.37 厘米	约 45.3 厘米
坐高	约 47.8 厘米	约 46.7 厘米

★牙齿

应出 5 ～ 7 颗牙齿，当然也有些宝宝刚刚开始出牙，但乳牙萌出最晚不应该超过周岁。

宝宝正常出牙顺序是：先出下面的 2 颗正中切牙（即下门牙），再出上面的正中切牙（即上门牙），然后是上面的紧贴中切齿的侧切牙，而后是下面的侧切牙。宝宝到 1 岁时一般能出这 8 颗乳牙。1 岁之后，再出下面的 1 对第一乳磨牙，紧接着是上面的 1 对第一乳磨牙，而后出下面的侧切牙与第一乳磨牙之间的尖牙，再出上面的尖牙，最后是下面的 1 对第二乳磨牙和上面的 1 对第二乳磨牙，共 20 颗乳牙，全部出齐在 2 ～ 2.5 岁。如果宝宝出牙过晚或出牙顺序颠倒，可能会是佝偻病的一种表现。严重感染或甲状腺功能低下时也会出牙迟缓。

★语言发育

11 个月的宝宝喜欢嘟嘟叽叽的说话，听上去像在交谈。喜欢模仿动物的叫声，如小狗"汪汪"，小猫"喵喵"等。能把语言和表情结合在一起，他不想要的东西，他会一边摇头一边说"不"。

★动作发育

此时的宝宝坐着时能自由地向左右转动身体，能独自站立，扶着一只手能走，推着小车能向前走。能用手捏起扣子、花生米等小的东西，并会试探地往瓶子里装，能从杯子里拿出东西然后再放回去。双手摆弄玩具很灵活。会模仿成人擦鼻涕、用梳子往自己头上梳等动作，会打开瓶盖，剥开糖纸，不熟练地用杯子喝水。

★睡眠

11 个月的小儿每天需睡眠 12~16 小时，白天要睡两次，每次 0.5 ～ 2 小时。

2. 含铁较高食品的制作方法

> 宝宝出生 5 ～ 6 个月以后，母亲给他的一些营养，比如铁，已经用完了。如果没有及时补充，宝宝铁营养就会减少，甚至发生贫血。所以随着年龄增大，要慢慢地增加富含铁的食品。

★食物中铁的分类

植物性食物中的铁，主要是以氧化铁的形式存在，许多膳食成分如草酸、植酸、纤维素均可妨碍其吸收，故其吸收率一般均在 5% 以下。维生素 C 能帮助其吸收。

动物性食物（如肝、血红蛋白、肌红蛋白）中的卟啉铁，其吸收率较高，如动物肝脏和血为22%，鱼肉为11%。

★食物举例

炒红白豆腐丝：将猪血切丝，豆腐切丝。用油加姜末起锅，倒入切好的猪血炒熟，拌入豆腐丝，炒透后加入味精、黄酒和淀粉勾芡即成。

卤鸡肝：将鸡肝洗净，用油略炒，加姜片、酱油、黄酒炖熟即可。

肝末蛋羹：猪肝切片在开水中轻焯捞出，剁成肝末，放入碗内，加葱末、细盐和味精，加水调匀蒸熟后滴入香油即成。

★含铁食物介绍

猪肝。每100克猪肝中含铁31.1毫克，蛋白质20.8毫克。猪肝中还含有丰富的维生素A和叶酸，营养较全面。但猪肝中含有较多的胆固醇，一次不宜吃得太多。

猪肉。每100克猪肉中含铁3.4毫克，蛋白质18.4毫克。猪肉有润肠养胃的功效，是宝宝日常膳食中铁的最常见来源。

大豆。每100克大豆中含铁9.4毫克，蛋白质32.9毫克。大豆营养丰富，含铁量高，但其所含的铁较动物性来源的铁吸收率要稍差。

此外还有牛肉、鸡肝、猪肾、鸡血等。

专家答疑

预防贫血要补充维生素C

维生素C因具有还原性，可防止铁转变成难以吸收的三价铁，故能帮助其吸收。因此，要经常给宝宝补充新鲜的蔬菜和水果等富含维生素C的食物，以防止贫血。

3. 纠正宝宝不爱吃菜的习惯

宝宝正处在生长发育的旺盛阶段，身体所需的各种营养素要比成人多，长期偏食不仅会直接影响其生长发育，而且还会使其体内免疫力降低，易患多种疾病。尤其是富含维生素的绿色蔬菜，很多宝宝都不喜欢，那么，父母应该怎么办呢？如何纠正宝宝挑食的行为呢？

★食物掺杂法

父母可以事先不让宝宝知道，在他们最喜欢吃的食物中掺入不喜欢吃而营养又丰富的食物。比如，有的宝宝只喜欢吃肉不吃蔬菜，这时，如将蔬菜如胡萝卜、菜花等掺在瘦肉中剁成肉泥，做成肉圆或包饺子、馄饨，也

猪肉是人们餐桌上重要的动物性食品之一。猪肉纤维较为细软，结缔组织较少，肌肉组织中含有较多的肌间脂肪，因此，经过烹调加工后肉味特别鲜美。

对于宝宝不爱吃的菜，可以做成馅包在饺子或馄饨中给宝宝吃。

第十二章　重视与宝宝的亲子交流——第11个月

可塞入油豆腐、油面筋等食物中煮给宝宝吃，这样宝宝就会一改对蔬菜的厌恶，营养的需求也就得到了补充。

★常换花样法

长期不变地吃某一种食物，会使宝宝产生厌烦情绪，所以父母应该编排合理的食谱，不断地变换花样，还要讲究烹调方法。这样，既可使宝宝摄取到各种营养，又能引起新奇感，吸引他们的兴趣，刺激其食欲，并能使之喜欢并多吃。比如说，绿色蔬菜可以做成菜泥喂宝宝吃，也可以剁碎了掺在别的食物里。

★兴趣抑制法

父母最了解宝宝，当发现宝宝不吃某种蔬菜时，可以暂时停止他们认为最感兴趣的某种活动进行"惩罚"，促使宝宝不再挑别食物，达到矫正偏食的目的。

★闻味尝鲜法

宝宝的评价能力较低，往往容易顺从成人之见。因此，在餐桌上，大人要起表率作用，盛赞蔬菜"好香"、"真好吃"，并让宝宝尝一尝、闻一闻。切不可当着宝宝讲些"冬瓜没味道"、"茄子不好吃"、"萝卜太辣"等话，虽然这时候宝宝还不能完全听懂父母的话，但如果长此以往，必然会对宝宝产生不好的影响，随着宝宝的成长，会对某种食物产生厌恶感，从而造成宝宝偏食。

经常给宝宝吃零食，会降低宝宝的食欲。宝宝李昊炜就很少吃零食。

图解育儿圣经

4. 养成良好的进食习惯

很多父母对宝宝过度溺爱，无原则地迁就，从小没有养成良好的饮食习惯。而要想宝宝身体好，就必须从小就养成良好的饮食习惯，给他定出进餐规矩。

★养成宝宝自食的习惯

从几个月大让他抱着奶瓶吃奶，过渡到1岁拿杯子喝水至1岁多就让他开始学习拿勺吃饭。自食引起宝宝极大的兴趣，及对食欲的强烈刺激。开始时拿勺喂，慢慢地宝宝能自己吃、饮时，就不用喂了。

★固定的位置吃饭

一定要宝宝坐在一个固定的位置吃饭，妈妈不要抱着宝宝走来走去，否则进餐时间过长影响消化吸收。另外，给宝宝喂食的时候，妈妈尽量不要和别人交谈，否则也会影响宝宝的食欲。

★少吃零食

特别在饭前1小时不能吃，因为零食营养价值低，并且会影响宝宝的食欲。有些宝宝只吃零食不好好吃饭，造成营养缺乏症。

★不能挑食偏食

如果宝宝不爱吃什么东西，妈妈千万不要强迫性地喂宝宝，这样只会让宝宝更厌恶这种食物，最好的办法是改变食物的烹调方法，增加宝宝的兴趣。

★不要暴食

好吃的东西要适量地吃，特别对食欲好的宝宝要有一定限制，否则会出现胃肠道疾病或者"吃伤了"，以后再也不吃。

★不要强迫

尽量让宝宝养成定时、定量进食的习惯，不要哄骗或强迫宝宝进食，应让宝宝饿了自己吃，否则宝宝会产生逆反心理，拒绝进食。

5. 保护宝宝的嗓子

每个父母都希望自己的宝宝有一副好嗓子，发出美妙动听的声音。然而，除了先天因素外，还需要知道如何做好声音的保健。

★宝宝容易嗓子哑

出现声音嘶哑的现象主要原因是宝宝没有学会科学发声。长时间用嗓过度或高声喊叫是宝宝声音嘶哑的主要原因。宝宝的声带比较柔嫩，组织比较疏松，高声喊叫会导致

为了保护嗓子的需要，宝宝李明益勤喝水来湿润嗓子。

声带充血、水肿。由于宝宝发育尚不成熟，在心理上却在逐渐摆脱依从状态，自我表现欲强，自我控制能力弱，很容易用声过度伤及声带。长期声音嘶哑者多数已形成声带小结。轻者发声无力，音调改变，重者声音嘶哑，甚至呼吸困难。如能及时发现并予以纠正，宝宝声音嘶哑一般预后良好。

★穿着的问题

宝宝衣服以宽松为主，这要在宝宝出生后就开始做起。有些父母让宝宝穿紧身的衣服，认为穿了有样子，却不知道穿着太束缚，使得宝宝的颈部、胸部和腰部受挤压，影响顺畅的呼吸而致发音不佳。

★坐着的姿势

要求宝宝坐位时一定要有"坐相"，即背部挺直、头居中，这样呼吸和发声才流畅，如果弯腰驼背头向前倾，呼吸气流不会流畅，这样会使发声受到影响。

★站着的姿势

宝宝站着学说话时，头颈部必须挺直，不要把头往下压，否则会使颈部紧张度提高，致使声带拉紧，影响发声。最好是头往前方直视，颈部直起。

★音量的控制

当宝宝咿咿呀呀学语的时候，父母可以把耳朵凑在宝宝的嘴边，这样宝宝可以压低音量学说话，以免声音嘶哑。另外，父母说话轻柔，会对宝宝产生重要的影响，这也是保护宝宝嗓子的一个方面。

★积极治疗与声带相关的五官疾病

如果宝宝出现声带小结，医生没有建议手术治疗，要注意保养。一般，等宝宝到了青春期，由于内分泌的变化，小结会逐渐消退。

6. 锻炼宝宝的模仿性

　　宝宝从降生的第一天起，就开始模仿你了。模仿能力与他的生长发育和认知能力有很大关系。而你所要做的是为宝宝提供一个良好的"模仿环境"，并且做他模仿的"好榜样"。

★模仿表明了宝宝和周围人的一种关联

　　宝宝非常渴望自己能够像他所爱的人，因而在这种渴望的驱动之下，他会喜欢拿着妈妈的东西在家里爬来爬去，无论什么时候他戴着父母的饰物，他都会感觉到与父母之间有种直接的关联。事实上，模仿是表扬和认可你的宝宝的一种很好的方式，当你模仿你的宝宝的时候，他将感到自己得到了别人的尊重和认可。

★父母要特别注意自己的言行

　　父母是宝宝的直接模仿对象，所以一定要特别注意自己的言行。如果你希望宝宝以后能够总是把"谢谢"和"请"挂在嘴边，那么你必须自己先这样做，自己经常说这些礼貌用语才行。

　　另外，宝宝们对待周围人们的方式也是通过效仿父母而学到的，所以，必须让宝宝们亲眼看到父母的友善、慷慨和富有同情心。

★鼓励和帮助宝宝模仿

　　模仿是迈向独立的中间站。这个时候，

妈妈李爱国经常与宝宝李昊炜一起做游戏，从而提高宝宝的模仿能力。

　　父母需要提供给宝宝一些他自己能够使用的物品，充分满足宝宝的这种"自己做"的强烈愿望，不过，宝宝的一些模仿会超出他的能力，因此，父母需要警惕宝宝的安全问题。如果不存在危险的因素，那么就等宝宝要求帮助的时候再帮他一把。失败是宝宝学习过程中不可缺少的一部分，父母要时常鼓励宝宝自己再去尝试。

7. 宝宝学走不宜过早

　　长期以来，人们普遍以为宝宝走路越早就表示宝宝越健康。不少家长为了让自己的宝宝尽早会走路，超前让宝宝学走路。但其实这样的认识和做法恰恰是育儿的一个误区。

★影响腿形和形成扁平足

　　宝宝运动功能的发育是个缓慢渐进的过程。宝宝的骨骼组织中含胶质多，含钙质少，骨质比较软弱，容易因受外力的牵引而变形。其肌肉组织中，尤其是下肢及足部肌群比较娇嫩，肌纤维细软含水分多，故肌力欠缺。如果练习走路的时间过早，全身的重量必为双下肢所承受，由于垂直重力的持续作用，往往使双腿产生弯曲畸形，甚至形成"X"或"O"形。

　　日常生活中，可见到一些家长为尽早锻炼宝宝下肢的运动功能，常用两手支撑宝宝两侧腋窝，助力向上，反复使之做"跳跃运动"，

由于这个阶段的宝宝还不宜学走，爸爸刘波与妈妈郭遇秋给宝宝刘致成做"跳跃运动"。

这对宝宝下肢畸形的形成和发展起着一种推波助澜的作用。另外，过早学走路也使宝宝双足弓遭受重力压迫，加之维护足弓部位的肌力又较软弱，可使足弓渐渐变得扁而平，易于形成"扁平足"。

★易近视

因为宝宝出生后视力发育尚不健全，他们都是些"目光短浅"的近视眼，而爬行可使宝宝看清自己能看清的东西，这便有利于宝宝视力健康正常地发育；相反，过早地学走路，宝宝因看不清眼前较远的物景，便会努力调整眼睛的屈光和焦距来注视景物，这样会对宝宝娇嫩的眼睛产生一种疲劳损害，反复则可损伤视力，这就好比近视眼不戴眼镜会使视力越发下降一样。

★从爬行开始

爬行可以锻炼宝宝腿部肌肉的张力和力量，有利于学步。经常让宝宝在地板或硬的垫子（太软的平面不利于宝宝练习）上爬行。根据宝宝体格发育的一般规律，应将宝宝学走路的时期定在 11 个月月龄之后为宜，此时骨骼及肌肉组织有了进一步的发育，已基本具备了承受自身重力的条件。

8. 宝宝不宜穿开裆裤

家长们选择开裆裤的原因，主要是舒服、方便。舒服是对宝宝而言的，宝宝不用整天包着小屁股，不用担心尿布把屁股捂出红疹。另一方面，家长在照顾宝宝时也方便，不用经常换洗尿布，宝宝一蹲下就能解决大、小便的问题，但实际上，开裆裤弊大于利。家长应坚决地对它说"不"。

★冬季容易受凉

在我国，尤其是民间，父母总是让宝宝穿着开裆裤，即使是滴水成冰的冬季，宝宝身上虽裹得严严实实，但小屁股依然露在外面冻得通红。宝宝小屁股至少占身体表面积的 5% 以上，再加上上面的腰部、前面的下腹部和下面的大腿根都不同程度地透风受凉，因而总的受凉面积达到 10% 左右，这增加了 10% 的散热面积，易使宝宝受凉感冒，因此在冬季要给宝宝穿合裆的罩裤和合裆的棉裤，或松紧带的毛裤。

★很不卫生

宝宝穿开裆裤坐在地上，地表上的灰尘垃圾都可以粘在屁股上，灰尘中的细菌也很

宝宝穿开裆裤坐在地上，地表上的灰尘垃圾、昆虫等可能钻到外生殖器或肛门里，引起瘙痒或造成感染。

容易粘在肛门和外生殖器的表面,并在适合的条件下繁殖起来。此外,地上的小蚂蚁等昆虫或小的蠕虫也可以钻到外生殖器或肛门里,引起瘙痒,可能因此而造成感染。穿开裆裤最容易导致交叉感染蛲虫。

★不甚安全

宝宝的活动量大,但开裆裤对宝宝的阴部却起不到任何的保护作用。宝宝阴部是身体中最柔弱的部位之一,也是最容易受到伤害的部位。没有了衣服或尿布的保护,外界物体的碰、撞、刺、夹、烫、擦等都会伤害到宝宝的阴部、阴茎。蚊虫的叮咬,一些宠物,如猫、狗等的抓、咬,都会影响到宝宝的健康,有的还会给宝宝带来终身的残疾。

9. 宝宝饮食禁忌

随着宝宝断奶的进行,父母会给他增加各种取代母乳的食品,但给婴儿的食品是非常有讲究的,许多大人看来很平常的,认为很有营养的食品,其实对宝宝并不合适。父母需要了解这些食物,以免对宝宝的身体造成伤害。

★忌用炼乳喂养宝宝

一些家长把炼乳作为有营养价值的代乳品来喂养宝宝,其实这种做法很不科学。由于炼乳太甜,必须加 5～8 倍的水来稀释,以使糖的浓度下降,而蛋白质和脂肪的浓度

碳酸饮料会影响宝宝的消化系统对食物的吸收,因此宝宝不宜喝碳酸饮料。

也下降,作为主食喂养宝宝,势必造成宝宝体重不增,面色苍白,平时容易生病,还会患多种脂溶性维生素缺乏症。

★周岁内宝宝不宜食蜂蜜

人们把蜂蜜当做滋补品,有时又当做治病的良药,它含有丰富的维生素 C、维生素 B_6、维生素 B_{12}、维生素 K、果糖、葡萄糖、多种有机酸和微量元素等,有些父母常给周岁以内的宝宝作滋补品或用来治疗便秘,其实这种做法是不科学的。因为土壤和灰尘中含有肉毒杆菌,蜜蜂在采集花粉酿蜜的过程中,常常会把带有肉毒杆菌的花粉带回蜂箱。由于 1 周岁内的婴儿肠道微生物生态平衡不够稳定,抗病力差,如果食入带有肉毒杆菌的蜂蜜,肉毒杆菌产生的肉毒素可使婴儿中毒,先出现便秘,接着出现弛缓性麻痹、哭声微弱、吮乳无力、呼吸困难等症状。而成人抗病力强,可抑制肉毒杆菌的繁殖,不会出现中毒。所以,1 周岁内的宝宝应避免食用蜂蜜。

★不宜喝成人饮料

兴奋剂饮料:如咖啡、可乐等,其中含有咖啡因,对宝宝的中枢神经系统有兴奋作用,影响脑的发育。

酒精饮料:酒精刺激宝宝胃黏膜、肠黏膜,可造成损伤,影响正常的消化过程。酒精对肝细胞有损害作用,严重时可有转氨酶增高。

茶叶水:虽然含有维生素、微量元素等,对人体有益,但小儿对所含茶碱较为敏感,可使宝宝兴奋、心跳加快、尿多、睡眠不安等。茶叶中所含鞣质与食物中蛋白质结合,影响消化和吸收。饮茶后铁元素的吸收下降明显,可致贫血。如以色列人有让宝宝喝茶的习惯,其中 32.6％的宝宝有贫血症,而不喝茶的宝宝患贫血症只占 3.5％。

碳酸饮料:碳酸饮料内含小苏打,中和胃酸,不利于消化,胃酸减少,易患胃肠道感染;含磷酸盐,影响铁的吸收,亦可成为贫血的原因。

10. 与宝宝一起做游戏

游戏是宝宝智力发展的动力，它能激发宝宝的求知欲与创造力。实际上，游戏是一种培养和锻炼宝宝的手段。

★针对宝宝的自身特点选择游戏

不同宝宝的发展状况不同，为他们选择的游戏应照顾到宝宝自身的特点。如果让动手能力差的宝宝多玩玩积木，让表达能力差的多讲讲故事，身体协调性不好的宝宝学学兔子、小鸡、毛毛虫走路，你会惊喜地看到宝宝的进步。

★尽可能接触多种类型的游戏

有些家长总是给宝宝买同一类型的玩具，殊不知，每一类游戏活动只能锻炼宝宝某些方面的能力，长此以往，宝宝其他方面的能力就不能在游戏中得到提高。应该在保证宝宝兴趣，适合宝宝特点的前提下，让他尽可能地接触多种形式的游戏。既要给他电动玩具，也要给他积木、拼图；既要安排室内游戏，也要安排户外游戏。这样才能使宝宝在各个方面都得以发展。

★游戏难度宜适当

很多家长都有这样的体会，花了百块钱给宝宝买了玩具，没有多长时间，宝宝就扔在一边。表面上，这是宝宝的原因，实际上，往往是游戏的难易度不合适造成的。有的游戏难度过大，宝宝怎么都玩不好，也容易失去兴趣。让宝宝玩的游戏，要具有适度挑战性。

★生活处处有游戏

做父母的，不仅要学会应该在商店的橱窗中给宝宝买什么样的玩具，更要学会抓住生活中的每个细节，为宝宝随时随地提供游戏。挖掘身边的游戏，将游戏融入宝宝的生活当中，可以使宝宝随时随地得到游戏的乐趣和收获。

为了能使宝宝智力得到很好的发育，应该让宝宝尽量玩各种类型的游戏与玩具。

11. 智能培育与开发

11个月的宝宝做事会知道先干什么后干什么，意识到事情有一定的顺序。对宝宝的智力开发也与前几个月有了不同。

★ **语言能力训练**

教读字词

培养目的：对宝宝进行语言启蒙教育，提高宝宝的语言能力。

步骤：

1. 星期一，指着自己说："妈妈——"
2. 星期二，指着爸爸说："爸爸——"
3. 星期三，指着脸说："脸——"
4. 星期四，指着眼睛说："眼睛——"
5. 星期五，指着鼻子说："鼻子——"
6. 星期六，指着嘴巴说："嘴巴——"
7. 星期日，指着耳朵说："耳朵——"

提示：宝宝说完后，要对宝宝进行奖励，如亲吻、拥抱。

★ **听觉能力训练**

妈妈的声音

培养目的：训练宝宝的听觉，学会辨别声音方向。

步骤：

1. 宝宝仰卧，妈妈在宝宝的一侧，轻轻地呼叫宝宝的名字，宝宝听到妈妈呼叫会转动头部至妈妈的一侧；妈妈再转至宝宝的另一侧，以同样的方式呼叫宝宝，这样反复练习，直至宝宝熟悉妈妈的声音。

2. 爸爸竖抱宝宝，妈妈在宝宝的另一侧，

通过此游戏既锻炼了宝宝的语言能力，又促进了宝宝的认知能力的发育。

轻轻呼叫宝宝的名字，宝宝转动头部至妈妈呼叫的一侧，妈妈转至宝宝的另一侧，再轻轻呼叫宝宝的名字，宝宝会转动头部至妈妈呼叫的一侧，这样反复练习，宝宝会应对妈妈的呼叫声。

提示：宝宝熟悉妈妈的声音后，可以换成家中其他的亲人。

★ **动作能力训练**

荡来荡去

培养目的：练习宝宝的平衡感，减少宝宝将来学习走路时摔跤的机会。

步骤：

1. 爸爸和妈妈面对面坐着，妈妈扶着宝宝的两腋，面向爸爸，并对他说："快，到爸爸那里。"并松开手。

2. 爸爸在没等宝宝坐下的时候就赶紧接住。再让他面向妈妈，反复地做这个动作。

提示：不要让宝宝太劳累。

第十三章 13

帮助宝宝迈出人生第一步
——第12个月

　　宝宝已经周岁了！看着开始摇摇晃晃迈步的宝宝，爸爸妈妈心里那种甜蜜的感觉就别提了。在这个月里，很多父母都会兴高采烈地抱着宝宝，带着相机，给宝宝留影，同时也来一张"全家福"。但是不要忘了，帮助宝宝学步才是这个月最关键的事情，那么，如何帮助宝宝迈出人生的第一步呢？这里面的学问可大了，做父母的要有耐心哦。

1. 宝宝的发育状况

周岁是宝宝生长发育阶段的一个重要时期，也可以说是人生的一个坐标。从这时起，意味着他们长大了，不再以月龄来计算他们的成长，在大人的眼里他们也不再是"小毛头"，而是一个有着自己的独特性格的个体。

★宝宝体格发育状况

	男婴	女婴
体重	约 10.0 千克	约 9.4 千克
身长	约 76.6 厘米	约 75 厘米
头围	约 46.6 厘米	约 45.5 厘米
胸围	约 46.4 厘米	约 45.4 厘米
牙齿	乳牙萌出 6 ~ 8 颗门牙	

★运动发育

此时的宝宝能够站起、坐下，绕着家具走的行动更加敏捷。不必扶，自己站稳能独走几步。站着时，能弯下腰去捡东西，会试着爬到一些矮的家具上去。有的宝宝已经可以自己走路了，尽管还不太稳，但对走路的兴趣很浓，这一变化使宝宝的眼界豁然开阔。

★语言发育

此时宝宝对说话的注意力日益增加。能够对简单的语言要求做出反应。对"不"有反应。利用简单的姿势例如摇头代替"不"。尝试模仿词汇。这时宝宝能用单词表达自己的愿望和要求，并开始用语言与人交流。所

12个月大的宝宝安逸然可以与妈妈刘红用单音进行简单的交流了。

发出的一定的"音"开始有一定的具体意义。宝宝常常用一个单词表达自己的意思，如"饭饭"可能是指"我要吃东西或吃饭"。为了促进宝宝语言发育，可结合具体事物训练宝宝发音。在正确的教育下 12 个月的宝宝可以说出"爸爸、妈妈、阿姨、帽帽、拿、抱"等 5 ~ 10 个简单的词。

★情感发育

开始对小朋友感兴趣，愿意与小朋友接近、游戏。自我意识增强，开始要自己吃饭，自己拿着杯子喝水。可以识别许多熟悉的人、地点和物体的名字，有的宝宝可以用招手表示"再见"，用作揖表示"谢谢"。会摇头，但往往还不会点头。现在的宝宝一般很听话，想讨人喜欢，愿意听大人指令帮你拿东西，以求得赞许，对亲人特别是对妈妈的依恋也增强了。

2. 以谷类为主食

宝宝出生之后是以乳类为主食，经过一年的时间要逐渐过渡到以谷类为主食。快 1 岁的宝宝可以吃软饭、面条、小包子、小饺子了。这时候，妈妈应该注意每天三餐变换花样，使宝宝有食欲。

★谷类食物的种类

谷类食品包括大米、面粉、玉米、小米、荞麦和高粱等。在我国居民的膳食中，有 60%~70% 的热量和 60% 的蛋白质来自谷类，谷类同时也是膳食中 B 族维生素的重要来源，还能提供一定量的无机盐。

★适合宝宝

五谷杂粮的制作没有固定的一成不变的食谱。妈妈掌握了食物选择和搭配的原则，就可以根据每个宝宝的具体情况，富有创意地给宝宝做出丰富多样的美味佳肴了。家长一定要学习让主食多样化，除了要让米、面

交替上桌之外，有时候花一点小心思，就能让主食变得有趣，比如蒸米饭时加入一点玉米粒或葡萄干、红枣、豆等，都能很好地激发宝宝的食欲。

★宝宝吃谷类食物的好处

谷类含碳水化合物 70% ~ 80%，主要是淀粉多糖，能够帮助人体消化吸收，是最重要的能源物质。谷类中含有丰富的 B 族维生素，其中维生素 B_1 可增加食欲、帮助消化，促进宝宝的生长发育；维生素 B_2 可预防口角炎、唇炎、舌炎等。谷类能提供一定的植物性蛋白质，这些对宝宝的生长是必需的。谷类中矿物质含量丰富，主要有钙、磷、钾、铁、铜、锰、锌等。谷类中脂肪含量较少，大部分为不饱和脂肪酸，还含有少量的磷脂。这些都是人类大脑必需的营养成分，可以促进大脑的发育。

专家答疑

做饭过程中也要减少营养素的流失

根据谷粒的营养成分主要分布在谷胚及谷膜中，故在淘米时不能用手猛力搓捏。只要拣去泥沙杂质并在水中漂洗一下即可。在做米饭时宜采用原汤焖饭或蒸饭的方法，而不宜采用捞饭的方法，以便减少营养素在各个环节中的流失。

3. 宝宝应该多吃水果和蔬菜

果蔬在饮食中，可以提供丰富的维生素、矿物质及纤维素，是维护宝宝正常发育所不可或缺的食物；虽然它们无法直接提供身体所需的能量，却是参与身体利用能量，以及新陈代谢过程中的重要辅助因子。

★水果蔬菜的好处

果蔬是人体必需维生素和矿物质的重要来源。食物中只有蔬菜和水果含有维生素 C 和维生素 A 原的胡萝卜素，还含有维生素 B_1、维生素 B_2 及烟酸、维生素 P 等。维生素 C 能防治坏血病，尤其是绿叶蔬菜含量高；维生素 A 可保持视力，防止干眼病及夜盲症。蔬菜、水果富含水分和膳食纤维，体积大，而能量密度较低，因此有利于维持健康体重。

果蔬不够的宝宝可能会出现的问题：便秘；热量摄取过多，导致肥胖；维生素 A、维生素 C 摄取不足；免疫力下降等。

★让宝宝爱上水果蔬菜

通过适当的方法对宝宝讲解吃蔬菜水果的好处，例如在识字、看图、看电视的时候，向宝宝宣传蔬菜对宝宝健康和健美的好处。

采用适当的加工、烹调方法。父母要把菜切得细小一点，再搭配一些有鲜味的肉、鱼等（不要加味精）一起烹调，并经常更换品种，使其成为色、香、味、形俱全的菜肴，才能提高宝宝吃蔬菜的兴趣。

★蔬菜水果两都爱

虽然水果和蔬菜均含有一定量的维生素C，但多数蔬菜中的维生素和矿物质含量比较丰富。

有些蔬菜中含有一些特殊物质，这些物质或能防癌、抗癌，或能引起其他方面的生理功能。例如大蒜辣素和硫基化合物这些都是水果中所不含的。

蔬菜所含的糖分以多糖为主，需经人体消化道内各种酶水解成单糖后才能缓慢吸收，因而不致引起血糖骤增。而水果所含的糖类多数是单糖，只需稍加消化，即很快能够吸收入血。

蔬菜中含纤维素也较水果多，多食蔬菜能刺激肠蠕动，防止便秘。

不同种颜色蔬菜所含有的营养成分不同。比如绿色菜富含维生素C；黄色菜富含维生素E；红色菜能够提高食欲；紫色菜有调节神经的作用；白色菜可以调节视觉，安定情绪。

4. 12个月以前宝宝不能吃的食品

0～1岁的宝宝身体器官尚未发育完全，对于很多在父母看来很可口的食物对宝宝却是有害的，下面这些食物最好在宝宝周岁前不要吃。

★蜂蜜

蜂蜜是一种天然且无法消毒的食物，因含有梭状肉毒杆菌芽孢，当受肉毒杆菌污染时，会在肠道内繁殖并释放出肉毒杆菌毒素，造成婴儿型肉毒杆菌素中毒，再加上胃肠不易吸收，所以应让宝宝于1岁过后再食用。

★口味较重的调味料

沙茶酱、番茄酱、辣椒酱、芥末、味精，或者过多的糖等口味较重的调味料，容易加重宝宝的肾脏负担，干扰宝宝身体对其他营养的吸收。

★生冷海鲜

生鱼片、生蚝等海鲜，即使新鲜，但未经烹煮过程，容易使宝宝发生感染及引发过敏的现象。

★质地坚硬的食物

花生、坚果类及爆米花等食物，容易使宝宝呛到，尽量不要喂食宝宝；此外，像纤

宝宝抵抗力差，不宜吃生鱼片、醉螃蟹等，以免发生腹泻。

维多的食材，如菜梗或是筋较多的肉类，都应该尽量避免。

★可乐饮料

其中含有一定量的咖啡因，影响中枢神经系统，宝宝尽量不喝。

★巧克力

食用过多，会使中枢神经处于异常兴奋状态，产生焦虑不安、心跳加快，影响食欲。

★其他

此外生或者半熟的鸡蛋不能给宝宝吃；动物肝脏可能会让宝宝有食物中毒风险；加工和油炸食品尽量不吃；果冻、泡泡糖吃了可能会影响这个时候宝宝的发育。

父母必读

牛初乳服用要注意

母乳喂养的宝宝一般不建议服用牛初乳；当母乳不足或无母乳时可以服用婴幼儿专用牛初乳，但必须咨询医生，选择合适的品牌，并仔细阅读说明书，严格遵守剂量规定，不可擅自加量，并注意不良反应。

5. 周岁宝宝日常饮食4个要点

周岁宝宝的饮食正逐渐向2岁宝宝过渡。他们每天的饮食既不同于以吃奶为主的宝宝，也不同于与成人相似食物结构的两三岁大的宝宝，因此这个时候就要根据他们独特的生理特点注意日常的饮食。

★日常饮食时间安排

饮食时间和食品参考：早上7:00喝奶；上午9:00蒸蛋羹；上午11:30菜粥或烂面，

图解育儿圣经

宝宝王博阳从来不挑食，因此长得格外强壮。

有荤有素，多种食品；下午 2:30 喝水（钙水可以放在这个时候），水果；下午 5:30 的晚餐可根据宝宝情况，可以喝奶或吃菜粥（或烂面），一般来说，较小宝宝的午餐和晚餐，可以采用一顿奶及一顿粥（或烂面），宝宝逐渐长大时，可吃两顿粥或两顿面，或一粥一面；临睡前喝奶。半夜里可以不再喝奶。

★日常饮食4个要点

1.1 岁宝宝的奶量不宜过多，400 ～ 500 毫升为宜；每天保证 1 只蛋。

2. 菜粥和面条中的荤菜可选择鱼类、肉泥、白切猪肉末、鸡或鸭胸脯肉、虾、肝末（泥）等，前三种荤菜每周可以多吃几次，河虾较热，不宜经常食用。

3. 蔬菜可选择青菜、卷心菜、胡萝卜、土豆、花菜、番茄、黄瓜、山药、南瓜等，其中红、绿色蔬菜量要占一半以上。

4. 对体重不足的宝宝可以在午点时再加半瓶奶。

★养成良好习惯

1 岁以后，一般宝宝都会挑食，今天多吃一点，明天少吃一点，有时光吃这个，有时光吃那个，因此必须要教育宝宝养成良好的饮食习惯。首先千万不能偏食挑食，但是也不要强求宝宝吃某样菜，只要发育好、健康、有精神，则没有必要强迫宝宝吃那些不爱吃的食品。吃多少算多少，吃够 20 ～ 30 分钟就不再给他吃。有的宝宝在外面玩得疯，肚子饿了，就什么都能吃了。吃饭时不要让宝宝养成边吃边玩的习惯。只要宝宝一开始边吃边玩，马上就把饭菜收掉。也不要追着宝宝喂饭或追着叫宝宝自己吃饭。

6. 宝宝裸睡的好处

裸睡可以改善睡眠质量，促进血液循环，对某一些疾病还具有缓解症状的作用，在恰当的条件下，用正确的方法让宝宝裸睡，对宝宝的生长发育有意想不到的好处。

★增强宝宝抵抗力

每天睡觉前，妈妈为宝宝脱衣服，做各项睡前准备工作时，宝宝的身体都不可避免地要和空气直接接触。温差对宝宝的身体功能形成刺激，温差越大，刺激强度就越大，这可以有效促进身体的新陈代谢，帮助宝宝改善体温调节的能力，提高宝宝对疾病的抵抗能力。宝宝进入梦乡之后，会自然地翻身、蹬腿……这些动作都会加速睡袋内的空气流动，他们的皮肤可以直接感受到各种不同的细微变化，对温度的改变可以及时做出相应调整。经常经受类似锻炼的宝宝对疾病的抵抗能力自然会增强。

★促进宝宝的智力发育

宝宝探索世界的第一步是感受世界。积极利用感官发育敏感期，对宝宝进行感觉刺激是促进宝宝智力发育的很重要的一环。皮肤是人体和外界的屏障，同时也是最重要的感觉器官。通过裸睡，宝宝的皮肤直接和睡袋接触，可以感受到温暖、柔软的棉布，空

妈妈刘红与宝宝安逸然的亲密接触，增进了母子间的情感交流。

气流动时，轻柔的风；种种不同的感觉，时时刺激着宝宝，对宝宝的大脑发育有着积极的作用。

★密切亲子关系

上班的妈妈多半没有足够的时间和宝宝亲密接触，而裸睡提供了这样的机会：帮助宝宝脱衣服，用掌心抚摸他的身体，为宝宝涂润肤油，把他抱在自己的怀里……所有的动作都为母亲和宝宝亲密接触提供了绝佳的机会。在这个过程中，宝宝会看着妈妈的眼睛，肌肤相亲带给宝宝心理上的安全感，是宝宝愉快成长不可缺少的精神食粮。

育儿提示

1岁以下宝宝不要急于尝试裸睡

对于较小的宝宝因为他的体温调节能力差，抵抗力也较低，先不要急于尝试裸睡，可以等到大一点，大约1岁再来尝试。

7. 做好学走路的保护

宝宝的每一步、每个走路姿势，以及该如何在他走的过程中做好保护工作，妈妈都要特别关注，否则，不当的学步过程会使宝宝骨骼、脊椎变形。

★摇摇晃晃期的保护

这个时期因为牵拉宝宝的关系，手臂关节很容易脱臼。宝宝手臂要是脱臼了千万别转，也别揉，找专科医生将关节复位，很快就好。但是，如果一直采取这种牵拉的保护方法，造成手臂习惯性脱臼，就会严重影响宝宝肘关节的发育。

妈妈对宝宝学走时的保护和鼓励是最关键的，其实最好的保护是站在宝宝身后，扶住他的腋下随着他走，但这样半蹲着你会很辛苦，所以不妨用一块布围住宝宝的前胸，

宝宝安逸然扶着床可以蹒跚行走了。

你从后面提着布来帮他找平衡，这样就省力多了。或者，在宝宝初学步的时候，让他在学步车里练习，车的四面都有保护，他想走想坐都可以，大人不但可以把自己解脱出来专心守着他，而且还不用担心他会摔倒。

★扶物行走期的保护

此时的宝宝慢慢找到了走的"感觉"，两条小腿儿开始用力抬高，向前迈步而不是蹭步。宝宝能这样走的时候，你可以把学步车撤掉，让宝宝练着扶着床沿或扒着小车走，大人在边上看着别让他摔了就成。如果你不放心让他扶着东西走，还可以把双手放在他腋下，但要让他独立走，手劲儿慢慢变虚，直到慢慢松手。

★独立行走期的保护

宝宝开始下意识地挣脱妈妈保护的手臂，自己独自摇晃着走了。虽然走起来有点深一脚、浅一脚，但你完全不必担心。当然，宝宝自己走也需要父母的保护，比如父母面对面蹲下，让宝宝在中间来回走，距离要从近到远一点点调整。或者，给他定个距离，比如从床边到沙发，父母最好跟着。一般宝宝到2岁左右就都会独立行走了，所以妈妈们不要着急，别强迫他走，但如果2岁还走不稳或不会走，就要带他去医院检查了。

图解育儿圣经

8. 教宝宝迈出人生第一步

如果宝宝扶站已经很稳了，甚至还能自己站一会儿了，这时就可以开始练习走路了。那么如何引导宝宝学走路呢？

★掌握学步时机

学步不能过早，以免负重过早导致下肢变形和扁平足的出现。当宝宝能较稳地扶着东西站立时，就可以准备教宝宝学步了。

★准备合适的鞋子和衣物

宝宝在走路前，通常穿软底鞋，但学步时，家长应给宝宝穿软硬适中的鞋子。衣裤也较宽松，以方便行走。

★学步中培养品质

学步也是培养宝宝勇敢、坚强品质的一个良好时机。宝宝在刚开始学步时，往往既紧张又兴奋，不敢迈出第一步。家长应懂得，宝宝摔跤，在学步时是不可避免的，只要不摔伤就行。因此，当宝宝跌倒时，家长只需给予适当的安慰，并鼓励宝宝自己站起，不要让自己的心疼和紧张表情影响宝宝学步的情绪。在这个过程中，宝宝会尝到从失败到成功的喜悦，并培养出勇敢、坚强的品质。

宝宝开始学走步时，选择一个摔倒了也不会受伤的地方。父母还应注意每天练习时间不宜过长。

★循序渐进

先训练宝宝扶走。起先，成人两手扶着宝宝的腋下，喊着"一二一"的口令，迈着适合宝宝的小步子，带动宝宝朝前走。过一段时间后，可让宝宝扶着小床、栏杆或沙发边移步。

当宝宝可以很稳地扶行时，就可以训练宝宝独立行走了。成人与宝宝相距二三步远，面对面站立。成人可用玩具吸引宝宝，张开双臂迎接宝宝，鼓励宝宝勇敢地独立迈出第一步。只要宝宝迈出第一步，再经过反复地练习，大多数宝宝在14个月左右就能稳稳地独立行走。

宝宝腿部肌肉力量比较差，容易疲劳，因此，每次练习时间不宜过长，应根据宝宝的具体情况，从短到长逐渐增加。

专家答疑

走路姿势异常早看医

家长在日常生活中应仔细观察宝宝的行走步态，若发现异常，应及早到医院诊断，以免影响宝宝的健康成长。常见的有先天性髋关节脱位引起的跛脚走路等。

9. 让宝宝学习走步的诀窍

学习走路是人生的重要发展阶段，所以不容轻视，但也不用过于担心。就算你的宝宝进步略慢，你也应有耐心，并懂得会走只是迟早的事而已。

★扶物走

让宝宝扶站于婴儿床的一侧，妈妈手拿玩具站在床的另一侧，妈妈边摇手中的玩具，边说："宝宝，走过来拿玩具了。"宝宝扶着栏杆走向妈妈。

★领走

妈妈领着宝宝的双手，同向站好，妈妈说："宝宝，我们去那边看看。"随着宝宝自己平衡和协调能力的增强，妈妈可以逐渐由双手领着宝宝，改为单手领着宝宝。

★推车走

让宝宝扶着婴儿车的扶手站好，妈妈也用手扶着扶手，说："宝宝，我们推车走了。"妈妈宝宝一起推车向前。妈妈一定要和宝宝一起扶着扶手，帮助宝宝控制婴儿车的速度和方向。开始时，宝宝不会控制车速，猛地一推，车快人慢，很容易摔跤，所以需要妈妈的帮助。

宝宝个子矮，看不清前面的情况，容易出危险，因此做父母一定要注意宝宝的安全。

★学步带助走

让宝宝站好，将学步带套在宝宝的胸前，妈妈从宝宝背后拎着带子，帮助宝宝掌握平衡。妈妈说："宝宝，我们走了。"妈妈宝宝一起走向前。如果没有学步带，妈妈可以用一条毛巾代替学步带。

★独走

妈妈爸爸相距1米面对面蹲好，宝宝站在妈妈身边，爸爸拍手呼唤："宝宝，来，找爸爸。"宝宝蹒跚扑进爸爸怀里。妈妈拍手呼唤："宝宝来，找妈妈。"宝宝扑进妈妈怀中。

★注意事项

宝宝开始学走路时，不要给他穿袜子，因为会滑倒，身体很难保持平衡；每次训练前让他排尿，撤掉尿布，以减轻下半身的负担；选择一个摔倒了也不会受伤的地方，特别要将四周的环境布置一下，要把有棱角的东西都拿开。父母还应注意每天练习时间不宜过长，30分钟左右就可以了。总之应根据自己宝宝的具体情况，灵活掌握，切不可生搬硬套书本知识。

10. 预防宝宝上火的办法

日常生活中，常常会见到宝宝有便秘、尿黄、眼屎多、口舌生疮等症状产生，于是老人们会提醒家长，宝宝"上火"了，要多吃清火的东西。其实"上火"是中医和民间的说法，现代医学解释是炎症，多是由各种细菌、病毒侵袭机体，或是由于积食、排泄功能障碍所致。那究竟要怎么预防"上火"呢？

★睡眠充足

保证宝宝睡眠充足，宝宝睡眠时间稍长，一般为10个小时左右。人体在睡眠中，各方面功能可以得到充分的修复和调整。

★多喝水

宝宝皮层薄，很容易丧失体内水分，尤其是在秋天，水分的丧失更加严重。所以在两餐哺乳或正餐之间给宝宝多补充水分是预防上火的最简便的方法。

★多吃蔬菜水果

在饮食方面，多给宝宝吃一些绿色蔬菜。如：卷心菜、菠菜、青菜、芹菜。蔬菜中的大量纤维素可以促进肠蠕动，使大便顺畅。

图解育儿圣经

为了防止上火，父母会让宝宝梅钰涵多喝水，懂事的梅钰涵从不拒绝。

★养成良好的排便习惯

让宝宝养成良好的排便习惯。每日定时排便1~2次。肠道是人体排出糟粕的通道，肠道通畅有利于体内毒素的排出。因此，可以多给宝宝吃苹果、芹菜、西瓜、香蕉等水果，全麦面包、玉米粥也要常吃，粗粮含有丰富的膳食纤维。

★控制零食

平时多注意控制宝宝的零食，不购买或给宝宝少吃易"上火"的食物。比如：油炸、烧烤食物。少吃瓜子或花生及荔枝。尽量少喝甜度高的饮料，最好喝白开水。

11. 不要忘记去医院进行周岁检查

即使宝宝看起来很健康，正规的医疗体检仍是必要的，因为有些情况爸爸妈妈是不容易轻易发现的。如果宝宝有什么疾病，早诊断可以早治疗。何况宝宝在这个时期的喂养和生长很特殊，因此必须进行定期体检，周岁体检是必不可少的一项。

★周岁检查的必要性和目的

体检是医生和父母沟通的最佳时机，而且有些重要问题是你必须在此时向医生问清楚的。宝宝的例行体检不仅是为了维护宝宝的健康，还是你与医生相互交流的恰当时机。有些父母不交流或者是手忙脚乱不知道该问些什么是很不好的。体检的目的主要是为了让你和医生都能充分了解宝宝的健康状况，同时帮你消除一些不必要的担心。

★周岁检查项目

体重：健康宝宝的体重无论增长或减少均不应超过正常体重的10％，超过20％就是肥胖症，低于平均指标15％以上，应考虑营养不良或其他原因，须尽早在医生指导下纠正。

身长：小儿在1岁内生长最快，如喂养不当，耽误了生长，就不容易赶上同龄儿了。

头围：1岁以内是一生中头颅的发育最快的时期，测量头围的方法是用塑料软尺从头后部后脑勺突出的部位绕到前额眼眉上边。头围的增长，标志着脑和颅骨的发育程度。

动作发育：这时候的宝宝能自己站起来，能扶着东西行走，能手足并用爬台阶，能用蜡笔在纸上戳出点或道道。

视力：可拿着父母的手指指鼻、头发或眼睛，大多会抚弄玩具或注视近物。

针对这一阶段的婴幼儿，医院有特定的身长测量板，测量宝宝身长时，测量前先脱去宝宝的鞋、袜、帽、外衣裤及尿布。让宝宝仰卧在量板的底板中线上，头接触头板，面向上。测量者站在宝宝的侧面，用一只手按直小儿的双膝部，使两下肢伸直、并拢并紧贴量板的底板；另一只手移动足板，使其紧贴宝宝的足底，读取身长的刻度。

听力：喊他时能转身或抬头。

牙齿：一般应出 6 ～ 8 颗牙齿。

这些都是一般检查，有些还会进行微量元素检测、血常规、男女生殖器检查等等。

★周岁体检报告

宝宝的周岁体检报告应该让医生分析，让其给家长分析宝宝目前的情况，有针对性地对症下药，父母更要了解清楚宝宝的具体情况，接受医生建议并提出自己的疑问。

12. 谨防流脑的侵害

"流脑"是流行性脑脊髓膜炎的简称，是由脑膜炎双球菌引起的化脓性脑膜炎。"流脑"经呼吸道传播，每年2月、3月、4月为发病高峰季节，6个月至2岁的宝宝是最容易被感染。

★流脑症状

其表现为突然高热，剧烈头痛，频繁呕吐，精神不振，颈项强直，重者可出现昏迷、抽搐。流脑根据病情轻重分为普通型和暴发型。因此，在流脑高发期，若出现类似上呼吸道感染的症状，或者突发高热、身上有出血点、头痛、喷射状呕吐、嗜睡、烦躁不安等症状，要立即到正规医院抢救治疗，以免延误病情。

★个人预防

保持室内空气清新，勤开门窗通风或喷洒空气消毒剂，常晒被褥。个人勤换衣裤、勤晒衣物，平时多晒太阳。注意保暖，预防感冒。在剧烈运动或游戏后，应及时帮宝宝把汗水擦干，穿好衣服。注意口腔卫生，饭后用盐水漱口。春季多吃葱、蒜可以杀死口腔中的病菌，有预防作用。

对于流脑等传染性疾病应该以预防为主。

图解育儿圣经

★减少外出

流行期间减少大型集会和大型集体活动。在流脑流行季节或地区，尽量不要带宝宝去拥挤的公共场所。抵抗力低的宝宝应戴上口罩后外出，以免增加感染机会。不要带宝宝到疾病患者家去串门。

★及早发现

在流脑发病高峰季节里，要提高警惕，一旦发现宝宝精神不好，有发热、咽痛、头痛、呕吐、皮肤出血点等症状，应及时去医院诊治。

★菌苗预防

在流行前预防接种，皮下注射疫苗1次，接种后5～7天出现抗体，2周后达到高峰。秋末冬初对5岁以内宝宝接种流脑疫苗，抗病能力可维持1年左右。

★药物预防

对有流脑流行的地区或与患者密切接触者可服磺胺药预防，但最好在医生建议下使用。

13. 智能培育与开发

宝宝学步是这个月的关键，在这个月里，只要父母能耐心地对宝宝进行条理性的训练，宝宝一定会有很大成就的。

★听觉能力训练

敲一敲

培养目的：教宝宝认识声音的起因，同时让宝宝了解因果关系，增强宝宝的声音记忆能力。

步骤：

1. 妈妈拿着小棒敲一敲各个物品，示范给宝宝看，同时提醒宝宝注意听。

2. 握住宝宝的手，让他拿小棒去敲，同时说："宝宝也来敲一敲"，还可以模仿"咚咚咚，当当当！"

3. 鼓励宝宝自己敲一敲。

提示：敲的声音不要太大，以免刺激宝宝的耳朵。

★动作能力训练

爬楼梯

培养目的：增强宝宝腿部的力量，为独立行走打好基础。

步骤：

1. 爸爸妈妈可把宝宝喜欢的玩具放在楼梯的第4或第5层台阶上，以此引导宝宝爬楼梯拿玩具。

2. 练习时，爸爸妈妈双手扶着宝宝的腋下，帮助宝宝两脚交替爬楼梯。

3. 帮助的力量可逐渐减小。

提示：每次练习的时间不宜过长。

★认识数字能力训练

数字之旅

培养目的：通过一路看、一路听让宝宝接触数字，从而提高宝宝的数学能力。

步骤：

1. 让宝宝看着道路的标示牌、店铺的招牌和广告牌，看见了数字就大声地读出来。

2. 在排队时数数队列里的人数给宝宝听。

3. 回家路上数数路两旁树的数目；或者

上楼时数数楼梯的台阶。

　　提示：走的路线尽量清静、整洁，太小的宝宝不适合此项训练。

★感觉能力训练

套杯

培养目的：锻炼小手的同时，宝宝还了解到大与小的体积区别，从而提高了宝宝的空间想象能力。

步骤：

　　1. 依大小次序把杯子套在一起，先让宝宝把小杯子从大杯子中一个个拿出。

　　2. 全部拿出后再让宝宝把大杯子一个个套在小杯子上，这样反复几次。

提示：

　　1. 杯子最好不选用玻璃的，以免打破划伤宝宝。

　　2. 还可以选择不同颜色的杯子，让宝宝将同颜色的套在一起，这样他玩起来会更有趣。

图解育儿圣经

第十四章

培养宝宝独立的生活能力

——第13~15个月

　　宝宝1岁以后，已经不再是那个天天在妈妈怀里抱着的小不点了，他已经迈出了人生的第一步，在以后的日子里，他将慢慢地学会让自己变得独立起来。妈妈们都发现，宝宝的接受能力在日益增强，他对新鲜事物的兴趣也越来越大了，并且，他还喜欢尝试着自己独立去完成某些事情，爸爸妈妈一插手，宝宝反而会不高兴，所以，千万不要过于束缚你的宝宝，要培养他独立的生活能力哦。

1. 身心发育特点

从1岁之后，是你的宝宝从婴儿期过渡到幼儿期的一个阶段。你的宝宝在此期间将学会大量的东西，并且他们将可以开始自己做更多的事了。你的宝宝不再像婴儿时那样依靠你，你和你的宝宝都变得更加独立了。

★宝宝体格发育状况

	男婴	女婴
体重	约10.4 千克	约9.6 千克
身长	约78.02 厘米	约76.3 厘米
头围	约46.9 厘米	约45.6 厘米
胸围	约46.8 厘米	约45.5 厘米

★语言发育

能听懂一些简单的话，如"走过来"，"捡起玩具"，"放到盒中"等等；知道几种常用物品的名称；知道自己的名字；问"你几岁了？"可以伸出一个食指作为回答；会遵照大人的指示指出身体的3～4个部位。

★认知能力

开始只认一种颜色（多数儿童首先会指认红色）；会指出身体部位3～5个；会指认出3种动物；可以模仿积木搭高3块，将

宝宝可以用手灵活地从玩具桶中取出或放回积木。

积木排列成"火车"知道把两个形状完全相同的简单图形（例如：圆、三角形、正方形）配对；会用笔任意涂写；会拉绳取到环，即够不到环时，通过拉绳取到环。

★精细动作

能将书打开合上，向不同的方向翻书，每次数页；能将5～9块积木块放入桶中，或用积木搭2～3层塔。

★情绪与社会行为

独立生活能力：穿衣时会伸手入袖，穿裤时自己抬腿，会抓帽子放在头上；会自己用勺装上食物放入口内；有大小便时会及时蹲下或找便盆坐下；不会做的事情会寻求大人的帮助。

自我意识的发展：当宝宝学会走路，逐渐认识到自己是动作的原因，如球滚动是因为自己踢的，从而把自己的动作与动作对象分开，把自己与别人分开，这就是最初级的自我意识的表现。

气质类型的发生：先天因素起主导作用。但在这一阶段，各种气质类型的特点表现得更加明显。如有的宝宝活泼好动，有的文静好静；有的感情丰富，有的感情细腻。

2. 为宝宝准备适合的点心

这个时候的宝宝由于他的食欲和成长的速度都已经降低了。妈妈更应该考虑一下利用可口、健康的点心来吸引他。处于这个年龄的宝宝已经为"用手指取食的食品"做好了准备。

★吃点心时间

点心只是在宝宝三餐吃饱，但仍有食欲时才给他吃。有的妈妈见宝宝三餐饭菜没好好吃，就想喂点心补补。其实，没有食欲时用不着喂。另外，吃点心也应该定时，不能

图解育儿圣经

有些饭量大的宝宝，父母要是担心吃点心会长胖，也可以用水果代替点心。

随时都喂，让宝宝吃吃停停影响正餐食欲。

★ 点心的选择

简单来说，点心应该量小，有营养，味道好。尽管从健康角度考虑提倡限制脂肪、糖和盐的摄入量，少量也是可以接受的，因为这能改进点心的味道，使点心对宝宝更有吸引力。

★ 因人而异

如有些饭量大的宝宝，没吃点心就长得够胖了，因此不要再给他吃点心，可以用水果代替点心，来满足他旺盛的食欲；相反，有些饭量小的宝宝，体重增加不理想，这些宝宝只要喜欢吃点心，在饭后 1～2 小时适量吃些点心，是利于宝宝健康的，许多宝宝体重正常，三餐饭菜吃得很好，但还不能满足时，也应添加点心。

★ 特别注意

父母在选购点心时，不要选太甜的点心，还要记住巧克力等糖果不要作为点心给宝宝吃。在宝宝长牙后，含糖多的点心往往会导致龋齿；夹心点心中奶油、果酱、豆沙，有时会造成细菌繁殖，引起腹泻、消化道感染；大量吃点心，会影响食欲，不利于良好饮食习惯的形成。

专家答疑

有些零食要当心

各类果仁、果冻不宜宝宝食用，因为易造成宝宝呛咳、窒息。如果要吃，一定要有大人照看，而且宝宝不能跑跳或逗笑，以免呛入呼吸道发生危险。

3. 如何为周岁宝宝合理搭配营养

满周岁起的宝宝已经可以食用6大类食物（蔬菜类、五谷根茎类、油脂、鱼、肉、豆、蛋、水果类、奶类），而这个阶段的营养均衡与否也将影响他未来的生长发育，因此，这个时期家长应该利用各种生鲜食材的搭配烹调出美味菜肴给宝宝。

★ 品种多样化

宝宝的膳食品种应多样化，既应有动物性食物，也应有植物性食物，即宝宝膳食是由谷、豆、肉、奶、蛋、蔬菜、水果类、油脂类以及糖等各种调味品组合而成的混合食物。任何单一的食物都不能满足宝宝对各种营养素的需要，因为每种食物都有它的营养特点（有提供能量的、有功能性的、有保健性的），只有将多种食物合理搭配起来，使其比例适当，并同时进食，才能取长补短，达到营养合理的目的。

★ 比例适当

如果不能保持营养素之间的协调平衡，甚至不能保持各种营养物质内部之间的分量匹配，机体的正常功能就会受到不利影响。例如动物性食物（肉类等）在体内代谢利用后的最终产物呈酸性，被称为"酸性食物"，蔬菜和水果、豆类、牛奶等在体内代谢利用后的最终产物呈碱性，称为"碱性食物"。一个健康的人，其体液应呈弱碱性。

宝宝体内协调酸碱平衡的功能相对成人较低。因此，更应该重视宝宝的饮食营养合理及均衡。

★ 饮食定量

多数的食物都有潜在的毒性，这是物质的一般属性。但只有在过量摄食时，才会危害人体健康。因此，膳食营养素的摄入量应定在合理范围内，摄入量过低将产生营养缺乏症，过高将出现毒副作用，都对健康不利。如动物肝脏既营养又含丰富的维生素 A，但也并非越多越好。动物肝脏中所含的维生素 A 虽然是宝宝生长发育不可缺少且又容易缺乏的营养素，但过量摄入动物肝脏也会影响宝宝的健康。肝脏是解毒的器官，动物肝脏中含有的有毒物质要比肌肉中高出几倍。

★ 调配得当

宝宝膳食应当做到以下 5 个搭配：动物性食物与植物性食物搭配（每餐有荤菜也有素菜）；粗粮与细粮搭配（每天有细粮也有粗粮）；干、稀搭配（早、中、晚有干粮、也有汤或粥）；咸、甜搭配（宝宝以少食甜食为佳）。

4. 养成良好的饮食习惯

对于宝宝来说，家长帮助宝宝从小养成一种良好的饮食习惯，是一生受用的。那么如何使宝宝养成良好的饮食习惯呢？

★ 吃饭要有规律

从吃饭时间上，应养成宝宝定时吃饭的好习惯，形成规律，也可使肠胃正常工作。在饭前半小时内应让宝宝逐渐平静下来，过度的兴奋或疲劳或情绪低落都会影响宝宝的食欲。在饭前几分钟可以让宝宝开始一些准备工作，如搬小凳子、洗洗小手、发放筷子等，这些都可以把宝宝的注意力转移到吃饭上来，从而做到按时吃饭。

★ 做到不挑食、不偏食

挑食和偏食都会妨碍宝宝获得所需的全部营养，甚至造成营养不良、贫血等。因此，各种食物都要吃，家长应给宝宝讲解食物的营养和好处，培养宝宝对食物的兴趣和爱好，引起宝宝的食欲。还要合理安排零食，以免影响正餐进食量。

★ 专心吃饭

要做到这一点，宝宝吃饭的环境不能吵闹，以免分散宝宝注意力。如果在餐桌旁有让宝宝更感兴趣的事，宝宝自然不能专心吃饭。对宝宝的饭量也不要定死，不要强迫宝宝吃饭，要让他慢慢吃。同时吃饭时间不要太长，不能养成边吃饭边玩、边吃边看电视的习惯。

★ 让宝宝学会自己吃饭

其实多数的宝宝在 1 岁左右时就有拿小勺的愿望了，但是宝宝自己吃饭的技能还不

不要使宝宝养成偏食、挑食的习惯。

能十分协调，这时父母仍要耐心地教，让宝宝多试多练，而那种一见宝宝不行大人便包办或对宝宝粗声训斥都是极其不利的。前者容易养成宝宝的依赖心理，后者会使宝宝失去自己吃饭的积极性和自信心，甚至连食欲都会大大降低。

父母必读

宝宝吃饭时周围人不可太在意

宝宝在吃饭时一直都在观察周围的环境和人，当宝宝吃东西的时候，周围的人最好不要有太大的反应，否则，宝宝会习惯这样的反应，一旦失去刺激反而不想吃饭了。

5. 宝宝的餐具与健康

妈妈从给宝宝喂养辅食开始，就在考虑选择和购买宝宝专用的餐具了。徘徊在品种繁多的宝宝餐具世界里，妈妈该如何选择呢？

★尽量避免给宝宝使用彩色餐具

彩色餐具上绘有的图案采用的颜料对宝宝的身体是有危害的，如陶瓷器皿内侧绘图所采用的颜料，其主要原料是彩釉，而彩釉中含有大量的铅，酸性食物可以把彩釉中的铅溶解出来，与食物同时进入宝宝体内。再比如涂漆的筷子，它不仅可以使铅溶解在食物当中，而且剥落的漆块可直接进入消化道。宝宝吸收铅的速度比成人快6倍，如果宝宝体内含铅量过高，会影响宝宝的智力发育。

★尖锐的餐具容易伤害宝宝

宝宝的定位能力和平衡能力较差，使用锐利的餐具，如：刀、叉等，容易将口唇刺破。如果宝宝跌倒，还容易造成意外，刺伤宝宝，所以不能给予宝宝用带尖、带刀的餐具。

★难清洁的餐具不适合宝宝使用

比如塑料餐具清洗时油垢和细菌比较容易附着在上面，又不能进行高温消毒，所以不是宝宝的理想餐具。

★考虑品牌与安全

市场上宝宝餐具品牌很多，在选购诸因素中，安全是妈妈最重视的，而知名品牌经过了国家相关部门的检测，更具安全性。

父母该考虑为宝宝选择一套儿童专用的餐具，在家中准备一套宝宝专用的儿童餐具更有利于宝宝进餐。

★注意款式与功能

现在餐具的款式五花八门、形状各异，特殊形状的勺子，方便宝宝把饭送进嘴里。餐具的款式虽然多，但还是以方便实用、外形浑圆为好。

★选好材质与色彩

用来制作餐具的材料很多，有塑料、陶瓷、玻璃、不锈钢、竹木、密胺等，而宝宝餐具的制作材料通常为塑料、不锈钢、竹木、密胺。塑料餐具由高分子化合物聚合制成，在加工过程中会添加一些溶剂、可塑剂与着色剂等，有一定毒性，而且容易附着油垢，比较难清洗，并不是理想餐具。不锈钢餐具中的镍、铬是重金属，因此产品要合格及使用得当。

6. 让宝宝学会自己吃饭

1岁左右，宝宝会喜欢跟成人在一起上桌吃饭，不能因为怕他"捣乱"而剥夺了他的权利，可以用一个小碟盛上适合他吃的各种饭菜，让他尽情地用手或用勺喂自己，即使吃得一塌糊涂也无所谓。

★宝宝自己吃饭的时间

一般来说，当以下现象发生时，妈妈就可以着手教宝宝学吃饭了。

1. 宝宝吃饭的时候喜欢手里抓着饭。
2. 已经会用杯子喝水了。
3. 当勺子里的饭快掉下来的时候，宝宝会主动去舔勺子。

★培养宝宝自己用勺吃饭

首先要为宝宝选择合适的餐具，并准备就餐时用的围嘴。勺的大小、勺把的长短都应适合宝宝使用，勺以能放入口中、勺把以宝宝能握住并不过长为宜。其次，开始时宝宝可以和家人们一起共餐，当他置身于就餐的环境中时，就会很自然地学着周围人们的样子吃起饭来。最初他可能在勺中装不满食物，或装满食物的勺子未入口时就掉落下来，弄到桌上、地上、身上。这时家长不要介意，更不应因此而中止让宝宝自己用匙吃饭，而应该鼓励宝宝坚持下去。这样，天天练、餐餐练，用不了多长时间，宝宝就会非常自如地使用勺。

用勺子自己吃饭，对宝宝来说是一项重要的技能。

★适时表扬

当宝宝自己吃饭时，要及时给予表扬，即使他把饭吃得乱七八糟，还是应当鼓励他。如果妈妈确实担心宝宝把饭吃得满地都是，可以在宝宝坐着的椅子下铺几张报纸，这样一来等他吃完饭后，只要收拾一下弄脏了的报纸就行了。

★选择食物

千万不要给宝宝吃可能会呛着他的东西，最好也别让他接触到这些东西，如圆形、光滑的食物或硬的食物，如爆米花、花生粒、糖块、葡萄或葡萄干等。

育儿提示

周岁宝宝会对喂食不满

1岁左右的宝宝最不能容忍的就是妈妈一边将其双手紧束，一边一勺一勺地喂他。这对宝宝生活能力的培养和自尊心的建立有极大的危害，宝宝常常报以反抗或拒食。

7. 训练宝宝自己大小便

排尿和排便是宝宝生来就有的能力，属于非条件反射。但要让宝宝养成好的排便习惯却需要反复训练，才能形成排大、小便的条件反射，定时排便。

★接受大、小便训练的最好时期

1岁多的宝宝，是接受大、小便训练的最好时期，此时他们对大便的先兆和排泄也有了更鲜明的意识。不过，真要在粪便排出之前及时发出信号，把大便拉在厕所里，则有待于宝宝对肠运动的先兆产生充分的意识。而要实现这一点，不仅需要父母适时的鼓励，而且还需要一个过程。

★不能太勉强

训练宝宝大、小便，不能勉强，要在宝宝自愿的前提下进行，这样才能顺利地完成训练，不至于在以后产生大、小便失禁的现象。

宝宝李可馨可以自己使用便盆了。

只要宝宝大、小便不在裤子和被褥上，就应当适当地表扬。宝宝不愿意坐便盆不要强迫，坐 3 ～ 5 分钟就应当结束，即使没排出来，也不要斥责宝宝。

★ 了解便盆

训练大、小便，首先要让宝宝对便盆产生印象。在开始的 1 周里，可让他穿着衣服去坐坐。要让他觉得便盆像板凳一样，并对它产生好感。如果宝宝不愿坐着玩了，那就应马上让他起来，不能让他觉得像坐牢。如果第 1 周还坐得勉勉强强，那就再试 1 周。当宝宝对便盆有兴趣，就可以开始训练让他知道便盆与大小便的关系。这时可以让宝宝认识的大宝宝做范例，也可以告诉他，父母是怎样大、小便的，对他要耐心解释。当宝宝接受了大、小便与便盆之间的联系后，父母可以找个最有可能大、小便的时候，把他领到便盆前，建议他坐上去试一试。如果宝宝不肯，也不要勉强。只要有一次成功了，那以后就好办了。

★ 适当奖励

如果连续 2 周宝宝一点儿没拉到便盆内，就应将这事放一段，过几周以后再试。若宝宝成功地将大便拉进了便盆内，要给予表扬和适当的奖励，比如一块糖或一个苹果，这将对他起到鼓舞的作用。

8. 让宝宝养成良好的作息时间

早期教育的重点，应该是让宝宝养成好习惯。因为习惯一旦养成改起来很难。让宝宝养成良好的作息习惯，对于之后的生活学习都是很有必要的。

★ 建立规律作息的4个原则

1. 尊重宝宝的节奏，不要让宝宝感受到压力。

2. 随着宝宝的年龄、发展特性及需求而及时调整。

3. 不要做硬性的要求，因为每个家庭的条件和习惯都有所不同。

4. 随着季节变化调整作息。

★ 营造良好的睡眠环境

尽量不开房间里的大灯，只开一盏灯光柔和的小壁灯，让他一看到小壁灯亮起来，就知道该到睡觉的时间了。买一个柔软的儿童专用枕头，让他睡得更香甜。还有选择透气性好的被褥，挂上小儿专用蚊帐等，给他营造一个温馨舒适的睡眠环境。

★ 准备工作也要定时

给他洗澡洗脸可以固定在特定时间，让他建立什么时候该睡觉和起床的条件反射，最终做到作息时间有规律。

★ 父母是宝宝的好榜样

宝宝习惯何时醒来、何时睡觉、何时玩乐，与父母本身的作息相关。宝宝的时间观念与父母的工作形态有关，如果父母必须要晚睡晚起，宝宝多半也会跟着这样做。所以，可能白天习惯睡觉的宝宝，如果要强迫他醒着，就会很不好控制。或者宝宝半夜醒来，熬夜工作的爸爸没有哄宝宝睡觉，还陪他玩耍，宝宝会觉得晚上比白天还好玩，当然晚上就会容易醒，这样的日夜颠倒，不但让宝宝有不良的生活习惯，也会影响宝宝的身体状况。

此时父母可以考虑配合宝宝调整自己的作息，让宝宝能有足够的睡眠时间。最好在每晚9点左右就寝，等到宝宝熟睡之后，爸妈再起来做自己的事。

宝宝李乃雅在父母的精心照料下安然入睡。

专家答疑

缺钙会导致宝宝睡眠不好

缺钙、血钙降低，引起大脑植物性神经兴奋性增高，导致宝宝夜醒、夜惊、夜间烦躁不安，睡不安稳。如果出现以上情况去做个微量元素检查是很必要的。

9. 培养清洁卫生习惯

宝宝的很多习惯是从很小的时候就养成的，不要因为宝宝还小就忽视了宝宝好习惯的培养，尤其是卫生习惯。这对宝宝的身体健康和宝宝以后的生活都有较大影响的，应该引起父母的重视。

★清洁卫生的内容

1.对1岁多的宝宝来说，盥洗是很重要

的。它包括早晚洗手脸，饭前便后洗手，睡前洗脚、洗屁股。定期要小儿洗澡，保持全身皮肤清洁。即使在冬季也应坚持洗澡。小儿要有单独的盥洗用具，香皂应选择碱性小的。水温要冷热适度，否则小儿会因害怕而拒绝洗澡。

2.指甲缝是细菌容易寄存之处，小儿由于某些生理和心理的因素，常常将手指放在口中吸吮，极易传染病菌。因此，一定要给小儿勤剪指甲，保持指甲清洁，不积泥垢。同时，要纠正宝宝吃手指、挖鼻孔和抠耳朵的坏毛病，防止由此得病。

3.1岁以上的宝宝在每次吃东西以后，家长要让他喝一些白开水，以清洁口腔。到2岁左右，家长要培养小儿饭后漱口的习惯。

4.父母要注意小儿的衣服的整洁，身边应随时备有干净的手帕，用手帕擦手、擦脸和擤鼻涕。

★培养清洁卫生的方法

培养小儿讲卫生、爱清洁的习惯和能力，既有利于健康，也是文明美德教育的一个方面。训练宝宝养成每天早晚洗手脸、刷牙，饭前便后洗手，饭后擦嘴，手脏了要主动去洗；定期洗澡、洗头、理发、剪指甲；每日

宝宝蒋加恒格外喜欢洗澡，并在洗澡中寻找到许多乐趣。

图解育儿圣经

随身带干净手帕，咳嗽和打喷嚏时用手帕掩住口鼻，用手帕擦鼻涕；注意环境的整洁，不随地丢果皮、纸屑，不随地吐痰，东西用完后放回原处，排列整齐等卫生习惯。

★ 进行卫生教育的技巧

在培养宝宝讲卫生习惯的同时培养小儿掌握与盥洗有关的用语，如"牙刷、牙杯、毛巾、水冷、漱口"等等，大人教时要耐心，边讲解，边示范，并给以必要的帮助。须知，小儿的卫生习惯不是一天两天就能培养起来的，大人应经常督促、提醒。为了使小儿引起兴趣，并能更好地掌握盥洗方法，家长可将盥洗过程编成儿歌，如洗手歌、洗脸歌、刷牙歌等教唱给宝宝。大人要持之以恒，才能经过不断的重复、巩固，使宝宝养成良好的卫生习惯。

10. 预防蛲虫、蛔虫的方法

宝宝的肠子里常常寄生着一些虫子，常见的有蛔虫、蛲虫等。这些虫子有一个特点，就是不但在肠子里吃住，而且还能繁殖。如果不积极防治，它们就会长期寄生在宝宝的身体里吸取营养，使宝宝贫血、消瘦，还能排出有毒的东西，使人慢性中毒。更严重的是有的寄生虫会成群成堆地团在一起，引起肠堵塞等病症。因此必须预防这些寄生虫。

★ 注意个人卫生

教育宝宝养成良好的卫生习惯，不生吃瓜果，蔬菜要洗干净，饭前便后要洗手，要常剪指甲，不吮手指头。另外还要消灭苍蝇、蟑螂，做好粪便和水源管理，搞好环境卫生，就能避免虫卵进入宝宝体内。

★ 药物驱虫

目前驱虫药多为广谱、高效、低毒的复

父母不要盲目地给孩子喂驱虫药。

方甲苯咪唑、甲苯达唑和阿苯达唑等药物，但这些药终究有一定的毒、副作用。因此，宝宝要慎用，应遵医嘱或严格按照说明书合理选择毒、副作用较小的药物使用。2岁以下的宝宝不提倡服用驱虫药，一般宝宝于每年春、秋季驱虫治疗1～2次为宜，同时要加强健康及卫生教育，养成良好的个人卫生习惯，每日按要求洗手，保持手部清洁卫生，可以有效减少或避免肠道线虫感染。

★ 避免重复感染

蛔虫的寿命只有1～2年，每条蛲虫只能活20天左右，如果感染了蛔虫和蛲虫，不进行任何治疗，只要做到不再重复感染，等它们寿终正寝就会不治自愈。因此，防范重复感染是非常重要的，其中，得蛲虫病的宝宝，晚上睡觉要用布包上手，穿上满裆裤，扎好裤腿，使宝宝的手不能接触肛门，防止再次传染。宝宝的内衣裤要每天换，换下后用水蒸煮消毒。被褥、炕席也要常晒，每次2～3个小时。

父母必读

为宝宝驱蛔虫请找医生

不要私自为宝宝驱虫，一定要在医生的指导下使用，因为在宝宝腹痛时驱虫，可能使蛔虫在腹内乱窜，引起严重的并发症。

11. 智能培育与开发

13～15个月的宝宝，仍然处在感觉动作教育阶段，宝宝通过各种动作、各式各样的活动，不仅能够满足他好动的天性，还能有力地促进宝宝大脑的健康发展，促进其智力的发展。

宝宝赵益已经可以按照大人的口令正确地指出人体的某些器官了。

★语言能力训练

故意说错话

培养目的：培养宝宝的语言纠错能力，增加宝宝的语言理解能力。

步骤：

1. 妈妈和宝宝面对面坐下，指着膝盖问宝宝："这是我的鼻子吗？"

2. 妈妈指着自己的眼睛问宝宝："这是我的耳朵吗？"

3. 如果宝宝发现了，妈妈要表扬宝宝；如果宝宝没发现，可以加以指导。

提示：训练过程中，可以让宝宝摸摸妈妈的眼睛、鼻子等，增强刺激。

★观察思考能力训练

分水果

培养目的：教宝宝认识苹果、梨，培养了宝宝的观察思考能力。

步骤：

1. 将苹果和梨混放在一起，妈妈先做示范，将它们分开。

2. 重复几次后，通过儿歌引导宝宝把苹果和梨分开来：

苹果、苹果红又红，

鸭梨、鸭梨黄又黄，

苹果、鸭梨香又香，

宝宝吃了身体壮。

提示：将苹果和梨洗干净。

★动作能力训练

你拍一，我拍一

培养目的：锻炼宝宝的手脑协调能力，使宝宝将声音与动作结合起来。

步骤：

1. 妈妈和宝宝相对而坐，妈妈伸出左手，让宝宝伸出右手，拍掌，妈妈再伸出右手，让宝宝伸出左手，妈妈唱："你拍一，我拍一，一个宝宝坐飞机。"

2. 重复前面的动作，妈妈唱下面儿歌："你拍二，我拍二，两个宝宝骑马儿，你拍三，我拍三，三个宝宝爬高山，你拍四，我拍四，四个宝宝写大字，你拍五，我拍五，五个宝宝在跳舞，你拍六，我拍六，六个宝宝滚雪球，你拍七，我拍七，七个宝宝坐滑梯，你拍八，我拍八，八个宝宝吹喇叭，你拍九，我拍九，九个宝宝玩气球，你拍十，我拍十，十个宝宝来剪纸。"

提示：拍手的节奏要与儿歌的节奏相符。

第十五章 善于理解宝宝的表达方式
——第16~18个月

宝宝1岁半的时候，他的心智发展非常迅速，语言、记忆及思维想象力、精细运动等发展增快，对外界环境产生好奇心，好模仿，趋向智能发展过渡。虽然宝宝还不能很流利地说话，但他已经能够指认一些生活中常见常用的物品了。宝宝还学会了一些表达自己意愿和感情的方式。那么在这个时期，爸爸妈妈一定要与宝宝多交流，多对话，理解宝宝的各种表达方式。

1. 1 岁半宝宝的发育状况

> 不知不觉宝宝已经有1岁半了，这个时候你会注意到他的个性已经明显显现，也开始学会不同程度的发泄。

★宝宝体格发育状况

	男婴	女婴
体重	约 10.8 千克	约 10.4 千克
身长	约 80.6 厘米	约 79.8 厘米
头围	约 47.4 厘米	约 46.1 厘米
胸围	约 46.9 厘米	约 46.8 厘米
牙齿	出牙 10 ~ 16 颗	

★语言发育

能叫出一些物品的名称，并可指出方向；会有目的地说再见；这时宝宝能使用 10 个左右有实际意义的词，能指认出书中及日常生活中的许多物品。由于宝宝说话差别较大，有的宝宝语言发育较迟，不必着急，只要努力多锻炼，宝宝的语言能力一定会不断增强。

★动作发育

能倒退着走；扶着栏杆能一级一级上台阶；向后爬下或臀部着地快速下台阶；能推动椅子自己坐下；能用力掷球，会翻书页；会跑，很少摔倒，能牵拉玩具行走；会用杯子，泼出很少；勺用得较好。

1岁半的宝宝王玮含喜欢户外活动。此时她正开心地和爸爸比赛车技呢。

★社会发育

选择玩具有偏爱，会拿着并抱紧布娃娃；喜欢模仿母亲做家务，吃饭时走来走去；喜欢单独玩或欣赏别人的游戏活动；会依附安全的东西，如毯子；对常规的改变和所有的突然变迁表示反对。

★感觉发育

已经对挫折、失败有鲜明的体会了，此时就需要父母的支持和鼓励。他的努力希望能获得赞同，当你不同意他时，他会变得郁郁寡欢。他受挫折时常常发脾气，会对陌生人表示新奇。宝宝的神经和膀胱都已得到了很好的发育，白天能控制大、小便，但整个系统仍需进一步的协调，家长不要批评他，要多给他鼓励。

★记忆力和想象力

你的宝宝开始思考和记忆那些不是眼前正在发生的事物。比如，如果你把一件玩具藏起来，宝宝不会再认为这件东西消失了，而会努力寻找，如果在他认为可能藏玩具的地方没有找到，他就会换一个地方再找。

2. 1 岁半宝宝的饮食安排

> 在这个阶段，宝宝主要生理特点是生长发育，但生长发育的速度已不像婴儿期那样迅猛。为此，要合理安排宝宝的膳食。

★少吃多餐

宝宝的胃容量有限，宜少吃多餐。1 岁半以后一般为三餐一点，加点心时间可在下午。但是加点心时要注意点心要适量，不能过多，时间不能距正餐太近。

★主食粗细搭配

粗粮细粮都要吃，可以避免维生素 B_1 缺

图解育儿圣经

动物蛋白是促进宝宝身体发育不可或缺的营养成分。

乏症。主食可以吃软米饭、粥、小馒头、小馄饨、小饺子、小包子等。同时也应补充一定量的牛奶，但一般不超过 800 毫升，奶中含的钙对骨骼和牙齿的发育，是必不可少的。但是，过量的奶会降低宝宝对其他食物的胃口。

★多吃蔬菜、水果

宝宝每天营养的主要来源之一就是蔬菜，特别是绿色蔬菜，如：番茄、胡萝卜、油菜、柿子椒等。可以把这些蔬菜加工成细碎软烂的菜末炒熟调味，给宝宝拌在饭里喂食。要注意水果也应该给宝宝吃，但是水果不能代替蔬菜，宝宝每天应吃蔬菜、水果共 150 ~ 250 克。

★适量摄入动植物蛋白

在肉类、鱼类、豆类和蛋类中含有大量优质蛋白，可以用这些食物炖汤，或用肉末、鱼丸、豆腐、鸡蛋羹等容易消化的食物喂宝宝。宝宝每天应吃肉类 40 ~ 50 克，豆制品 25 ~ 50 克，鸡蛋 1 个。

★注意饮食卫生

食品需清洁、卫生和新鲜；不宜给宝宝有刺激性的食物，如辣椒、酸菜、咖啡、茶等；注意色、香、味俱全，以便能够促进宝宝食欲；培养良好的膳食习惯（如饭前要洗手，吃饭时不说话、不看电视、不挑食等）。

3. 油炸食品不宜多吃

油条、煎饼、油炸花生、煎鸡蛋等油炸食品吃起来香喷喷的，对宝宝颇有诱惑力。但实际上宝宝经常食用油炸食品对他的正常发育是很不利的。

★营养素严重破坏

因为油炸食品在制作过程中，油的温度过高，会使食物中所含有的维生素被大量地破坏，如维生素 A、胡萝卜素和维生素 E 等，使宝宝失去了从这些食物中获取维生素的机会。高温还会使蛋白质炸焦变质而降低营养价值。

★导致肥胖等富贵病

油炸食品这类多油脂的食物增加了不易消化的因素，往往要在胃肠道里呆很长时间，是造成便秘的主要因素，并促使血液超量流入并滞留胃肠道，促使体液酸性化，严重破坏生命资源健康配置原则，带来肥胖、糖尿病、高血压、高脂血症、心脏病等现代人称为富贵病的疾病。

★铝含量严重超标

我们知道，在制作油饼、油条的过程中必须加入明矾，明矾中含有铝的成分，铝的化合物是很容易被宝宝吸收的。铝化合物到

婴儿不宜吃不易消化的油炸食品。

了体内，如果沉积在骨骼中，可使骨质变得疏松；如果沉积在宝宝大脑中，可使脑组织发生器质性改变，出现记忆力减退、智力下降；如果沉积在皮肤中，可使皮肤弹性降低，皮肤褶皱增多等。此外，铝还会使宝宝食欲缺乏和消化不良、影响肠道对磷的吸收等。

★ 产生有毒有害物质

很多油炸食品在制作时，使用的是多次反复使用的剩油。这种油里会含有十几种有毒的不挥发物质，会对宝宝的身体健康造成危害。尤其是炸薯条中含有高浓度的丙烯酰胺，俗称丙毒，是一种致癌物质。

★ 卫生条件恶劣

油炸食品的卫生问题首当其冲，特别是在卫生标准没有规范的中国。油炸食品卫生问题有两层：一是他们用来炸的原材料不卫生，许多油炸的原材料都是快坏或者已经坏了的。二是使用的油不卫生。因此宝宝应尽量远离油炸食品。

图解育儿圣经
图解育儿圣经

4. 多喝酸奶有益宝宝健康

> 酸奶，是以新鲜的牛奶为原料，经过巴氏灭菌后再向牛奶中添加有益菌（发酵剂），经发酵后，再冷却灌装的一种牛奶制品。

★ 酸奶的好处

酸奶营养素、能量密度高；酸奶中含半乳糖，半乳糖是构成脑、神经系统中脑苷脂类的成分，与宝宝出生后脑的迅速成长有密切关系；酸奶中含充足的乳酸菌，可以有效抑制有害菌的产生，提高免疫能力，因而能预防腹泻或缩短慢性腹泻持续的时间。

★ 不要太早喝酸奶

酸奶不适合半岁以下的宝宝喝，因为酸

酸奶的营养成分和人乳很相似，容易被人体消化吸收，所以特别适合消化系统不健全的婴幼儿饮用。

奶含钙量较少，新生儿正在生长发育，需大量钙，且酸奶中由乳酸菌生成抗生素，虽能抑制和消灭很多病原体微生物，但同时也破坏了对人体有益菌的生长条件，同时还会影响正常消化功能，尤其对患肠胃炎的宝宝和早产儿更不利。而且，过早地给宝宝喝酸奶也会养成他们对甜食的偏好。

★ 喝酸奶需注意

酸奶在饭后2小时后饮用：适宜乳酸菌生长的pH值为5.4以上，空腹时，宝宝胃液pH值在2以下，如这时饮酸奶，乳酸菌易被杀死。

喝完酸奶，及时漱口：随着乳酸系列饮料的发展，儿童龋齿率也在增加，这是乳酸

父母必读

区别酸奶和乳酸菌饮料

酸奶是经乳酸菌发酵的牛奶，而乳酸菌饮料是添加了甜味剂、香料等有奶味的饮料，浓度低，其营养成分远低于牛奶和酸奶，两者最根本的区别是一个是奶，一个是饮料。

172

172

菌中的某些细菌起的主导作用。

袋装酸奶，先倒出再饮用：在食用袋装酸奶时，让宝宝直接用牙撕咬包装袋是十分不卫生的。有时商家虽然提供吸管，但吸管往往暴露在空气中，也难保证卫生。

喝酸奶前，不要加热：酸奶中的活性乳酸菌，如经加热或开水稀释，便大量死亡。

酸奶不宜与某些药物同服：氯霉素、红霉素等抗生素、磺胺类药物和治疗腹泻的药物，会杀死或破坏酸奶中的乳酸菌。

5. 锻炼宝宝的语言能力

1岁半的宝宝已经开始了解父母所说的意思，而且已经会说比较多的单字。从这个时期起，如果父母经常和宝宝进行多方面的交流和丰富对话，宝宝将会更快地掌握一些简单的语言规律。

一有时间爸爸肖飞就会带宝宝肖显婷到大自然中认识新的事物。

★正确发音

正确发音是语言交流的基础，如果发音不准确，宝宝和别人进行语言交流时就会造成很大的障碍。因此，父母在训练宝宝语言能力的同时，首先应做到教宝宝正确发音。父母可先给宝宝示范正确的发音方法，并让宝宝仔细观察与模仿。实践证明，这种方法反复几次以后，宝宝就会试着发出正确的声音了。

★教宝宝说句子

这个时候，宝宝会说长一点的句子了，如"好大的树"、"一只小狗"等。父母可以在宝宝已经弄懂这些短句的基础上，再加入一些新词汇来延伸连接出更长的句子，让宝宝练习比较复杂的句子。

★配合肢体语言

父母和宝宝说话时，可以配合肢体语言，来帮助宝宝准确和形象地理解父母所要表达的意思。如用手或者身体的其他部位，配合说话做一些相应的动作。这样，不但会增加说话的趣味性，而且还可以让宝宝更容易记住谈话的内容。

★带宝宝外出

父母可以经常带着宝宝到公园去游玩，或者带宝宝外出散步。外出时，父母应结合相关的事物，教宝宝说一些相关的词和句子。虽然宝宝对于父母所说的一些事物，未必一下子就能记住，但对他今后语言能力的发展与提高奠定了良好的基础。

★保持耐性

宝宝自己能弄清楚的单字语言也十分有限，可这个年龄的宝宝偏偏又有非常强烈的表达欲望。因此，往往会造成宝宝表达不是很清楚，或说话语速非常慢。此时，父母一定要很有耐性地等待宝宝把话说完，并让宝宝讲明白。相信父母的这种认可，会让宝宝找到更多的自信。也因如此，宝宝的语言能力自然就能得以迅速的提高。

6. 与1岁半宝宝共读的技巧

和宝宝一起读书，要适合宝宝的认知特点和接受能力，爸爸妈妈需要掌握一下要领，这样就能轻松应对了。

★选择适龄的读物

首先，书的棱角不要突出，以免划伤宝宝；其次，色彩要鲜明，形象要突出，背景不能太复杂，以便小宝宝能抓住重点；再次，要真实，卡通化的、变形太厉害的书不适合这个时期的宝宝。书的种类也要多一些，普通纸的、厚纸的书都要有，让宝宝体会不同的质地。

★读得生动

在给宝宝读书、讲故事的时候，语言要清晰缓慢，音量一般只要使宝宝能听清楚就可以了。但是如果父母读书的声音平淡如水，语调始终如一，宝宝听一会儿就会失去兴趣，心不在焉地乱摸乱动了。只有根据故事情节的发展，适当地变化声音和语调，才能吸引宝宝的注意，让他的思维跟着故事发展转动。

★演得形象

宝宝头脑中的图多为形象性的，为此，要提高亲子共读的质量，必须把"讲"延伸到动作表演当中。例如，讲小猫钓鱼的故事时，宝宝不知道"扑"蝴蝶是什么样子，父母就可以表演一个"扑"的动作。宝宝看了，就很容易理解和记忆这个情节了。

★读书禁忌

和宝宝一起读书时要确保光线充足、柔和，以保护宝宝的视力。周围环境不能太吵，以免宝宝分心。亲子共读重在培养宝宝的阅读习惯，因此最好规定固定的读书时间，如果此时宝宝的精神状态不好或者十分兴奋，也不要勉强宝宝读书。

育儿提示

宝宝早期接触书籍的主要目的不是增加知识，而是培养宝宝对书籍的兴趣。如果宝宝从小就接触书，就容易培养读书的兴趣。同时宝宝喜欢模仿，如果父母喜欢阅读，家中常有各种书刊，宝宝在耳濡目染中容易对书本产生感情。如果家里父母不读书、不看报，很难想象能培养出热爱读书的宝宝。

一本好的婴儿读物，犹如一个百宝箱。妈妈陈燕经常和宝宝汤陈玄彬一起读书，并给他讲故事，从而使宝宝学到了许多知识。

7. 如何防治宝宝口吃

口吃不是发音器官的毛病，而是一种说话时的严重心理障碍，主要表现为语言破碎。这种宝宝表达能力差，与人谈话时很不自然，家长对此十分担忧，应该如何防治呢？

★预防口吃关键在幼年

大多数人口吃都从幼年开始。幼儿期是言语发展的最迅速时期。宝宝由开始发单音到复音，从说单词到句子有一个复杂的言语发育过程。这期间，许多宝宝都有重复、停顿、拖音等发音现象，甚至在情急之中，词不达意或出现口吃，这是正常的生理性口吃。对此，非常需要家长给予帮助和诱导，以便使其随年龄的增长而消失。可以说预防口吃关键在幼年，主要责任在家长。

★学语言要循序渐进

教宝宝说话不能急于求成。家长要循序渐进，逐词逐句反复耐心地教，并在单词的基础上扩充。在幼儿期不要让宝宝过多地背诵那些绕口的诗词，逼宝宝在生人面前表演。当宝宝出现了生理性口吃，不能要求宝宝马上说出完整的句子来，尤其不能训斥宝宝"说话结结巴巴的！"这种斥责常常会起到心理暗示作用，使宝宝更加紧张、自责、急躁和胆怯。

★创造轻松、愉快的语言环境

和宝宝说话要态度和蔼，耐心倾听，让宝宝高高兴兴地说话。对于宝宝偶尔的口吃，可不必介意，以减少他们对口吃的注意，以免形成心理压力。家长在说话时还要注意节奏和语调，讲话速度要慢，吐字要清，发音具有韵律性和轻松感，以便宝宝模仿。千万不要让宝宝模仿口吃者说话。

★和性格有关

口吃的宝宝常常性格内向，容易产生羞涩、自卑和紧张的心态，常把一些小事放在心上，经不起一点外界的刺激和微小的挫折，这时若稍有口吃并遭到周围人有意和无意的讥笑，就可能造成很大的心理压力，一说话就紧张，口吃也更严重，甚至造成严重的心理障碍。此时父母要多鼓励和打气。

8. 宝宝不听话的应对措施

宝宝听话不听话是一个经典的育儿话题。"听话"涵盖了爸妈所有的期待，而"不听话"也就自然成了爸妈"痛苦"的核心。

★理解宝宝

宝宝因不了解规范的意义，无法记进脑子里，于是就会表现得"不听话"，而且要和一个1岁半的宝宝讲道理，是不现实的。加上宝宝表达能力欠缺，你要清楚宝宝不听话是"不能"还是"不愿"？

★选择法

当有些事情必须做但宝宝不肯做时，可以采用选择法。所谓选择是要宝宝选择"先做"还是"后做"，是"立即做"还是"等会儿做"，而不是要宝宝选择"做"还是"不做"。

★转移法

宝宝不听话，有时可以转移宝宝的注意力和兴趣。比如，看见一件玩具，宝宝闹着要买，怎么办？这时，父母可采用"转移法"，即不与宝宝谈这件玩具该不该买，这样就在不知不觉中转移了宝宝的注意力，宝宝也就会在不知不觉中忘记他要买玩具的想法。

★接纳宝宝的情绪

爸妈虽不接纳宝宝的负面行为，但要接

专家答疑

不要让宝宝太听话

经验证明，"淘气"的男宝宝往往比"老实"的女宝宝更有创造力。其原因就是淘气的宝宝接触面广，大脑受的刺激多，激活了宝宝的智能。因此，给宝宝一点"不听话度"对提高宝宝的创造力是有好处的。

175

纳宝宝的情绪，听听宝宝的心声，否则，宝宝也听不进父母说的话。

★慎用处罚

在没有安全顾虑的前提下，适度处罚宝宝，让宝宝尝到不遵守规则的后果。然而，父母处罚宝宝往往一次比一次严厉，结果处罚越重，宝宝反而越来越不听话。因为处罚的次数一多，宝宝会渐渐"习惯化"，甚至越禁止，就越想做，所以父母需要慎用处罚。

★善于奖励

父母可与宝宝约定一种奖励，如此宝宝不但可平稳下来，也有了努力的目标。使用奖励时应尽量避免物质奖励，也不要让宝宝太快获得奖励。

聪明的宝宝徐杨米多有强烈的表达欲望，不过他说的话只有妈妈杨羽听得懂。

9. 宝宝感冒鼻塞了怎么办

宝宝不慎感冒，鼻塞、呼吸急促，并带有明显的响声，有时还打喷嚏。面对这些症状，妈妈该怎么办呢？

★何时需要去看医生

3个月内的宝宝，一出现感冒的症状，你就要立即带他去看医生。较大的宝宝，一旦出现以下情况之一，你要立即带他去医院：感冒持续5天以上；体温超过39℃；宝宝出现耳朵疼痛，呼吸困难，持续的咳嗽，老流黄绿色、黏稠的鼻涕。

★感冒鼻塞家疗办法

煎熏法：将葱白一小把或将葱头（洋葱）3～4个切碎煎汤，用鼻吸热气，或将食醋烧开吸醋气，疗效都较好。

侧卧按摩法：左侧鼻塞向右卧，右侧鼻塞向左卧，用双指夹鼻按揉双侧迎香穴1～2分钟，鼻塞可除。

热敷法：用热毛巾敷鼻梁，不可盖住宝宝的鼻孔，鼻塞可解。

变位法：这种方法适用于宝宝，宝宝鼻塞时，常哭闹不停，这时可将宝宝竖直抱起，很快便能安然入睡。

前两种方法要注意安全，且只适合幼儿或者更大，此外还有一个小方法：用炭火将拇指和食指烤热（随便哪只手都可），然后迅速用烤热的两指轻轻捏住宝宝的鼻梁来回烫几下，待手指冷了再烤再烫，反复几次。

★其他提示

保持空气湿润：你可以用加湿器增加宝宝居室的湿度，尤其是夜晚能帮助宝宝更顺畅地呼吸。别忘了每天用白醋和水清洁加湿器，避免灰尘和病菌的聚集。特别是有空调的时候更要注意保湿。

父母带宝宝去医院就诊时，应主动向医生介绍病情，当医生提问时，要迅速并准确地回答。

图解育儿圣经

宝宝爱咬嘴唇是一种不良习惯，如果不及时纠正，很有可能变成龅牙。

帮宝宝擤鼻涕：宝宝还太小，不会自己擤鼻涕，让宝宝顺畅呼吸的最好办法就是帮宝宝擤鼻涕。

为宝宝做个蒸汽浴：带上宝宝和你一起去浴室，打开热水或淋浴，关上门，让宝宝在充满蒸汽的房子里待上15分钟，宝宝的鼻塞定会大大好转。

10. 别让宝宝习惯于咬嘴唇

这个年龄的宝宝正处在乳牙发育的关键时期，如果不及时纠正宝宝咬下嘴唇的习惯，将会对宝宝的乳牙和口腔颌面部的发育和形态造成不可挽回的坏影响。所以愈早纠正愈好。

★咬嘴唇主要原因

1.吮吸本能没有满足。

2.寻求刺激：咬住嘴唇，对嘴唇有一定的压力，挺刺激的。

3.寂寞，没事干，找依靠，这是一种依靠。

★转移注意力

转移注意力的东西"强度"要加大，也就是说是很新颖的、他非常喜欢的，玩起来比他从咬嘴唇得来的乐趣大得多。

★暗中注意

不要给太大的压力，不要唠叨，因为压力、唠叨，反而会使他觉得受到注意，此时的宝宝最喜欢受到注意，他会由于逆反心理，更加做出习惯性的动作，比如吮吸嘴唇。

★让医生制止

带他到牙科医生那儿去，事先和医生说好，是为纠正他咬嘴唇这个不良行为来的，请他合作，对宝宝说咬嘴唇将来牙会长不齐，吃东西会嚼不烂，不要咬。一般来说宝宝比较怕医生，医生讲的话，他会听的，这比家长讲话有力量。

★用黄连水

待宝宝再大一点如还咬嘴唇，可以把下嘴唇涂上一点黄连水，让他产生厌恶感而放弃。

★给奖励

奖给他的东西一定要是他喜欢的，比如山楂片、土豆片、糖果、葡萄干等。对他明

父母在日常生活与活动中，教宝宝一些礼貌用语，不但能提高宝宝的语言能力，同时也能锻炼宝宝的人际交往能力。

确表示，你不咬嘴唇就一定给你。把"不做某种行为"（如咬嘴唇）与"得到什么好处"联系起来。他可能会为了得到什么而放弃什么。当然，他现在还小，理解这种因果关系还有困难，但多说，还是会慢慢理解的。

★ 把嘴"占住"

用代替物，让他无暇顾及咬嘴唇。比如和他说话，让他回答；吃需要咀嚼的东西（如小饼干）；唱歌；吹羽毛；吹小喇叭等。

11. 智能培育与开发

宝宝1岁半的时候，大多数是从他当时见过、听过和接触过的东西来学会语言的。并能模仿大人的面部表情、姿势，如抬头、招手等动作。

★ 语言能力训练

物品的名称

培养目的：让宝宝说出玩具或日常用品的名称，借此丰富他的语言词汇量。

步骤：

1. 将玩具小汽车、娃娃、布偶、积木、叉子、汤匙、杯子、椅子、拖鞋这些东西摆好。

2. 然后对宝宝说："这些都是你知道的东西。"接着逐一把它们拿起来，问他："这是什么？"让他做出回答。如果他不知道，就温柔地告诉他："这是椅子。"以温和的态度教他认识各种物品。

3. 逐一简单介绍各种物品的用途及使用方法。

提示：准备的物品当中不要有锋利的边角，以防划伤宝宝。

★ 听觉能力训练

萝卜、饺子、鸡蛋

培养目的：伴着动作，增强宝宝的节奏感，加强宝宝对儿歌的记忆。

步骤：

1. 宝宝手掌心朝上，放在妈妈（或爸爸）的左手上。

2. 一面唱童谣，一面配合着节奏做动作（父母右手的动作）：

炒萝卜，炒萝卜（在宝宝手掌上做炒菜状）。

切——切——切（在宝宝胳膊上做刀切状）。

包饺子，包饺子（将宝宝的手指往掌内弯）。

捏——捏——捏（轻捏宝宝的胳膊）。

煎鸡蛋，煎鸡蛋（在宝宝手掌上翻转手心手背）。

砍——骨头（伺机向宝宝搔痒）。

提示：父母的动作要轻柔缓慢。

★ 交际能力训练

礼貌宝宝

培养目的：培养宝宝表达情感的兴趣，从而提升宝宝人际沟通的能力。

步骤：

1. 家长做出打招呼、行礼、鞠躬、对不起、再见等动作，配合语言。

2. 让宝宝看着镜子里自己的影像，向他打招呼等。

训练提示：动作要很明确，让宝宝可以跟上。

第十六章 16

增强宝宝肢体的协调能力
——第19~21个月

宝宝认识事物是从自身开始的，宝宝的小手小脚在乱摸乱抓中接触到了更多的事物，外面的世界一步步地走进宝宝的视野。在宝宝1岁半过后的3个月里，宝宝已经学会跑了，虽然不是太稳；有的宝宝还会自己上楼梯，虽然这时候还离不开父母的帮扶。因此，在这3个月里，父母要注重增强宝宝肢体的协调能力，让宝宝走得稳当，跑得欢快。

1. 宝宝的基本发育状况

宝宝现在在各方面已经成熟多了，从外貌到动作、语言各个方面，宝宝在一天天地成熟，你的宝宝已经开始慢慢走向独立了。

★宝宝体格发育状况

	男婴	女婴
体重	约 11.55 千克	约 11.01 千克
身长	约 83.52 厘米	约 82.51 厘米
头围	约 48.00 厘米	约 46.76 厘米
胸围	约 47.23 厘米	约 47.61 厘米
坐高	约 51.23 厘米	约 50.55 厘米
牙齿	此时宝宝大约长出 16 颗牙	

★语言发育

宝宝的词汇不断丰富，19 个月的宝宝一般都能说 20 ~ 30 个词语，语言能力强的宝宝说出的词语可能超过 100 个，有时还会说出你并未刻意教过他的词，令你惊讶不已。很多宝宝已经会把两个词语组合在一起用了，并更多地自言自语说一些别人听不懂的话。

★动作发育

有的宝宝现在已经可以在父母的帮助下爬楼梯了。大多数宝宝能够熟练地把球踢出去，但还不会双脚离地地跳起，也不太会双手

宝宝沙思若在妈妈的搀扶下可以上台阶了。

过肩抛球，但可以有意识地训练宝宝这方面的能力了。

★情感发育

这时宝宝对父母或经常照料自己的亲人会产生更多的依恋，如果宝宝对你非常依恋，那么你和宝宝的分别会让他感到难过和不安。事先应告诉宝宝你要离开一段时间，不要突然离去，但是走的时候不要犹豫，不要回头，否则宝宝会更加不肯让你离去。

★心理发育

常言道："初生牛犊不怕虎。"而现在这一时期的宝宝往往都有自己害怕的东西，有的是在真实生活中受过惊吓，看到过的可怕的人或事；也有的宝宝害怕在故事中听来的大灰狼和妖怪；还有一类恐惧心理来自宝宝的想象。不要嘲笑宝宝的恐惧，更不要给宝宝制造恐惧心理，这种恐惧心理对宝宝来说是真实的，甚至会对宝宝的心理产生不良影响。你应该安慰宝宝，告诉宝宝爸爸妈妈会保护他，没有什么会伤害宝宝。

2. 宝宝常吃胡萝卜的好处

胡萝卜是一种质脆味美、营养丰富的家常蔬菜，被人称之为"小人参"，李时珍称之为菜蔬之王。胡萝卜物美价廉，购买极其方便，宝宝常吃胡萝卜，对增强身体免疫力，提高身体素质很有好处。

★胡萝卜营养丰富

胡萝卜含有蛋白质、脂肪、碳水化合物、钙、磷、铁、核黄素、烟酸、维生素 C 等多种营养成分，其中胡萝卜素含量较高。胡萝卜素进入人体内，在肠和肝脏可转变为维生素 A，故亦称维生素 A 原，是膳食中维生素 A 的重要来源之一。维生素 A 有保护眼睛、促进生长发育、抵抗传染病的功能，是宝宝

不可缺少的维生素。缺乏时皮肤干燥，呼吸道黏膜抵抗力低，易于感染，易患干眼病、夜盲、生长发育迟缓，以及骨髓、牙齿生长不良等症，因此宝宝应多吃些胡萝卜以获得维生素A。

★胡萝卜熟吃更好消化

从宝宝加辅食时起即可喝胡萝卜水，吃胡萝卜泥、蒸胡萝卜段。有的宝宝不适应胡萝卜的异味，可以将胡萝卜与其他食物混合制作，如胡萝卜烧肉末、青菜、豆腐炒胡萝卜、蒸蛋羹内放胡萝卜碎末，与青菜、肉混合做包子、饺子馅，做胡萝卜、白萝卜丝汤等。

★胡萝卜有益宝宝肠道健康

胡萝卜中的双歧生长因子，对人体3种双歧杆菌有明显的促进生长作用。双歧杆菌对人体无毒、无害、无副作用，是肠道极为重要的有益菌群，因此，宝宝多吃胡萝卜，能够保证肠道健康，防止腹泻、便秘等肠道疾病的发生。

专家答疑

最好直接补充维生素A

胡萝卜素被人体吸收率为摄入量的1/3，在转变为维生素A时，又是吸收量的1/2。儿童年龄小，吃的量少，摄入的胡萝卜素量不能满足对维生素A的需要，所以还要直接摄入维生素A，以补充不足。

3. 别给宝宝滥用营养品

现在社会，儿童营养品的广告宣传天花乱坠：什么营养脑细胞啦，增强免疫力啦，增长儿童智力啦，促进生长发育啦，让很多做父母的都心甘情愿地掏钱，那么，到底该不该给宝宝选择营养品呢？

★合理的三餐即能满足宝宝的营养需求

宝宝发育需要的营养素有蛋白质、脂肪和碳水化合物，除此还要有丰富的维生素、纤维素和微量元素。这些营养素都能在天然食品中找到。宝宝身体中的每一个器官是在不断地成熟，它们的成熟和完善绝对不是靠服用什么保健品，而靠身体本身的自我调节和合理的膳食营养。

★营养品未必能起到锦上添花的作用

儿童营养学家认为，宝宝不应滥用保健品，可以适当服用一些补充维生素和矿物质的营养品，但是其他营养品尤其是成人营养品和成分、功能不明确的营养品最好不给宝宝服用。给宝宝滥用保健品会产生一系列的副作用，这种情况一旦发生常常造成无法挽回的后果，使家长追悔莫及。

★不要盲目给宝宝服用营养品

由于滥用营养品而产生副作用的事例数不胜数，所以，父母一定要引起重视。如果保健药品或保健食品中含有以下成分，请不要给宝宝服用。如：人参、蜂王浆、燕窝、鹿茸、生长激素、性激素、其他具有补肾作用的中药。

其实一个宝宝的健康成长，不能靠服用营养品，关键是靠每天的三餐。只要营养膳食的比例合理，宝宝就能获得身体发育所需的营养。

父母必读

确定宝宝是否需要营养品

确定宝宝是否需要额外的补品补药，应由家长带宝宝去医院进行相应的检查化验，并在医生的指导下合理使用，切不可因为感觉自己的宝宝"太瘦"或"太矮"，或是看到别的宝宝吃就也给自己的宝宝吃，这可能带来不良后果。

4. 宝宝不宜多吃果冻

果冻布丁，晶莹剔透、味道鲜美、口感好，为许多小宝宝所喜爱。父母为了满足宝宝的需求，也不厌其烦地买给宝宝吃，实际上，宝宝常吃果冻不但影响健康，而且容易造成意外事故。

★ 常吃果冻影响宝宝的营养吸收

果冻类食品，虽冠以果字头，却并非来源于水果，而是人工制造物，其主要成分是海藻酸钠。虽然来源于海藻与其他植物，但它在提取过程中，经过酸、碱、漂白等处理，许多维生素、矿物质等成分几乎完全丧失，而海藻酸钠、琼脂等都属于膳食纤维，不易被消化吸收，如果吃得过多，会影响宝宝对蛋白质、脂肪的消化吸收，也会降低对铁、锌等无机盐的吸收率。

★ 果冻里的添加剂损害宝宝身体健康

一般来说，果冻中都会加入人工合成色素、食用香精、甜味剂、酸味剂等，而且，很多生产商为了增加果冻的口感，都超量、超范围使用食品添加剂中的甜味剂和防腐剂，过多食用这些添加剂对宝宝的生长发育与健康是有害处的。

★ 果冻可能成为宝宝的隐形杀手

因为果冻是滑软而有弹性的食品，易破碎又不易溶化。宝宝往往是吸食果冻，再加

果冻会影响宝宝对蛋白质、脂肪的消化吸收，也会降低对铁、锌等无机盐的吸收率。

上边吃边玩，就很容易造成软滑的果冻吸入气管。进入气管后，柔软的果冻可随气管舒缩而变化形状，不易被排出，形成阻塞，使宝宝窒息而死。所以，父母最好不要让宝宝吸食果冻，应将果冻从壳中挤出来或用勺挖出来吃，另外，教导宝宝不要将果冻含在口中玩耍，宝宝吃果冻时不要打闹、玩耍。

★ 宝宝被果冻噎住的急救办法

遇到宝宝被果冻噎住的紧急情况，大人要使宝宝倒立，然后猛拍其后背，设法利用宝宝胸腔的压力把果冻挤出来。千万不要让宝宝在慌乱之中继续向肺部深吸果冻，要迅速把宝宝送往设备先进的医院抢救。

5. 不要给宝宝剪眼睫毛

很多年轻妈妈总是喜欢自己的宝宝长大以后像个小天使一样漂亮，她们认为，宝宝眼睫毛的生长与头发一样，剪一剪可以让宝宝的睫毛变得浓密黑长，从而使宝宝的眼睛变得很漂亮，其实，这样做对宝宝是非常不好的。

★ 剪眼睫毛并不能让睫毛长长

事实上，一根睫毛的寿命不超过3个月左右，而且，每个宝宝的睫毛生长都有自己的规律，因此，给宝宝剪眼睫毛，并不会使宝宝的眼睫毛长长。所以，父母们千万不要相信一些所谓的经验和秘诀。如果真想让宝宝拥有浓密而黑长的睫毛，可以等宝宝4～5岁的时候，在宝宝的睫毛上抹维生素，这样会有一定的效果，但也要注意保护好宝宝的眼睛。

★ 剪眼睫毛不利于宝宝的健康

眼睛是心灵的窗口，宝宝通过眼睛看这个丰富而多彩的世界，而眼睫毛具有防止灰尘进入眼内、保护眼睛的作用，如果剪掉了宝宝的眼睫毛，宝宝的眼睛就失去了保护，

图解育儿圣经

灰尘、细菌等等很容易就侵入宝宝的眼睛里，从而引起各种眼病，很多宝宝在一两岁的时候就患有结膜炎，就与妈妈们下手剪掉保护宝宝眼睛的眼睫毛有关。

★剪眼睫毛很可能引起意外事故

宝宝出生时，眼睫毛是看不到的，大约1周后，眼睫毛才会慢慢长出来。2～3个月大时，宝宝的漂亮睫毛就完全形成了。但是宝宝的睫毛相比成人，还是较短的，妈妈们拿着剪刀给宝宝修剪眼睫毛的时候，剪刀锋利的尖端很可能会伤到宝宝的眼睛。一般来说，妈妈在给宝宝剪睫毛的时候，都是比较紧张的，一不小心手一抖，就会给宝宝带来无法挽回的伤害。

育儿提示

单双眼皮与遗传

宝宝的单双眼皮也是很多爸妈非常介意的，一般来说，单眼皮属于隐性遗传，而双眼皮属于显性遗传，所以，如果爸妈有一方是双眼皮的话，宝宝也容易出现双眼皮。

6. 注重锻炼肢体协调能力

经常听到有妈妈抱怨，宝宝在家里常常东碰西撞，一会儿把东西撞倒了，一会儿自己摔倒；在外头玩也是如此，就连走平坦的路都会跌倒。而且，不管什么东西或玩具，只要一到宝宝的手里，不一会儿就被弄坏了，另外，宝宝吃饭时还常常打破盘子、摔坏碗。其实，这是宝宝的肢体协调能力出现了问题。

★通过游戏锻炼宝宝的肢体协调能力

比如说"老鹰抓小鸡"、"官兵捉强盗"这些长盛不衰的传统游戏，实质上就是让宝

宝不知不觉地在快乐之中，使他们灵巧、协调，锻炼他们跑、跳、拉伸的动作技巧。再比如，和宝宝一起玩搭火车的游戏就很不错，由妈妈当火车头，宝宝抱着妈妈的腰或拉着妈妈的手。在开火车的过程中，要配合口令，比如突然喊停、突然左转、突然右转、突然往前或后退，在这些有趣的游戏中提高宝宝的反应能力和灵活度。

★在日常生活中锻炼宝宝的肢体协调能力

只要我们抓住照顾宝宝的日常生活中的点点滴滴，例如宝宝起床穿衣、穿鞋、戴帽子；带宝宝上楼下楼；教宝宝拣菜、摘豆子；宝宝吃饭用勺、用筷子等等日常生活活动，经过聪明妈妈的精心设计都可以变为宝宝乐于参与的锻炼肢体协调能力的活动。

★每天让宝宝趴一会儿

长期躺卧，会抑制肢体运动能力，因为宝宝很少有机会运用上身的肌肉组织。缺乏趴卧式的训练，不仅会影响宝宝掌握基本肢体技能的速度，例如抬头、翻身等，而且还会影响宝宝坐、爬的能力。所以，当宝宝醒的时候，帮助他翻过身来，练习趴着。这种姿势会促进宝宝整个身体的稳定性、四肢的协调性和头部的控制能力。而且，不断地让宝宝练习趴卧，还会提高他们抓、够物体以及翻转身体的能力，这是锻炼宝宝肢体协调能力的一个好办法。

用筷子进餐，可促进宝宝心灵手巧，起到健脑益智的作用。宝宝杨蕙瑄正在用筷子吃饭。

183

7. 用益智玩具提高宝宝的智商

什么样的益智玩具适合1岁半以上的宝宝玩呢？很多父母在选择玩具的时候都会感到疑惑，市面上的玩具林林总总，一走进玩具店就会让父母挑花了眼。以下介绍几种益智玩具，对提高宝宝的智商很有帮助。

★积木是首选

经典游戏积木是当仁不让的首选，它适用范围广，9个月以上的宝宝都可以玩。只要宝宝开始能独自坐稳，还能灵活地转身，就可以让宝宝玩简单的积木，例如搭高。在搭高的过程中，不仅能训练宝宝的手眼协调能力，还能训练宝宝的手指精细动作能力。宝宝1岁多的时候，就可以玩比较复杂的积木，例如让宝宝玩有形状的积木或者用积木搭建不同的造型。宝宝的手指协调能力、空间想象能力等在游戏中就能得到训练。

★玩沙

所有的宝宝都爱玩沙、玩水。1岁半以后的宝宝已经懂得不能随便把什么东西都往嘴里塞，这时就可以提供各种小工具，如小铲、小耙、小桶等让他们玩沙了，让宝宝把沙堆砌成各种形状，充分发挥他们的创造能力。

★布娃娃

1岁半至2岁的宝宝已开始有个性了，能表达自己的喜爱和厌恶。如果有了玩具娃娃，尤其是女宝宝就可以像妈妈那样，为娃娃洗脸、穿衣、喂饭、赞扬或责备娃娃了。

★复合形状盒

复合形状盒是用来训练宝宝观察物品形状的玩具，通过这种玩具，宝宝可以认识一种形状的开口只容许同一形状的物品通过；了解生活用品各种不同的形状，而这对于1岁半以上的小宝宝较合适。

★叠杯

对一个1岁多的宝宝来说，叠杯玩具是最变幻无穷的游戏，既可叠成高塔，又可缩成一只单杯，还可把小积木或其他小东西藏在叠杯内再寻找一番。通过这类游戏，宝宝们能够知道有些东西虽然眼睛看不见，但却是实际存在的。

8. 带宝宝看病的学问

宝宝生病是不可避免的事，带宝宝看病则是门学问：医生需要从家长的叙述中，了解患儿从发病到就诊的全过程，所以，做父母的千万要重视。

★简单扼要地向医生诉说病情

医生需要了解的情况一般有：疾病发生的时间，主要症状，病情变化过程，复诊还要说明用药的效果；有时医生还要了解过去曾患过哪些疾病，打过哪些预防针，宝宝和家庭成员对哪些药物过敏。家长事先应把这些情况考虑好，主动向医生介绍。

★看病时注意防病

呼吸道传染病流行季节，最好给宝宝戴一个6层纱布的口罩，可挡住病菌。看完病回家后，成人和宝宝都要彻底洗手，给宝宝

当医生戴上听诊器开始给宝宝检查病情时，就要保持安静，以便于医生听诊。

图解育儿圣经

服药前成人也要洗手。服药后注意观察宝宝情况，如出现与原来疾病无关的情况或其他不良反应时，应立即停药，及时就诊。

★不要乱投医

宝宝看病用药后，病情的好转，要有个过程。有些家长心中无底，只要宝宝不退烧，能带宝宝去好几个医院。每到一处，医生都要从头了解病情，重新检查，过多地去医院有害无益。至于发烧是很多疾病的症状，服退热药后要多喝水才能较好地发挥退热作用，如果宝宝精神较好，没有异乎寻常的哭闹、严重的吐泻或抽风等情况就不必忙着去医院。

★就近治疗

医院是疾病患者集中的地方，医院越大，疾病患者越集中，室内环境会受到严重的污染，宝宝看一次病一般至少要在医院逗留2～3个小时，很容易通过呼吸道或直接接触等渠道感染疾病。宝宝的病，一般"伤风感冒"、"拉肚子"等常见病占绝大多数。一般医院都能诊治，没有必要舍近求远去大医院。

9. 宝宝跌伤的治疗

跌倒是宝宝常有的问题，大部分的跌倒是不会造成严重伤害的，如一些淤伤、磨擦伤等；少部分的跌倒会导致骨折、内脏器官损伤或头部外伤等。

★轻度跌伤的治疗

宝宝跌倒摔了一跤，家长应将宝宝抱起，看一看摔了什么部位？该部位能否活动？如摔了腿，但站起来后还能活动，说明未发生骨折，仅仅是表皮或软组织受伤并不要紧。可将皮肤擦破部位，用清水洗净，涂以消毒水或外敷云南白药，以消毒纱布及绷带裹好。若软组织损伤、局部肿胀、疼痛明显，需到医院拍X光片确认有无骨折，如无骨折，可

服用跌打丸、三七伤药片、云南白药、沈阳红药等药物，注意观察肿胀局部的变化，并应适当休息。

★骨折的处理方法

如发现四肢有明显肿大疼痛，运动困难或左右两侧有不对称现象，则可能是骨折，在送医前可先把受伤部位固定，以减少疼痛及预防在搬动时加深伤害，简单的方法是用一叠报纸或一个枕头，放在受伤的肢体底下，最好能包含骨折部位远端的关节，如小腿骨折，则包含整只小腿及踝关节（小腿及脚之间的关节），用绳子或粗胶带在骨折处上下侧捆绑固定。

★头部受伤的处理

是否有头部外伤是最困扰人的问题，如果跌倒后有过昏厥或意识不清的状况时，最好立刻送医检查，不能单靠有没有伤口或流血来辨别伤害的严重度，有时候有明显的伤口反而较不会有颅内出血，因为大部分的撞击力量都被外面的皮肤及组织吸收了。

★碰到钉子和铁器要引起重视

如果跌倒摔碰到钉子或铁器上，虽受伤可能不重，可能仅仅是扎了一个小口子，或伤了一点皮。但是，不能掉以轻心，要给予足够的重视。因为钉子或铁器上可能生锈，伤口有可能被破伤风杆菌污染诱发破伤风。这时候，父母应该及时带着宝宝去打破伤风疫苗。

10. 宝宝烫伤的防治方法

烫伤是宝宝的常见病多发病之一，尤以1～3岁最多。由于严重的烫伤会给宝宝遗留可怕的后果，如手指不能伸直，脚不能行走，膝、肘等关节不能伸直，五官扭曲变形等等，所以会造成宝宝终生的身心障碍。

★注意洗澡的水温

当给宝宝洗澡时，如果先放热水后加冷水，一旦父母放完热水后准备去提冷水而稍不留意，无知的宝宝就有可能不慎跌入盛有热水的盆中引起烫伤，背部、臀部、会阴部的大面积烫伤是常见的。因此给宝宝洗澡时父母一定要多加留意，应该先放冷水后再对热水。

★让宝宝远离电热源

热水瓶、电饭锅、热茶杯等不要放在宝宝能够直接或间接触及之处，有的家长以为不放在宝宝直接能触及之处就安全了，其实不然。如果放置热容器的台面上有台布，宝宝蹒跚行走时，喜欢拉扯台布以防跌倒，结果热液自头顶泼下，造成烫伤。

★小心宝宝碰翻热液

不要让宝宝独自面对热液（热汤、热粥、热奶、热洗衣粉液等），因为宝宝对周围事物很感兴趣，但手脚尚不灵活，容易碰翻热液，引起烫伤。

★宝宝烫伤后的初步处理

宝宝烫伤，父母也不必紧张，以免手忙脚乱。首先要将宝宝脱离热源，例如穿着浸透有开水的衣服应将它迅速去除，如果皮肤仅仅有点红、肿，而范围比较小，没有起水疱，可以给宝宝涂抹蓝油烃软膏即可，也可暂时代涂抹牙膏以减轻疼痛。对于面积较大的烫伤，则应用干净的被单将宝宝包裹后立即送医院诊治。

11. 智能培育与开发

智力是由思维能力、想象力、记忆力、观察力、专注力、操作能力组成。在训练宝宝的时候，要注意各方面基本能力均衡培养，比如不能忽视培养宝宝的自理能力、社会交往能力。

★语言能力训练

指出画中的东西

培养目的：要宝宝指出画中的东西，借此丰富他的知识，并提高他的语言理解能力。

步骤：

1. 一起看图，并问宝宝："公园有很多人在玩，有哪些人呢？""汽车在哪？""男孩有几个？""女孩有几个？"让他做出回答。不懂的地方，妈妈就教他。

2. 妈妈指着图，问宝宝："他们在做什么？"让他说出图中人在做何种训练。

提示：在宝宝疲倦之前停止训练。

★听觉能力训练

摸摸看

培养目的：训练宝宝听指令做动作，发展宝宝的听觉记忆能力。

步骤：

1. 妈妈念儿歌："小宝宝，真好玩，摸摸桌子（沙发、床……）跑回来。"

2. 说完"来"后，宝宝向指定地点跑去，摸摸指定的家具后再跑回妈妈的身边。

提示：

1. 先清理好屋内杂物，以防宝宝跑动时摔倒。

2. 妈妈指定的物体应是宝宝熟悉的、容易摸到的。

★计算能力训练

数一数

培养目的：培养宝宝的计算能力，提升宝宝脑数学能力。

步骤：

1. 父母可以先提问："电灯在哪里？"

2. 宝宝找着电灯后，告诉宝宝："数数看，咱们家有几盏灯？"让他自己伸出小指头一边点一边数。

3. 数完后让宝宝说出数词或量词。

4. 然后可以再提问，"椅子在哪？""玩具在哪里？"等等。

提示：在数之前可以先练习口头数。

第十七章

提高宝宝的观察力
——第22~24个月

快2岁的宝宝虽然体格方面的发育相对慢了下来，但是他在动作、智力以及语言表达能力方面却迅速发育起来。这个时候宝宝的观察力特别敏锐，宝宝用明亮的眼睛捕捉着这个世界的信息，父母的一举一动都在他的眼里；而且，随着宝宝手脚活动能力的进一步增强，他的信息量也日益增大，父母应该通过各方面的锻炼与培养，提高宝宝的观察力。

1. 宝宝的身体心理发育状况

快2岁的宝宝活泼又聪明，在智力、语言方面发育非常迅速，有的宝宝已经能说出自己的年龄，甚至见到熟人会打招呼了。

★宝宝体格发育状况

	男婴	女婴
体重	约 12.23 千克	约 11.62 千克
身长	约 89.06 厘米	约 87.42 厘米
头围	约 48.44 厘米	约 47.39 厘米
胸围	约 48.88 厘米	约 48.47 厘米
坐高	约 54.02 厘米	约 53.06 厘米
出牙	18 ~ 20 颗	

★语言发育

20 个月以后宝宝的口语词汇量突飞猛进，到 24 个月时有可能达到近千个，能叫出日常见到的大多数事物的名称，与成人交流已基本没有困难。他能准确地说出自己和爸爸妈妈的名字，自己的年龄、性别，如果你教的更多，宝宝还会记住的更多。他已经开始使用"现在"、"一点儿"、"特别"等副词，来更精确地表达自己的意思。

★动作发育

宝宝现在走路早已不成问题，跑得也比较平稳了，动作已协调了许多。而且现在他已能自己观察路线和道路情况，避开障碍，不那么容易摔跤了。如果有意识地锻炼宝宝，现在他应该已经能双脚离地跳起，多数宝宝已能自己上下楼梯。现在宝宝吃饭、喝水一般都能自理，但扣纽扣、穿衣服对宝宝来说还是件不太容易的事。

★情感发育

这时的宝宝还有一个特点，情绪波动比较大，一会儿要你抱，一会儿让你走。这时宝宝既有对亲人情感依恋的心理需要，也有独立自主的个性要求，这是造成宝宝矛盾心理的原因，使宝宝看起来有些喜怒无常。

★智力发育

2 岁的宝宝已颇具想象力，他会把所有圆圆的东西都说成像太阳，把弯弯的东西说成像月亮。宝宝的记忆力也有很大进步。已经能够理解一些抽象的概念，如今天和明天、快和慢、远和近等等，会从 1 数到 10，甚至更多。

宝宝可以扶着栏杆下楼梯了。

2. 谨防蔬菜的错误吃法

蔬菜中营养丰富，对宝宝的身体健康极为有利，但是，如果掌握不好正确的吃法，走入误区，就得不到应有的效果了。

★经常在餐前吃番茄

番茄应该在餐后再吃。这样，可使胃酸和食物混合大大降低酸度，避免胃内压力升高引起胃扩张，使宝宝产生腹痛、胃部不适等症状。

★香菇洗得太干净

香菇中含有麦角淄醇，在接受阳光照射后会转变为维生素 D。但如果在吃前过度清洗或用水长时间浸泡，就会损失很多营养成分。煮蘑菇时也不能用铁锅或铜锅，以免造成营养损失。

干香菇和鲜香菇在保健功能方面没有明显差异，但由于干香菇经过了日晒，维生素D含量要比鲜香菇高许多。

★吃未炒熟的豆芽菜

豆芽质嫩鲜美，营养丰富，但吃时一定要炒熟。不然，食用后会出现恶心、呕吐、腹泻、头晕等不适反应。

★给宝宝过多地吃菠菜

菠菜中含有大量草酸，不宜给宝宝过多吃。草酸在人体内会与钙和锌生成草酸钙和草酸锌，不易吸收排出体外，影响钙和锌在肠道的吸收，容易引起宝宝缺钙、缺锌，导致骨骼、牙齿发育不良，还会影响智力发育。

★韭菜做熟后存放过久

韭菜最好现做现吃，不能久放。如果存放过久，其中大量的硝酸盐会转变成亚硝酸盐，引起毒性反应。另外，宝宝消化不良也不能吃韭菜。

★把绿叶蔬菜长时间地焖煮着吃

绿叶蔬菜在烹调时不宜长时间地焖煮。不然，绿叶蔬菜中的硝酸盐将会转变成亚硝酸盐，容易使宝宝食物中毒。

★给宝宝吃没用沸水焯过的苦瓜

苦瓜中的草酸会妨碍食物中的钙吸收。因此，在吃之前应先把苦瓜放在沸水中焯一下，去除草酸，需要补充大量钙的宝宝不能吃太多的苦瓜。

3. 适当添加益智小食品

脑细胞的发育，需要的营养物质不外乎蛋白质、糖、脂肪、矿物质、微量元素及维生素类等。这些营养物质完全可以从宝宝的日常饮食中获得。现代营养科学研究的成果证明，以下食物具有较好的益智作用，父母常给宝宝食用，对其智力的发展有很大好处。

★能激发创造力的食品

生姜中含有姜辣素和挥发油，能够使人体内血液得到稀释，流动更加畅通，从而向大脑提供更多的营养物质和氧气，有助于激发宝宝的想象力和创造力。

★能增强记忆力的食品

黄豆含有丰富的卵磷脂，能在人体内释放乙酰胆碱，是脑神经细胞间传递信息的桥梁，对增强记忆力大有裨益。常吃胡萝卜有助于加强大脑的新陈代谢。菠萝含有很多维生素C和微量元素，且热量小，有助于提高宝宝记忆力。

★促进智力发育的食品

鸡蛋中的蛋白质，吸收率高，蛋黄中的卵磷脂经肠道消化酶的作用，释放出来的胆碱，直接进入脑部，与醋酸结合生成乙酰胆碱，乙酰胆碱是神经传递介质，有利于智力发育，改善记忆力。同时，蛋黄中的铁、磷含量较多，均有助于脑的发育。

肥胖的宝宝不宜过多进食鸡蛋。

★能提高灵敏度的食品

核桃含有较多的优质蛋白质和脂肪酸，对脑细胞生长有益。栗子含有丰富的卵磷脂、蛋白质和锌，有助于提高宝宝思维的灵敏性。

★能提高分析能力的食品

花生含有人体所必需的氨基酸，可防止过早衰老和提高智力，促进脑细胞的新陈代谢，保护血管，防止脑功能衰退，常吃花生，能提高宝宝分析问题的能力。

★能促进睡眠的食物

小米有显著的催眠效果，若睡前半小时适量进食小米粥，可帮助入睡。牛奶也有很强的催眠作用，在睡前半小时进食一杯热牛奶，会让宝宝睡得非常香甜。

4. 宝宝发脾气的应对办法

很多的妈妈都反映，宝宝2岁了，人长大了，脾气也大了，遇到不顺心的事生气，或为要达到目的时会大哭大闹，大发脾气，而自己却不知如何是好。

★营造和谐的家庭气氛

当宝宝发脾气的时候，父母应该温和地加以阻止，告诉他这么做不好，并在生活中为他做出凡事的榜样。如果宝宝开始学着控制自己的情绪，父母一定要表扬他，经过一段时间以后，他就会自然而然地成为脾气温和的宝宝了。

★别忘了夸奖你的宝宝

待宝宝哭闹的暴风雨过去，立即夸奖他终能控制住自我，而且与他开始另一种不会有挫折感的游戏。对他说："宝宝以后不要大哭大闹，妈妈还是喜欢你的，只要宝宝像现在这样听话。"由于这是你对他的哭闹首

次发表意见，会帮助他了解你刚才不理会的是他的哭闹，而不是他本人。

★不理会宝宝的哭闹

当宝宝发脾气哭闹的时候，做父母的什么也别做，让他知道哭闹既不能引起你的注意，也不能帮他达到目的。父母可以暂时走开，装作不理他的样子，把他关在他自己的房间里，或是把自己关在房间里。如果怕他发疯般哭闹，或伤害自己，可以把他关在安全的地方。只要他在哭闹，就决不理他，看也不看一眼，这对许多父母虽然难以办到，也要勉强为之，试着找点别的事做。

★宝宝发脾气时父母一定要冷静

有的父母，只要宝宝一发脾气，自己也大动肝火，父子同唱一台戏，其实这样并不能让你的宝宝停止哭闹，反而会火上浇油，很多的宝宝趁此大哭大闹，家中和谐的气氛完全被打破了。所以，宝宝哭闹的时候，父母一定要冷静。

每当吴祺宇哭闹的时候，妈妈秦珺总能够保持冷静。

5. 教宝宝学会穿衣、脱衣

2岁的宝宝应该学会自己穿衣、脱衣了，这是宝宝走向生活自理的一个重要的方面，妈妈们不要操之过急，可以先让宝宝学会脱衣，再让宝宝学会穿衣。

★先从布娃娃练习起

当宝宝表示要自己穿衣服、脱衣服的时候，可以让他用布娃娃做练习，先让宝宝分清衣服的正反面，然后给布娃娃脱去衣服，然后再穿上。他每完成一步就要表扬他，并让他有机会多练习。让他练习扣扣子，拉拉链，勾裤钩和解纽扣，最后练习系鞋带。你要有耐心，不要期望很快就能学会，因为他还小，但最终会学会的。

★从简单到复杂

在最开始，妈妈要为宝宝选择穿脱起来都很简单的服装。对宝宝来讲，有松紧带的裙子和裤子，套头衬衫既好穿又好脱，而系扣子的大衣或带拉链的滑雪服就比较难对付。当他把简单的服装应付自如后，再逐渐让他穿式样较复杂的服装。

★以妈妈为榜样

宝宝凡事都喜欢照父母的样子做。如果你一边给宝宝穿衣服，一边做示范，宝宝便会喜欢去学。这样不仅可使宝宝学会正确穿法，而且也可使他习惯自己穿衣。

★给予一定的提示

一旦发现宝宝遭遇困难，父母可以提供适时的指导与协助。比如说，教宝宝扣纽扣时，要叮嘱宝宝要从下往上扣，这样会顺手一点，并要宝宝用一只手先扒开扣眼，再用另一只手捏紧纽扣，最后把纽扣放进扣眼里。教宝宝穿袜子时，先让宝宝弄清袜跟不能穿到脚面上，而是应该正好套住脚后跟，并且帮助宝宝先把袜子卷起来，再让他把脚趾伸进袜筒内，然后一边伸一边拉袜口，这样穿起袜子来就容易多了。宝宝学得也会快很多。

让宝宝自己穿衣服，可以锻炼宝宝的动手能力与生活自理能力。

6. 在生活中培养宝宝的观察力

宝宝都很喜欢透过各种方式，去摸索、了解在他四周的人、事、时、地、物。这是年幼宝宝的共同特征，经由好奇、寻找，可以使宝宝更加了解已知与未知的世界。所以，这个时候，父母应该有意识地在生活中培养宝宝的观察能力，让宝宝充分认识这个多彩的世界。以下介绍的这几种学习方法，就是最贴近宝宝日常生活的。

★昆虫学习法

相信每个家庭中多多少少都会出现蚂蚁的踪迹，你绝对想不到这个讨人厌的小昆虫，却是训练宝宝观察力的好教材喔！因为，蚂蚁是一种相当有组织的生物，他们的分工相当精细，每只蚂蚁各司其职，家长可以在蚂蚁出入的地方，放一些饼干屑，然后和宝宝一起观察蚂蚁雄兵们把饼干屑搬入蚂蚁窝的有趣情形，这是引导宝宝最自然且最方便的教材，千万不要忽视了。

★游戏学习法

你可以让宝宝通过运用图片、卡通、玩具积木等道具来训练观察力，例如将一大堆不一样形状的积木倒在地板上，让宝宝找出同样形状的积木，并且分类放好；或是拿两张相似的图片，让宝宝找出其中细微不同的地方，这样一来不但训练宝宝的观察力，同时也培养了他的归纳以及分析力，让宝宝变成一个细心且有组织能力的人，一举两得。

★家事学习法

做家事也能够训练宝宝的观察力吗？别怀疑！在宝宝2岁的时候，已经可以开始分摊一些简单家事喽！首先，你把洗净晒干的衣物通通收进屋子里，然后请你的宝宝帮你一起做分类的工作，哪些是爸爸的？哪些是妈妈的？哪些又是自己的？别小看这些分类的工作，如果你的宝宝从小就和你一起做这

191

样的分类游戏，不但可以培养他的观察力、秩序感，还可以在无形中让他变成一个整洁且有责任感的人。

7. 在运动中让宝宝健康成长

运动是宝宝的天性。英国教育家、哲学家洛克认为：运动是通过身体对个体的全面教育。适当的身体运动，不仅促进宝宝身体的发展，而且有助于宝宝良好的情绪、心理、个性、交往能力和潜能的发展。

★弹跳——最健脑的运动

跳绳以下肢弹跳及后蹬动作为主，并带动手臂、腰部、腹部的肌群运动，促使呼吸加深加快，吸氧增多，二氧化碳排泄加速，加上绳子刺激拇指穴位，两脚心不断地被地面按摩，通过足反射区刺激大脑，思维、记忆、联想力大增。而跳绳可锻炼并提升大脑对外界信号的敏锐度与记忆力。

同时，弹跳运动对骨骼、肌肉、肺及血液循环系统都是一种很好的锻炼，从而使宝宝长得更高、更壮、更健康。此外，这种运动对人体免疫系统的重要部分——淋巴系统也很有益。这对增强宝宝对多种疾病特别是感染性疾病的抵抗力，具有重要的价值。

★攀登——促进手脚发育

让宝宝手脚并用地爬上垂直的梯子，也

张佳仪特别喜欢攀爬，这项活动能够促进她手脚的发育。

可以带宝宝外出攀登。直立行走时，人体重心在脚的支撑点上方，属于不稳定平衡，而攀登时人体重心在手的握点下，属于稳定平衡。攀登时宝宝上肢肩带的屈肌得到很好发展，身体成垂直姿势使腿部用力同行走比较接近，而腿部的力量也得到了很大的锻炼。

★游泳——最好的全身运动

游泳是一种全身运动，由于水的浮力均匀的作用于人体，所以游泳运动也不会对骨骼生长产生不利的影响，宝宝在水中憋气的本能可以很容易地学会游泳。直立的另一个条件是平衡能力。因为人体直立是重心高于支点的不稳定平衡，我们成人由于长期的使用这一姿势，形成了动立定型，感到直立行走太容易了，不需要什么平衡能力。对于宝宝来讲平衡却是直立行走的重要条件，利用宝宝的前庭反射，进行旋转练习是提高宝宝的平衡能力的好方法。

8. 发展宝宝的记忆力

记忆能力和人的其他各种能力一样，可以经后天训练而加强。宝宝正处于记忆训练最佳期，只要训练方法得当，就一定会收到意想不到的效果。

★让宝宝在丰富的联想中记忆

宝宝2岁左右的时候，对词语的记忆能力较弱，以情绪记忆、形象记忆为主。因而当爸爸妈妈让宝宝记忆儿歌、故事、字母、数字等抽象材料时，要配上图片形象、动作形象或夸张的声音形象等。比如边讲故事边做动作，或将故事画成连环画，和宝宝一起看着画面讲故事，这些都有助于宝宝对故事的记忆。还比如让宝宝记家里的电话号码，可将电话号码编成一段乐曲或一首有趣的儿歌，这样宝宝就能记得又快又牢。

★丰富宝宝的生活环境

有生活经历才有记忆，父母从小给宝宝提供丰富多彩的生活环境，给宝宝玩各种颜色、有声的、能活动的玩具，让宝宝听音乐，多与宝宝讲话，给宝宝念儿歌、诗歌、讲故事，带宝宝去公园、动物园、商店，和宝宝一起做游戏等等，这些都会在他们的脑海中留下深刻印象，能在较长时间内保持记忆。这些印象在遇到新的事物时会引起联想，也就更容易记住新的东西。

★在游戏中培养宝宝的记忆能力

年幼宝宝往往对不感兴趣的东西很难记住。因此，父母要激发宝宝的兴趣，可以通过游戏的方式来进行，如把苹果或其他有趣的物品当着宝宝的面藏起来或用布盖上，然后问"苹果哪去了？"，"咦，苹果出来了"。总之，用这些宝宝感兴趣的形式，让他在不知不觉中记住许多东西，获得许多经验，逐渐提高记忆力。

9. 宝宝蹬被子的对策

宝宝蹬被子，是件很让父母头疼的事情，尤其是到了秋冬季节，天气越来越凉，一不留神宝宝就会着凉，引起感冒、咳嗽等各种症状。那么，如何应对宝宝夜里蹬被子的问题呢？

★被子要轻柔、宽松

很多做父母的心疼宝宝，生怕宝宝晚上着凉，所以总是给宝宝盖得厚厚的，宝宝晚上睡着热，才会蹬被子。

不妨做一个实验，看什么样的被子宝宝睡觉最安稳。第一天先按你的想法盖被子，四周严实；第二天稍减一些被子，四周宽松；第三天再减一些被子，脚部更轻松一些。每天等宝宝睡熟2～4小时后观察情况，你会发现，被子越厚，四周越严实，宝宝蹬得越快。所以，建议你给宝宝少盖一些，宝宝就会把

被子裹得好好的，蹬被子现象自然消失。

★去除引起宝宝睡眠不舒服的因素

除少盖一些让宝宝舒服外，还要注意睡觉时别让宝宝穿太多衣服，一层贴身、棉质、少扣、宽松的衣服是比较理想的。此外，宝宝睡觉时还应避免环境中的光刺激，要营造安静的睡觉环境，睡前别让宝宝吃得过饱，尤其是别吃含糖量高的食物等等。总之，尽量稳定宝宝的神经调节功能，使宝宝少出汗，从而避免蹬被子。

★别让宝宝失眠

睡觉以前，尽量别让孩子看紧张刺激的卡通片或"小人书"，父母也不要在宝宝睡觉前大声说话，不要让宝宝过于兴奋。否则，往往使得宝宝睡不安稳而蹬被。如果宝宝确实有喜欢蹬被子的习惯，不妨做一个宽松带拉链的睡袋。这样可以保证不会蹬被。

10. 宝宝的用药小手册

宝宝生病时，父母都急于治病，四处求医用药，急迫的心情溢于言表。但是如果父母一不小心走进了用药的误区，就有可能带来无法挽回的后果。

★感冒时忌乱用抗生素

一般人们将抗生素类药统称为"消炎药"，但是消炎药却不等于抗生素。宝宝患感冒的原因，大多数都是病毒感染，抗生素对病毒根本不起作用。天气变化大时，应给宝宝用些中草药预防感冒，如板蓝根等。

★用药时忌半途而废

宝宝有炎症时，一些父母在用抗生素类药时，急于见到药效，用1～2天不见效果，立刻另换新药。殊不知，这样做的后果只能培养细菌的耐药性。因为无论哪种抗生素，制服细菌都有一个时间过程。

★发烧时忌乱用退热药

父母们为及时给宝宝退热，常常几种退热药一齐上。退热药吃得过多，间隔的时间太近，或不同名称的同一类退热剂重复使用，都会给宝宝带来危害。两次吃药的间隔时间应为 4 ~ 5 小时。

★喂药时的技巧

宝宝可以躺在床上，亦可抱在家长怀里，颌下围好小毛巾，使宝宝头略侧向一边。家长将药倒入勺中，一只手轻轻捏住宝宝双颊，另一只手将小勺放在宝宝口内，紧压住下齿使药液顺口角慢慢流入口中。无论宝宝怎样哭闹、挣扎，小勺始终压住下齿，不离宝宝的嘴，直到药物全部咽下。然后将勺取出，倒入少许糖水，与勺内残药混匀，再次喂入。如果动作熟练，整个过程用不了 2 分钟，同时能保证药物毫无损失地喂下去。

★以下药物要慎用

尽量避免使用的药物：氯霉素、苯乙哌啶、无味红霉素、异烟肼、萘啶酸（3 个月以内）、呋喃妥因、磺胺类（2 个月以内）、四环素类。

慎用或医生密切监护使用的药物：雄激素、含哌嗪的驱虫药、阿司匹林、多黏菌素 E、可的松类药物、萘啶酸（3 个月以上）、吩噻嗪类、磺胺类（2 个月以上）、维生素 A（大剂量）。

11. 智能培育与开发

快 2 岁的宝宝开始有了自己的思维、自己的个性和更多的自主行为，宝宝的身心发展也越来越呈现出幼儿的特征。

★语言能力训练

讲见闻
培养目的：练习宝宝连续讲述一件事情的能力，培养宝宝的语言连贯性，从而提高宝宝的语言能力。

步骤：
1. 当宝宝回到家后，父母可以启发宝宝做较完整的讲述。
2. 比如什么时候，和谁去哪里，都看见了什么，等等。
提示：一开始宝宝很可能是断断续续地讲述，父母慢慢逐步要求宝宝较完整地讲述一件事情。

★记忆能力训练

衣帽鞋袜的颜色
培养目的：采用妈妈与宝宝的衣着作为记忆材料，用宝宝感兴趣的形式，让他在不知不觉中记住许多东西。

步骤：
1. 妈妈与宝宝面对面站着，让宝宝闭上眼睛，说出你穿戴的衣帽鞋袜是什么颜色的。
2. 妈妈也闭上眼睛说出他穿戴的衣帽鞋袜的颜色。
提示：宝宝说错了妈妈要及时纠正，为了提高宝宝的兴趣妈妈也可以故意说错。

★动作能力训练

找亮光
培养目的：练习跑和动作敏捷、灵活，练习宝宝的反应能力，从而提高宝宝的右脑功能。

步骤：
1. 父母用小镜子对准太阳映出亮光在地面上。
2. 让宝宝去捕捉亮光，并用脚踩踏照在地上的亮光。
3. 开始的时候，光移动的幅度不要太大。待宝宝反应较快时再加大幅度。
提示：不要用光照射宝宝的眼睛。父母可以不断变换方位，锻炼宝宝跑的动作和反应的灵活性。

第十八章

锻炼宝宝的思维能力
——第25～27个月

对于2岁的宝宝来说，他同时具有许多明显矛盾的特点：既有依赖性，又有独立性；既可爱又可恶；既大方又自私；既成熟又幼稚。另外，他们还总是处于两个世界中：温暖安逸并且依赖父母的过去世界和充满刺激、独立自主的未来世界。由于许多令人兴奋的事情都发生在这个阶段，所以该阶段无论对父母还是对宝宝都是一个挑战。但是，这并不是一个令人讨厌的阶段，而是一个令人惊奇的阶段。

1. 宝宝的基本发育状况

满 2 岁是宝宝成长过程中的一个新的里程碑，宝宝的身心发育已越来越呈现出幼儿的特征，开始有了自己的思维、自己的个性和更多的自主行为。

由于宝宝语言能力的不足，宝宝贺瑞东在与小朋友玩耍时会使用肢体语言。

★宝宝体格发育状况

这个年龄阶段的宝宝，身长、体重均处于均衡速生长阶段，但身长增长的速度相对高于体重增长的速度，因此，即使原来是胖乎乎的宝宝，到了现在这个年龄阶段他也开始"苗条"起来了。这个阶段宝宝的体重、身长、头围及胸围的正常参考值如下：

	男婴	女婴
体重	约 12.6 千克	约 12.3 千克
身长	约 89.9 厘米	约 88.8 厘米
头围	约 48.83 厘米	约 47.51 厘米
胸围	约 49.16 厘米	约 49.06 厘米

★运动发育

运动技巧有了新的发展，不但学会了自由地行走、跑、跳、攀登台阶等，动作的运动技巧和难度也有了进一步的发展；手的精细动作也有了很大的进展，能够比较灵活地运用物体，如握笔、搭积木、自己拿勺子吃饭，甚至学会了使用筷子等。

★语言发育

能叫出日常见到的大多数事物的名称，与成人交流已基本没有困难，也开始提出更多的要求和问题。他能准确地说出自己和爸爸妈妈的名字、自己的年龄、性别，如果你教的更多，宝宝还会记住的更多。他已经开始使用"现在"、"一点儿"、"特别"等副词，来更精确地表达自己的意思。

★情感发育

现在宝宝的情绪已经很稳定了，但是他

经常会由于愿望不能满足而大声哭闹，父母在教育宝宝时要遵守"言必信、行必果"的准则，不要敷衍宝宝，也不要随时推翻自己的承诺，如果你坚持自己的原则，宝宝也会明白自己各种行为的结果。有时宝宝会表现出某种具有攻击性的行为，会打、咬、指挥身边的人，还会产生强烈的逆反心理，父母还要注意循循善诱，诱导宝宝以正确的情感、姿态和语言与他人交流。

2. 教会宝宝分清事物属性

观察力强的宝宝，其智力水平明显高于观察力弱的宝宝。观察力是宝宝心理发育的一部分，是从小培养和发展起来的，是一个逐渐累积的过程。因此从小就要培养宝宝在认识事物时去辨别事物的特性。

★观察中比较

比较观察就是教会宝宝将看到的自然现象和生活中的物品进行比较，比较两者的相同点和不同点，以此区别不同的事物。此外还可用各种图片来观察两种物品的不同，在图片观察中父母告诉宝宝图片画面中的不同。如画面上的物品是吃的还是用的？在吃的图片上哪些是水果、哪些是蔬菜？图片中的水果，苹果是什么颜色、香蕉是什么颜色？还

借助玩具使宝宝分清什么是三角形、圆形、方形等等。

可以对事物的大小、形状、长短、厚薄进行对比。

★观察中感觉

在观察事物时，教宝宝充分利用自己的各种感觉器官，通过看、听、嗅、触摸、品尝和皮肤的感觉来获得对外界事物的认识。如吃水果时，要让宝宝看看外形特征和颜色，用手摸摸表面是光滑还是粗糙，是软的还是硬的，是温的还是凉的，教会宝宝用鼻子闻一闻，用嘴尝一尝。家中买来的鱼，不仅要让宝宝看，还要让宝宝去触摸，抓一抓，然后让他说说有什么感受。

★观察中提问

在观察中，要让宝宝多提问，多问为什么？鼓励宝宝发表自己的看法，并提出新问题。同时家长也要向宝宝提问题，多问宝宝几个"知道、不知道"。要指导宝宝观察事物的规律和观察分析的顺序，培养宝宝透过事物的现象看本质，从而使宝宝的观察力得到进一步提高。还可以和宝宝比赛，看谁观察到的细节多，或谁最先找到某个目标，以鼓励宝宝的积极性。

父母必读

尽量给宝宝真实生活的感受

教宝宝认识万事万物时，要能够做到给宝宝以真实生活的感受，就不要以虚拟的事物去代替。因此，家长要舍得花时间和力气，带宝宝到公园、动物园等地方去感受真实的客观事物。

3.宝宝运动后的营养餐

运动是宝宝锻炼身体的最好的方式，但是，在宝宝锻炼之后，妈妈应该怎样为宝宝补充营养呢？宝宝在运动后怎样维持和恢复体力呢？在宝宝运动之后，为宝宝准备一份营养餐，是每个做妈妈的应该首先想到的。

★荤素搭配、营养平衡

对于那些平日运动量比较大的宝宝来说，他们需要更坚固的骨骼和强健的肌肉，来应付那些难度高、强度大的体育动作。因此，这些宝宝并不需要刻意地补充蛋白质营养品，只需要按照他们的胃口，吃荤素搭配、营养均衡的饭菜，天天再保证一两杯奶，就可以获得足够的营养素。另外，宝宝运动后肌肉酸胀、血液中乳酸水平升高，为了及时恢复身体，晚餐应当优先选择蔬菜、海藻等"碱性食品"以维持血液的酸碱平衡。

★必须补充的物质

运动需要消耗大量的能量，而脂肪和葡萄糖变成能量需要 B 族维生素的帮助，因此维生素 B_1、维生素 B_2 和烟酸消耗量很大。B 族维生素对大脑活动也非常重要，所以假如不能得到及时供给，运动之后宝宝的学习和思维能力也会下降。补充这些维生素的最好方法就是多吃粗粮和豆类，再适当吃点肉补充铁就可以了。

每当运动的时候，宝宝李宗正总是大量出汗，这时就需及时补充水分。

粗粮和豆子让宝宝运动得更欢快

人体供给最快的能量"现金"就是血液中的血糖。粗粮和豆子中的淀粉消化比较慢，不会引起血糖浓度的大起大落，能一直维持比较高的血糖浓度，其中的B族维生素可促进能量代谢，让宝贝劲头十足。

宝宝沈悦岑总爱穿妈妈的鞋，这也是很多小宝宝都喜欢做的事。

★要少量多次补充水

宝宝活动带来大量出汗，减少了尿量，较易带来体内废物的堆积，所以在运动前、运动中和运动后，宝宝都需要少量多次地补水，而且不能等到口渴才开始补充。另外，如果宝宝大量出汗，妈妈也可为宝宝准备一杯淡盐水，为宝宝补充体力。

4. 通过穿着培养宝宝的审美观

爱美之心，人皆有之。对小宝宝进行审美教育尤其重要。这是因为，他们正处于长身体、求知识的基础阶段。美育的好坏优劣也将会同智育、德育、体育一样，影响着宝宝的未来发展。

★适当允许宝宝选择衣服

此时的宝宝差不多已经有了自己的着装意识，如果妈妈想让宝宝能尽量听从自己的意见，同时又不至于打击他独立决断的积极性，可以尝试这样的做法：拿两件自己认为合适的衣服，让他来挑选——在你可以控制的范围内，宝宝自己选择要穿的衣服；平时可以和宝宝玩一些穿衣打扮的游戏，教他如何穿衣服会更舒适，会让大家都认为比较好看；给宝宝安排服饰的时候，多尝试一些花色和搭配，并且告诉他，"你穿这身衣服也特别好看！"教给他认识热爱各种颜色，培养一种健康的审美意识；在一些不伤及原则的情况下，妈妈完全可以依从宝宝的选择。但是值得注意的是，如果妈妈把握不好分寸，会养成宝宝任性的坏脾气。

★引导宝宝的穿着图案

有些宝宝对卡通人物已经开始有一定的喜好，总是想在任何时候都有属于自己的小卡通，这个时候拥有卡通图案的衣物很受宝宝的喜欢。妈妈可以给他买有这些图案的衣服，也可以和他一起把这些图案缝或印在衣服上。在适当的时候，妈妈还可以利用这些卡通人物给宝宝以正面的指导。

★忍受宝宝的创意

有时宝宝会执意戴完全和衣服不配套的帽子和饰物，在大人看来和小丑无异，生怕出门惹人笑话。但是只要不伤大雅，任由宝宝也无妨。不过，如果妈妈实在无法忍受宝宝的"创意"，那么，最好在给他买衣服的时候就提前考虑到这一点。在衣服搭配方面宝宝的知识和经验都是十分欠缺的。需要父母以自己的审美修养来加以教育、诱导和启发。

图解育儿圣经

5. 练就一个巧嘴好宝宝

很多爸爸妈妈都希望自己的宝宝能够练就一张"巧嘴"，一个"巧舌如簧"的宝宝能给家里人带来相当多的乐趣的同时，也能及时开发出宝宝自己的语言天赋。

★提供优质的语言环境

良好的语言刺激是宝宝语言发展的基础，这就需要家长创造一个优质的语言环境。有些家庭中父母、爷爷奶奶、保姆各有各的方言，语言环境复杂，多种方言并存，这会使正处于模仿成人学习语言的小宝宝产生困惑。

★尽可能提早和丰富

同宝宝说话越早，宝宝对语言的理解也相应就越早，兴趣也就越浓厚。而丰富就是和宝宝说话要多，要勤，要广，要就地取材。做到随看随说，随做随说，随发生随说。用词方面，名词、动词、形容词甚至副词、像声词都要包含其中；造句方面，陈述句、感叹句、疑问句，还有带关联词的句式要交替使用。有人认为3岁以下的宝宝只要求使用好名词、动词就可以了。其实没必要拘泥于此，这可能会大大影响宝宝的词汇量和语言的精彩程度。

2岁多的宝宝，对家里的电话比较感兴趣。大人可以利用宝宝的这个特点，用玩具电话和宝宝通话，可以逗引他说一些常用的词句，以帮助他学习语言。

★鼓励和纠正

只有充分的、热烈的、发自内心的褒奖才最具有感染力。让宝宝觉得你是从心底里为他高兴，这样他的说话积极性会越来越高的。

很多宝宝还存在着发音不准的现象，对于这种情况，父母不要学宝宝的发音，而应当用正确的语言来与宝宝说话，时间一长，在正确语音的指导下，发音就会逐渐正确。

★尽可能规范和优美

家长要用词准确，合乎语法和逻辑，这样才能给宝宝提供好的范本供他模仿；避免过多用"儿语"和宝宝交往，这样对他的语言发展没有好处。

优美就是说话时尽量带些文采。比如早晨一出门可以说"今天天气真好，阳光灿烂，蓝蓝的天上飘着一朵朵白云"。听见小鸟叫可以说"小鸟叫，啾啾啾，叫得多动听，像歌唱家在唱歌"。诸如此类，宝宝一定会大受裨益。

6. 帮助宝宝思考

年轻的爸爸妈妈都"望子成龙"，宁肯自己省吃俭用，也愿给宝宝"智力投资"，却偏偏忽视了既省钱又很重要的一个方法：帮助宝宝思考。

★多问宝宝为什么

家长可以多用疑问句问宝宝，使宝宝养成独立思考的习惯。如果宝宝不能立刻回答出来，家长不要着急，要耐心地引导、启发他。

★多让宝宝自己分析

无论遇到什么事家长都不要代替宝宝思考。宝宝做错事时，不要一味地指责训斥，可以让他自己想一想什么地方做错了，为什

爸爸赵庆磊和妈妈沈蕾非常善于营造和谐的家庭氛围，从而使宝宝赵益能享受到快乐，并形成各种良好的情绪情感。

么做错了，应该怎样做。当宝宝进一步探求事物之间的关系而提出"为什么"时，就需要根据宝宝的年龄特点、知识经验、深入浅出地给予解释，甚至有些问题可以暂时不要回答，而是提出建议，让宝宝自己去观察和动手验证，这样收效会更大。

★多鼓励宝宝

宝宝做什么事，家长都不应限制过多（不包括那些危险事情和错误的事情）。如果宝宝失败了，家长应该鼓励他，帮助他找出失败的原因，鼓励宝宝克服困难，避免失败。

★给宝宝提供和谐的氛围

幼儿期正是宝宝各种情绪情感不断涌现和发展迅速的关键期，因此，家长要为孩子提供和谐的家庭情绪氛围，让宝宝能在父母积极健康的情绪感染下自然的形成各种良好的情绪情感。父母要理解儿童的需要和情感特点，尽量以平静、公正的态度对待幼儿的愿望和要求，以理解、同情和善意的态度来分析和处理宝宝的行为问题，少用淡漠、厌弃、粗暴、过分严厉等消极态度方式来对待宝宝，以免他出现紧张、焦虑、冷漠、退缩或是粗暴、敌意、仇视、易激怒等不良情绪。

★让宝宝自己想办法

在日常生活或游戏中，无论遇到什么困难，家长首先就应该问宝宝："你该怎么办？""你有什么好办法吗？"有些家长总是迫不及待地帮助宝宝，这对培养宝宝独立思考的品质是不利的。

7. 宝宝进入"反抗期"的应对

2岁左右的宝宝开始学习思考问题，他们希望按照自己的方式做事情。此时宝宝已经进入第一反抗期，反抗是宝宝正在顺利成长的标志。

★要满足宝宝的好奇心

宝宝的叛逆行为，很多都是探索行为，要尽量满足他们的好奇心。比如说他非要到雨地里去玩，你就给他穿上鞋去玩吧，他非要扫地，就让他去扫，哪怕越扫越脏……其实宝宝的实践，也是在积累经验、体会欢乐，他得到满足了，就不爱和父母说反话了。

★利用宝宝的逆反心理

当想要宝宝去做某件事情的时候，反着说出要他完成的任务，这时候，他可能就会按照你实际的要求去做了，不仅轻松地达到了目的，而且减少了摩擦。

★采用冷处理的办法

如果宝宝说，"我要玩娃娃，不睡觉。"妈妈就说，"那你抱着娃娃躺着玩吧。"不

在反抗期的宝宝，特别喜欢按自己的主意去做。他如果在试着用积木搭一个楼，尽管搭不好，却不让大人插手，并且有时会因大人的"好心"帮忙而变得急躁起来，或干脆一把将积木推倒。

一会儿，他就闭上了眼睛。如果宝宝不听从父母的建议，不要理睬他，撤销父母对他的注意，过一段时间他就会明白这样不是吸引父母注意的好方式了。

★给宝宝两种选择

当想要宝宝去做某件事情的时候，最好给他两个选择，一个是你要他做的事情，另一个就是他不喜欢做的事情，通常宝宝都会选择你要他做的那件事情。比如说，"等你看完动画片就去洗澡，好不好。"而不要说，"不许再看动画片了。"这样宝宝会乐意听你的话。

★家长心胸开阔点

对待宝宝不要催促，不要强迫，要有一点欲擒故纵的心态，不愿意就算了，没有关系，以后机会还很多。大人在态度上随意，宝宝也就会更放松，反抗意识自然就弱了。

★掌握一些现场处理技巧

如果他在公共场合发脾气，父母应不声不响地把他抱到僻静处，然后蹲下来，平静地注视他，等待他安静下来。当父母无论怎样劝说宝宝，他仍然自作主张时，父母就要立刻走开，等他主动找你时，再和他讲道理。面对不合作的宝宝千万不要高声尖叫吓他。

8. 锻炼宝宝的思维能力

这个年龄段，宝宝的各种智力因素都呈上升趋势，缺少固有的思维定式、经验偏见，是一张白纸，可以描绘最美的图案，容易吸纳新事物。所以妈妈应该要正确锻炼宝宝的思维能力。

★提高感知和观察力

努力提高宝宝的观察能力。不断鼓励宝宝去观察、去认识、去思考、去体会，这样可扩大宝宝的印象范围，使之容易形成对事物正确的概括，以发展思维能力。

★启发宝宝积极思考

要善于给宝宝提出些小问题，让他积极运用已有的感知经验去独立思考和找答案。在宝宝思考问题遇到困难时，父母可以启发宝宝的思路。只有这样，才能真正有效地锻炼和提高宝宝的思维能力。

★培养宝宝的探索精神

宝宝好奇心比较强，喜欢"打破沙锅问到底"，这是宝宝喜欢探究和旺盛求知欲的表现。父母切不可随意禁止甚至恐吓他们，以免挫伤宝宝思维的积极性。应当因势利导，鼓励宝宝的探索精神，培养从小爱科学、勤动手、肯钻研的好习惯，从而提高宝宝的学习兴趣和思维能力。

★让宝宝畅所欲言

要鼓励宝宝敢于发表自己的看法，哪怕是错误的也应让他说完，这样的宝宝思维比较活跃，分析问题也比较透彻，对某些问题也敢于提出自己的看法，不容易受暗示。

★启发宝宝"异想天开"

在人们的长期生活过程中，所有的物品都有其常规功能。如果我们变换一个视角去思考，就可发现碗还可当乐器，暖瓶还可放

随着词汇量的扩大，宝宝吴梓严已经会运用所掌握的词汇来表达自己所有的情绪，并试探大人们的反应了。

冰。这就是"发散思维"或"求异思维"。如果在日常生活中形成了发散性的思维模式，宝宝在学习知识时就不会盲目听信，解决问题时就会思路开阔，灵活自如。

9. 打针未必比吃药好

宝宝生病了，家长很着急，很多家长要求医生给宝宝打针，以便使宝宝好得快些。其实，吃药还是打针应根据病情及药物的性质、作用来定。打针未必就比吃药好。

★输液效果不见得比吃药快

从医生的角度看，能口服吃尽量口服，实在不得已才考虑打针。口服药吸收快，一般口服后1~2小时即可使血液中的药物浓度上升，一日3~4次口服，还能使药物在血液中的浓度恒定；打针的话，一般条件下不可能一日注射3~4次；静脉注射，在药物滴入时血浓度很高，停止滴入后药物浓度迅速下降，会出现"大起大落"，对取得满意的治疗效果是有影响的。

★注射剂的不良反应较重

注射剂的不良反应通常较重，发生频率

小儿服药种类不宜过多，可用可不用的药物尽量不用。如果需要同时服用几种药物，要严格遵守医嘱将服药时间错开，以免药物在体内相互作用而产生毒副作用或降低药物的效果。

也比较高。打针痛苦大，还有可能局部感染或损伤神经（虽然几率很小），反复打针，局部会有硬结，肌肉收缩能力减弱，少数发生臀大肌挛缩症，还得要进行手术治疗。另外，宝宝经常肌内注射，还容易引起臀肌萎缩，影响宝宝行走。

★有些病必须注射给药

虽然我们认为能吃药的病就不要打针，但是有的情况是必须使用注射给药的，像患者有吞咽困难、呕吐、严重腹泻、胃肠道病变和其他类型的吸收障碍，还有在病情严重或发展迅速，需要很高的组织药物浓度做紧急治疗的情况。

★吃药能治的病尽量别打针

许多父母带宝宝看病总是要求大夫给打针。注射给药的确有作用快、用量准确、利用度高的特点。但一般多用于重症、急症或呕吐症状，以及不能口服或口服后药效降低的药物。因为它有一定的痛苦，对宝宝的精神刺激较大，同时对药品的质量、护士的注射技术和医院消毒设施要求较高，否则容易发生一定的局部损伤。静脉注射和静脉输液还有可能出现输液反应。所以说口服给药是最安全、方便和经济的，特别是对一些消化系统疾病，如肠炎和痢疾，治疗效果较好。

10. 使宝宝养成刷牙的习惯

刷牙是许多父母照顾宝宝的一大难题。因为又要让宝宝心甘情愿把牙刷伸入小小的口中，又要刷得干干净净，的确是一大考验。

★让宝宝接受刷牙

父母开始教导宝宝刷牙时，可以先选一支大小适中、软毛的儿童牙刷，市面上的牙刷颜色非常鲜艳，有些还有卡通图案，可以

宝宝从2岁半开始，父母应给孩子选用专用的牙刷，并耐心地手把手教他们掌握正确的刷牙方法。

吸引宝宝的注意力。父母每天在刷牙的时候，让宝宝也拿着自己的小牙刷在旁边观摩，随便他自己伸入口腔中比划。慢慢地，父母在他学习刷牙的动作之后，也开始教他正确的刷牙方式。

★刷牙方式

训练宝宝刷牙，一开始就应该注意掌握正确的刷牙方法，避免过多的拉锯式的横刷法。这种错误的刷牙方法不但不能把牙齿刷干净，还容易导致牙齿最薄弱的地方——牙颈部损伤，造成牙齿的楔状缺陷，把牙齿刷出一条沟来，以后使用稍硬的牙刷刷牙触及牙髓就会疼痛。这里推荐一种竖刷法：将牙刷头平行于牙面，并与牙面成45度角，然后顺着牙的长轴刷；刷上牙时从上往下刷，刷下牙时从下往上刷，刷后牙咀嚼面时，前后来回刷；里里外外都要刷到，每次3分钟。

★培养刷牙的习惯

每天坚持：在宝宝开始刷牙后，可以给宝宝一天的作息时间表中安排上刷牙这一项。坚持早晚各一遍。因为是刚开始，时间可以给宝宝留得充裕一些。

循序渐进：教宝宝自己刷牙，不要指望

一步到位，让宝宝逐渐掌握上下转动刷的动作要领。

鼓励为主：任何生活习惯的培养，都以正面引导的方式来进行，才能使宝宝愉快接纳。成人可以鼓励宝宝模仿的愿望，再加以必要的动作指导，宝宝会变得越来越能干。

11. 智能培育与开发

2岁的宝宝的左右脑发展都已经到了最活跃期，父母如果抓住这个黄金时期来开发宝宝的智力，一定会收到事半功倍的效果。

★语言能力训练

说反义词

培养目的：通过训练，初识反义词，从而提高语言反应能力，发展宝宝左脑。

步骤：

1.爸爸和妈妈做个示范：幼儿园里小朋友多，老师少；马路上梧桐树很高，桃树很矮等等。

2.然后家长说一个词，要求宝宝说有相反意思的词。

提示：鼓励宝宝进行联想，在同类东西的相比中，找出相反意思的词来表达。力求表达正确，不要过分追求速度和数量。

★感觉能力训练

找三角形

培养目的：通过让宝宝寻找所有的三角形，训练宝宝的形象认知能力，发展宝宝右脑。

步骤：

1.家长让宝宝看图形，告诉宝宝这个图形是由几个三角形组成的。

2.让宝宝仔细观察，并数一数这个图形上一共有多少个三角形。

爸爸乔冬经常陪宝宝乔依依在各种积木中寻找三角形，从而发展宝宝的形状知觉与思维分析能力。

善待宝宝的"问题"

父母不要不关心宝宝的提问，更不能简单地回答："不知道！"不耐烦、轻视、嘲讽甚至压抑宝宝的提问，必然会泯灭宝宝智慧的火花。

★ 交际能力训练

我的好朋友

培养目的：通过分享与诉说，让宝宝更进一步地了解好朋友的意义，并学习如何培养友谊和欣赏别人的优点。

步骤：

1.爸爸妈妈们可以先告诉宝宝，我的好朋友是某某某，他有长长的头发，我最喜欢听他唱歌等等。

2.让宝宝努力表达出，自己心中的好朋友，是谁，叫什么名字，为什么喜欢和他一起玩等等。

提示：通过宝宝的诉说，爸爸妈妈要加强他对朋友的概念，并学习欣赏别人的优点和如何和别人互动。

提示：宝宝把明显的三角形寻找出来时是很容易的，但由于受其他线条的干扰，寻找隐蔽的三角形就比较困难，家长应该给予提示让宝宝仔细观察。

图解育儿圣经

第十九章 开发宝宝的创造力
——第28～30个月

　　转眼之间，宝宝2岁半啦，两年多来宝宝在父母眼前发生了巨大变化，不知不觉中襁褓里的小毛头已经变成一个精灵古怪的小鬼头了。初通人事的宝宝脑子里蕴藏着无数个鬼点子，让你应接不暇。两年多的辛苦操劳现在初见成效，健康活泼的宝宝是父母得到的最大回报。在这个月里，宝宝拥有着天才般的记忆力，甚至能够达到过目不忘的境界，宝宝的创造力也在进一步增强。

1. 宝宝的各方面发育状况

每天看着宝宝成长，很难明确地表达出宝宝究竟长大了多少。但当你回头看前几个月宝宝的照片时，你会发现宝宝确实长大了，宝宝成长速度之快，是我们难以想象的。

宝宝桂云龙现在非常需要朋友，特别喜欢和其他小朋友一起做游戏。

★宝宝体格发育状况

	男婴	女婴
体重	约 13.2 千克	约 12.8 千克
身长	约 91.7 厘米	约 90.3 厘米
头围	约 49.1 厘米	约 47.7 厘米
胸围	约 49.2 厘米	约 49.4 厘米

★语言发育

"谢谢、您好、再见"等礼貌用语宝宝已经掌握了，通过日常生活中的模仿，宝宝很容易就喜欢上这些语言，他在帮你做事以后，会要求你说"谢谢"，因此在适当场合，可以鼓励宝宝主动用礼貌语言与人交流。一些简单的英语单词如香蕉、苹果、橘子等宝宝已经能正确地发音，还能说出几种喜欢的动物名称。背诵是宝宝喜爱的学习方式，诗歌中有规律的音韵和节律能帮助宝宝记忆，现在宝宝能熟练地背诵 1 ~ 2 首唐诗。

★智力发育

"多"与"少"的概念在宝宝的小脑袋里已经非常明确，如果你在他面前摆放两堆5 个以内的物品，宝宝已经能分清哪个多哪个少。宝宝现在还能用蜡笔写出 0 和 1 这两个数字，而且 0 能封口，1 能竖直。还能按秩序摆放好玩具。

★动作发育

快 2 岁半了，家里已经不能满足宝宝的活动范围，只要听到出门的指令，宝宝的积极性会极大地调动起来。有时你带宝宝外出，

宝宝会要求走马路牙，这是训练他平衡能力的好机会，大多数宝宝已经能拉着妈妈的手在马路牙上自由行走了。这个时期的宝宝已经可以说出 6 种以上的交通工具，还可以指出它们的用途，如飞机是在天上飞、轮船是在水里航行等等。

★社交能力发育

他特别需要朋友，从其他小朋友那里宝宝可以得到许多生活经验，所以宝宝特别喜欢与小朋友一起做游戏，妈妈应带宝宝走出家门，为孤单的宝宝找几个好伙伴。

2. 注意宝宝"含饭"

很多做妈妈的都反映，宝宝 2 ~ 3 岁的时候，吃饭时常常会将饭菜含在嘴里努来努去，长时间不下咽，这让很多父母都感到头疼，用什么样的办法来改正宝宝"含饭"的坏习惯呢？

★带宝宝去看医生

咀嚼能力不佳或蛀牙吃饭对于宝宝来说可真是一件痛苦的事，尤其对于咀嚼能力差或蛀牙的宝宝而言，他当然会一直含着饭不肯咬，因为一咬就痛，一痛就不敢再咬下去了。所以，父母带宝宝去看医生时，除了明白宝宝生长的情形外，还要检查宝宝有无生病状况，和他的肠胃功能或咀嚼能力是否欠佳，

如果还有蛀牙的现象也应尽早请医师治疗。

★限制宝宝进食的时间

规定宝宝在多少时间内要吃完这一顿饭，时间一到马上就收拾餐桌，宝宝饿吵着要吃点心也不要给他。父母的态度必须坚定，别担心宝宝饿一两顿就会营养不良，一旦宝宝发现父母来真的，他会越吃越好。

★让宝宝自己吃饭

当宝宝小手可以握住汤匙时，父母就应该让他自己吃饭，也许一两个星期会弄得桌上杯盘狼藉，以及满地都是饭粒，但后来宝宝会吃得跟大人一样好。自己吃饭会让宝宝有一份成就感，就不容易有含饭不咽的情形出现。

★营造吃饭的气氛

如全家人一起围桌而坐，将电视机关掉并把地上的玩具收好，然后点着柔和的灯光，大家带着愉悦的心情一起进餐；如此不但有助于建立良好的家庭气氛，也可以改善宝宝的饮食习惯。

★改变一下菜谱

为了让宝宝能喜欢吃饭，能长得高长得壮，大人们就必须花费一些心力，可以看食谱、参考别人意见或自己调配三餐，煮出色香味俱全的菜式，让宝宝喜爱吃。

宝宝赵宸现在已经迫不及待地要自己吃饭了。

专家答疑

给宝宝鼓励与赞美

当宝宝吃饭有进步时，父母就应该适时地称赞和褒奖他，让宝宝有一份成就感；而且培养宝宝有一个良好的饮食习惯，对他日后的身心发展是很重要的。

3. 宝宝也要注意防燥润肺

干燥的气候会引发宝宝许多呼吸系统的疾病，例如：哮喘、肺气肿、支气管炎等，所以，到了干燥的秋冬季节，不仅大人要注意防燥润肺，宝宝也要注意预防干燥，滋阴润肺。

★补水是关键

宝宝每天最好喝 3～4 杯开水。有条件者可以采用"五一二"法："五一"的意思是 5 个 1 杯，即早晨起床后喝 1 杯白开水，早餐时喝 1 杯豆浆，午餐时喝 1 碗汤，晚餐时喝 1 碗粥，睡前半小时喝 1 杯牛奶；"二"的意思是上、下午各喝 2 杯水。

★宝宝饮食要清淡

平时可以给宝宝多吃一些新鲜蔬菜，经常用金银花、白菊花或乌梅甘草汤等代茶喝。另外，宝宝的饮食应该注意三"少"：少放盐，盐分太多容易脱去体内水分；少热量，油炸食物热量太高，也不适合宝宝；少吃刺激性食物，葱、蒜、姜、花椒、辣椒等都属于辛辣刺激食物。

★多吃蔬菜和水果

父母可以为宝宝多选择一些寒凉多汁的蔬菜、水果。如梨、苹果、葡萄、荸荠、甘蔗、柑橘、香蕉、大枣及黄瓜、番茄、冬瓜、百合、白萝卜、胡萝卜、绿叶蔬菜等，这不但有利于各种水溶性维生素的补充，还能够增加水分的摄入。

宝宝喝水要讲究方法，不要因渴而喝，因为宝宝真正口渴的时候，表明体内水分已失去平衡，细胞开始脱水。

★滋润宝宝的嘴唇

唇部比身体其他部位的肌肤更为纤薄细嫩，极易受到伤害。妈妈可以为宝宝准备一支专用润唇膏，早、中、晚饭后，帮宝宝擦干净嘴巴，然后涂一次，到临睡前再涂一次。如果宝宝唇部非常干燥，并出现脱皮现象，妈妈可以先用湿毛巾轻擦唇部，然后把水分擦干，再涂上大量唇膏。连续护理1个星期，嘴唇就可恢复润泽。

★当心宝宝便秘

宝宝的便秘与天气干冷有很大的关系，父母要让宝宝多吃含纤维素多的食物，如韭菜、芹菜、玉米、番薯及豆类等，同时要控制肉食的进食量，促进肠蠕动，达到通便的目的。香蕉则能在短期内发挥润肠通便的作用。

4. 注意呵护宝宝娇嫩的脸

宝宝的颜面皮肤细嫩，毛细血管十分丰富，由于宝宝的脸长时间裸露在空气中，如果不好好呵护，就会产生一系列的"面子"问题，妈妈们应该引起重视。

★用清水洗脸最好

对于宝宝来说，清水其实是最好的清洁剂。宝宝每天用清水洗1～2次脸就够了，过度清洁会把起保护作用的皮脂都洗掉，宝宝反而可能出现皮肤干、裂、红、痒等症状。但要注意水温不要过高。另外，洗脸不宜用粗糙的毛巾。如用粗糙的毛巾用力给宝宝擦洗，容易损伤皮肤，也容易使皮肤变得粗糙、老化，影响面部的健美。

★不要随意捏和亲宝宝的脸蛋

大人不断捏、用力亲宝宝脸蛋，很可能会导致他们的腮腺和腮腺管一次又一次地受到撕、压、挤而导致受伤。另外，生活中，宝宝出现的种种"怪病"就与大人的"动手动嘴"关系密切，例如：流涎、口腔黏膜炎和腮腺炎等。

★不要给宝宝使用成人化妆品

也有的父母喜欢给宝宝打扮，为了让宝宝变得更漂亮，常给宝宝涂脂擦粉。由于许多化妆品含有多种化学物质和多种金属，对健康很有害，因此，为了宝宝的健康，不要给宝宝使用成人的化妆品。

宝宝的皮肤比成人的薄得多，皮肤中胶原纤维少，缺乏弹性，很容易被外物渗透和摩擦受损，因此给宝宝擦脸时千万不要用粗糙的毛巾。

图解育儿圣经

★为宝宝选择合适的护肤品

给宝宝选择面部护肤品的时候，首先要选择功能比较简单的产品，除了补水与滋润之外的功能越少越好，尤其是不要选择有杀菌等功能的，免得刺激宝宝幼嫩的皮肤，引起过敏。大型医院的儿科一般会为宝宝配制一些像维生素 E 霜或是硅霜等等，这些东西都应该在洗脸后脸上还保持一定湿度的时候用效果最好。

父母必读

不要挤压宝宝脸上的疖子

宝宝的脸上如果长了小疖子，用手挤压，容易造成小疖肿进一步感染化脓和扩散使面部肿胀，甚至发生败血症。若细菌和毒素随血液流到颅内，还会引起颅内感染，发生化脓性脑膜炎，导致生命危险。

5. 开始教宝宝识字

宝宝 2 岁半的时候，爸爸妈妈就可以开始教宝宝识字了，随着宝宝的成长，宝宝的形状知觉发展会越来越快，宝宝认识的字词也会日益增多。那么，在生活中，父母该如何教宝宝识字呢？

★为宝宝创造一个识字的环境

环境对于宝宝认识字是第一重要的。在我们的生活中，每天都会接触到大量的书面文字，都构成了宝宝识字现成而良好的环境。爸爸妈妈完全可以看到什么就让宝宝学什么，如看到来来往往的汽车就学"车"（汽车、火车、卡车、警车……）；看到树就学"树"（杨树、柳树、松树、大树……）。此外，父母也可以自己在创造出适合宝宝认字的环境，如在冰箱上、电视上贴上写着"冰箱"、"电视"这些汉语和拼音的纸片等。这些有意识的动

2岁半的宝宝王少东的成长速度之快令人惊异，随着图形识别能力的提高，妈妈吴迪已经可以教他认识汉字了。

作会让宝宝对每天接触到的东西产生字面的理解，从而加深了印象。

★在宝宝注意力集中的瞬间识字

家长可以把识字卡片带几张在身边，一有适当的机会就抽出几张叫宝宝认认读读，比如宝宝玩耍以后，四肢休息了，大脑却正想对新鲜的东西琢磨一番。这时注意力一下就集中到所识的字上，记得很快，效果最好。所以我们应经常注意捕捉宝宝注意力集中的瞬间教识字，哪怕是两三分钟或五六分钟，只要注意力能集中到所识的字上，就能收到最佳的效果。

★借助儿歌学汉字

朗朗上口的儿歌、诗歌，是宝宝喜欢并容易接受的。父母可以先教宝宝念儿歌，让宝宝把他喜欢的儿歌背出来，再慢慢地一个一个把儿歌里的汉字教给宝宝。

★识字卡片很重要

有心的父母可以自己制作许多图文并茂的识字卡片，或收集一些教宝宝识字的图片。在日常生活中，时不时地通过卡片，以游戏的方法来教宝宝认识汉字。宝宝学得轻松，父母教得也轻松，更重要的是，能加深宝宝对汉字的印象。

6. 快乐刺激的玩水游戏

> 玩水是宝宝的天性，要允许他们玩。因为玩水是宝宝的一种创造性游戏。更何况水是家家都有的，取之方便，比任何一种玩具都便宜，而且对发展宝宝的智力有帮助。家长不妨试着同宝宝一起用各种方式玩水。

★水盆里的游戏

可以用洗衣盆盛半盆水，给宝宝准备几个大小不一的小杯、小碗、小瓶，最好是塑料的，再准备几个质地不同的小玩具，如乒乓球、积木块等，让宝宝端来小椅子坐在盆边，用这些小玩具尽情玩水。可以让宝宝观察什么玩具会浮在水面上，什么玩具却沉到水里，给宝宝简单讲为什么。可以用铜版纸或锡纸叠个小船放在水盆里给宝宝玩。当然，也可以让宝宝随心所欲地游戏。如果你不希望家里"发大水"，可以给宝宝限定一个活动区域，或是在室外院子里。

★浴缸里的游戏

夏天宝宝每天都要洗澡，也不用担心洗澡时间长了，宝宝会受凉，因此可以趁此机会，让宝宝多玩一会儿水。让宝宝泡在水里体会一下浮力的作用，放进一个可漂浮的小动物玩具跟宝宝做伴，或让宝宝给玩具打点浴液"洗个澡"。也可以不放水，在浴缸中放一个小椅子让宝宝光着身子坐着玩。不妨给宝

在快乐的洗澡过程中让宝宝观察什么玩具会浮在水面上，什么玩具却沉到水里。

宝一个小喷壶或一把小水枪，不必担心喷湿什么，让他过个瘾，宝宝一定会非常快乐的。

★不分季节的玩水游戏

玩水可不受季节的限制。夏天，可利用洗澡及游泳的机会，让宝宝赤裸身体在水里高高兴兴地戏水或与小朋友一起打水仗。冬天，可以把宝宝的手和脚分别浸泡在温水盆中，不断地加入热水，让他感受不同的水温。

育儿提示

宝宝玩水时的安全维护

将宝宝放入浴缸或游泳池之前，先试探一下水温，温水（相当26~27℃）大概是最舒服的；宝宝玩水时，放水不宜过多，而且大人不能离开，以免宝宝滑倒呛水，发生危险。如果宝宝是在露天游泳池中玩水，请替宝宝抹上防晒乳液以保护其细嫩的皮肤。

7. 激发宝宝的创造性思维

> 宝宝天生爱幻想，这也是创造的原动力。创造力除了"智力"之外，还包括了5个重要的能力：敏觉力、变通力、独创力、精进力、流畅力。那么，如何激发宝宝的创造性思维呢？

★在游戏中激发宝宝的创造性思维

宝宝在头脑中先产生想法，然后通过一定的行为表现出来，与此同时，再根据自己的行为产生新的联想，进一步思考和行为……从而形成自身的创造力。所以，培养宝宝的创造力就要提高宝宝的思考能力，而思考能力的提高，是需要实践活动来促进的。俗话说心灵手巧，让你的宝宝多参加游戏，如画画、折纸、拼图、搭积木等，从中培养宝宝的创造力。

★让你的宝宝充分发挥想象力

为宝宝的想象力加油鼓掌，培养他们用独特的方法观察问题的能力。宝宝的想象能力是非常丰富的，爸爸妈妈可以有目的地进行培养。比如，妈妈可以在本子上画一片叶子，然后问宝宝这像什么，宝宝可能会答出很多稀奇古怪的答案。另外，父母也可以找出一些宝宝从来没有见到过的东西，让宝宝猜想其用途。父母放音乐给宝宝听时，可以让宝宝随意地翩翩起舞，你会发现，宝宝可以做出很多奇怪的姿态来。

★珍惜宝宝的好奇心

好奇是宝宝的特点之一，是探索知识奥秘的动力。好奇心愈强，想象力愈丰富，创造性就愈高。宝宝对许多事情都感到好奇，凡事都想弄个明白。如宝宝想知道不倒翁为什么推不倒，竟把不倒翁拆开。宝宝平时捶这打那，全是好奇心所致。好奇是探求、创造的动力源。所以家长要引导宝宝大胆去想，允许他们创造性地尝试。

★经常向宝宝提出问题

要常向宝宝发问"结果怎么样？""与什么有关系？""那么，还有什么？""然后又怎么样？"等问题，这样，宝宝自然会对所提出的问题有新的想法和思考。创造力往往就是在这一瞬间产生的。

折纸不仅可以提高宝宝的观察力、理解能力，还锻炼了手指的灵活性，发展了宝宝的目测能力。

8. 提高宝宝数学能力的建议

语言能力与数学能力是衡量宝宝智力发展的两个方面，经常有家长抱怨，宝宝话说得很好，都能背几首唐诗，但是却不能从1数到100。那么，如何提高宝宝的数学能力呢？以下有几条建议，父母可以作为参考。

★扳手指学数数

扳手指学数数虽然是古老的学数数的方法，然而它确实符合幼儿智力发展的规律。"手"和"数"有着天然的密切关系，人的双手各有5个手指，加起来共有10指，这和以10为单位的十进位法相同；而且数一个手指，曲一个指头，"数"和"手"的感觉又联系在了一起。

没有一个宝宝不是从扳手指开始学数数。

★注意日常生活中的数字

宝宝对数字的概念最初还是从印象和记忆中开始认识的。在日常生活中，有很多事物与数字有关，如电话号码、车站牌、门牌、日历等。当遇到这些类似事物时，家长可以有意强调数字，反复教宝宝说、念，让他对数先有个印象，再和他玩一些简单的数字玩具，如算盘等，教他慢慢学会从1开始数数。

★通过游戏激发宝宝对数字的兴趣

有时候，家长可以利用饼干、糖果、玩具等身旁的东西，通过游戏的划分、比较让宝宝对数字、数量产生兴趣，并给予指导。比如和他分水果：共有几个苹果，几个人分，每人几个，最大的给谁，最小的给谁等，甚至喝牛奶也可以让他分：倒入同样大的杯子，再做比较。如此这般，让宝宝在潜移默化中对数字、数量形成概念。

打电话与数学能力

在一些节假日里，你可以列出一张朋友和亲戚的电话单子，依次给他们打个问候电话。你可以拿着念号码，由宝宝拨通电话。当然，你也可以和宝宝换一下分工。或者你可以在平时多注意，让宝宝记住家里的电话和爷爷奶奶家的电话，训练宝宝记忆不规则的数字组合。

宝宝陈卓然喜欢用左手吃饭，这是由于大脑右半球占主导地位的原因，不影响宝宝以后的身体和智力发育，父母不要强行纠正。

9.让"左撇子"的宝宝自由发展

2岁半的时候，有的宝宝就已经习惯用左手绘画、写字，用左手持勺吃饭了，这让很多做父母的觉得头疼，他们总是希望纠正宝宝的"左撇子"。而事实上，我们不必强行改变宝宝的用手习惯。

★"左撇子"来自于遗传

研究证明，宝宝喜欢用哪只手是遗传决定的。如果父母两人都是左利手，那么，他们的宝宝中50%也会是左利手；如果父母中只有一人是左利手的话，那么他们的宝宝也是左利手的几率只有17%，如果他们两个人中没有一个人是左利手的话，则宝宝是左利手的可能只有2%。

★强行纠正有可能影响宝宝智力的发展

因为人的大脑功能并不是平均分布在两个半球上，会存在一个优势半球，它执行着人类大部分比较高级的功能，如左侧大脑半球为优势半球，就会习惯于用右手；但也有少数人以右脑半球为优势，造成用左手的习惯，这部分人约占总人数的10%。如果父母强行改变，虽然大多能成功，但纠正过程会比较复杂，并且一些宝宝在纠正过程中会出现语言、阅读、书写等方面的障碍，从而影响到宝宝的学习或社会交往能力发展。

★"左撇子"的优势

左撇子宝宝也有其自身优势，左撇子宝宝具有充分发挥大脑左右两区作用的能力，使他们在许多领域胜人一筹。左撇子擅长直觉思维，具有艺术天赋；在对神经反应要求很高的对抗性体育项目上，左撇子可以发挥其右脑"神经短路"的优势，快速攻击对方，出奇制胜；特别是在数学领域，左撇子更加引人注目，据美国霍布金斯大学的学者研究，在具有数学天赋的宝宝当中，左撇子几乎比常人多1倍。

图解育儿圣经

10. 宝宝长痱子后的护理

> 宝宝娇嫩的皮肤上出现密集的红色小丘疹，周围绕以红晕，而且很痒，这俗称就是痱子。宝宝长了痱子之后该如何护理呢？其实一切并不像妈妈们想的那么复杂。只要妈妈在日常生活中细心护理，宝宝就可以远离痱子的痛苦。

★注意清洁宝宝的皮肤

夏季，人体为了适应炎热的气候，皮肤的汗腺会分泌大量汗液，散发身体热量。如果汗液来不及排出去，或已经排出去的汗液来不及蒸发，堵塞了汗腺孔，就会发生炎症，长出痱子。所以，父母要加强宝宝的皮肤护理，勤洗澡，保持皮肤清洁。温热水最合适，水温太低，皮肤毛细血管骤然收缩，汗腺孔随即闭塞，汗液排泄不出，痱子加重，过热则刺激皮肤，使痱子增多。另外，如果痱子生在头颈部，就应把宝宝的头发剪短，或改变一下发型，最好将头发剃光。

★不要过量使用爽身粉

宝宝长痱子之后，不要给宝宝多搽粉类爽身护肤用品，以免与汗液混合堵塞汗腺，导致出汗不畅，引起汗腺周围炎症。可以在给宝宝洗澡或洗头时，在水中加几滴花露水，起到清凉杀菌、去痱止痒的效果。

宝宝若是生了痱子，可用西瓜的白色部分轻擦患处，非常有效。

★注意宝宝的衣着

对于已经长了痱子的宝宝，衣着应宽松、肥大，并经常更换。衣料应选择吸水、透气性能好的薄棉布。不要让宝宝长时间光着身子，以免皮肤受到不良刺激。宝宝的居室注意通风，保持凉爽，有条件的家庭应安装空调。

★宝宝长痱子的食疗办法

饮食上，应多喝清凉饮料，如绿豆汤，多吃青菜和瓜果，这样既可以消夏解暑，又可以补充水分及维生素，增加凉爽感，从而减轻皮肤的刺激症状。夏日里盛产西瓜，西瓜有清热解暑、凉血止渴的作用，西瓜皮是中药，叫"西瓜翠衣"。将西瓜皮洗净切片熬汤，或制作菜肴，长期食用，对痱子的平复也有良好的效果。

11. 智能培育与开发

> 家庭训练是一种生活中的随机教育。对于宝宝的智能的培育与开发，要与宝宝智力的发展水平相适应，关于这一点，父母千万不能忽视。

★感觉能力训练

找物训练

培养目的：训练宝宝的触觉以培养宝宝的分析判断能力。

步骤：

1.妈妈在布袋里分别放入铅笔、书、橡皮、积木等物。

2.妈妈用手蒙住宝宝的眼睛，请宝宝从布袋里摸出妈妈所要的东西。如妈妈说："我要两支铅笔"，宝宝就从布袋里拿出两支铅笔给妈妈。

提示：当宝宝找对时不要忘了给予鼓励，没有找对时父母可以在旁边进行提示。

★自理能力训练

学用筷子

培养目的：让宝宝学用筷子夹菜吃饭，培养宝宝的生活自理能力。

步骤：

1.父母先教宝宝用拇指、食指、中指操纵第一根筷子，用中指和无名指控制第二根筷子。

2.然后让宝宝用玩具筷子练习夹起盘中的带壳的花生、红枣和纸包的糖果等。

提示：父母在平常的生活中还要要求宝宝独立用筷子夹菜和扒饭，把饭吃完。

★动作能力训练

我和爸爸踢足球

培养目的：通过踢球，发展宝宝的腿部肌肉、身体平衡能力。

步骤：

1.爸爸站在一侧，双腿稍分开，胯下当做球门。

2.妈妈先拿着球，告诉宝宝训练规则。鼓励宝宝把球踢进"球门"。

3.让宝宝站在爸爸对面，距离为1米，启发宝宝将球踢进"球门"。

4.当宝宝的球进入了"球门"的话，妈妈要欢呼庆祝，激起宝宝的兴趣。

提示：如果宝宝一开始不明白的话，妈妈可以先做个示范。

宝宝徐翊宸最喜欢和爸爸一起玩踢足球游戏了。

第二十章

教会宝宝从错误中吸取经验
——第31~33个月

长大后是什么样子？每个宝宝都渴望长大成人的一天，2岁半以上的宝宝也模模糊糊地知道长大后要遵守一些规矩，知道成年人都要按规矩做事，但是他却很讨厌被规矩束缚。比如按规定睡觉前不许吃糖果，但他却哭着闹着要吃，这时，你不必感到惊讶。如果没有父母的教导，宝宝在生活中是很容易犯错误的，所以，这时候父母应该做的就是，教会宝宝从错误中吸取经验。

1. 宝宝的生长发育状况

宝宝现在对大人的标准和行为已经有了基本的意识，也开始区别对待大人和同龄人，你会发现他和其他宝宝交往可能会用更简单的语言。

★宝宝体格发育状况

	男婴	女婴
体重	约 13.6 千克	约 13.2 千克
身长	约 93.1 厘米	约 91.3 厘米
头围	约 49.3 厘米	约 48.2 厘米
胸围	约 49.4 厘米	约 49.6 厘米

★动作发育

这一阶段的宝宝，自主性很强，能控制身体的平衡和跳跃动作。跑得较稳，动作协调，姿势正确。能从一级台阶跳下来，会单脚试跳 1～2 步，能跳远。不用人扶会独自走平衡木。可有目的地用笔、用剪刀、用筷子、用杯子，能学折纸、捏面塑等用手的精细技巧。还学会了单脚蹦、拍球、踢球、越障碍、走 S 线等。

★语言发育

这一时期的宝宝大部分已经能用完整的短句子表达自己的想法；能用疑问句（妈妈，这是干什么用的？）；也能自言自语地乱说一气。对于长一点的、复杂一点的句子还会颠倒、脱漏，有时发音不清。这时周围的大人不能跟着宝宝说宝宝话，要用正确的语言、

这一时期的宝宝余植喜欢与其他的小朋友一起玩。

音调多跟宝宝讲话。另外，晚上临睡前的读故事可以变为边读边问的形式，让宝宝回答故事中的问题，让宝宝也参与进来，使他听故事的时候精神更集中、更有兴趣。

★社会发育

知道自己的性别及性的差异。知道等待、轮流，但常常不耐心。兄弟姐妹之间会比赛和产生嫉妒；比较讲道理；喜欢同别人交换东西。在这一阶段中言语的发展扩大了宝宝的社会交往能力，他已逐渐能够忍受与依赖对象（如母亲）的分离，并习惯于与同伴或陌生人交往。

2. 根据宝宝的体质选择食物

有的疾病隐患不用吃药而吃食物就能好，那可是父母和宝宝的福音。因此，父母只要了解宝宝的体质，就可以找一些食物来调理身体了。

★了解宝宝的体质

健康型：这类宝宝身体壮实、面色红润、精神饱满、胃纳佳、二便调。

寒型：形寒肢冷、面色苍白、不爱活动、胃纳欠佳，食生冷物易腹泻，大便溏稀。

热型：形体壮实、面赤唇红、畏热喜凉、口渴多饮、烦躁易怒、胃纳佳、大便秘结。

虚型：面色萎黄、少气懒言、神疲乏力、不爱活动、汗多、胃纳差、大便溏或软。

湿型：此类宝宝嗜食肥甘厚腻之品，形体多肥胖、动作迟缓、大便溏烂。

★不同体质的不同食物

健康型：饮食调养的原则是平补阴阳，食谱广泛，营养均衡。

寒型：饮食调养的原则是温养胃脾，宜多食辛甘温之品，如羊肉、鸽肉、牛肉、鸡肉、核桃、龙眼等，忌食寒凉之品，如冰冻饮料、西瓜、冬瓜等。

图解育儿圣经

热型：此类宝宝易患咽喉炎，外感后易高热，饮食调养的原则是清热为主，宜多食甘淡寒凉的食物，如苦瓜、冬瓜、萝卜、绿豆、芹菜、鸭肉、梨、西瓜等。

虚型：此类宝宝易患贫血和反复呼吸道感染，饮食调养的原则是气血双补，宜多食羊肉、鸡肉、牛肉、海参、虾蟹、木耳、核桃、桂圆等。忌食苦寒生冷食品，如苦瓜、绿豆等。

湿型：保健原则以健脾祛湿化痰为主，宜多食高粱、苡仁、扁豆、海带、白萝卜、鲫鱼、冬瓜、橙子等。忌食甜腻酸涩之品，如石榴、蜂蜜、大枣、糯米、冷冻饮料等。

 育儿提示

烹调可以不同程度地改变食物的性质

除了食物的本性以外，不同的烹调方法和烹调用料都可以不同程度地改变食物的性质。如采用炖、烤、烩、炸、烧、煨等方法，可使凉性食物变得温热；选用葱、姜、大蒜、肉桂、花椒、料酒等调料，也可改变凉性食物的性质。

3. 不要让宝宝多吃巧克力

巧克力因其细腻的口感、醇厚的口味，迷倒了众人。家长们觉得巧克力口感好、厂商们又在里面加了不同的坚果，觉得营养应该很丰富，于是乎，不限制宝宝吃。导致的直接后果就是宝宝的食欲越来越差。

★ 巧克力成分

巧克力的主要成分是糖和脂肪，因此能提供较高的热量，具有独特的营养作用。在体力活动强度较大、消耗热量较多的情况下，吃一些巧克力可以及时补充消耗，维持体力。但是巧克力的营养结构也有其不足之处，它的蛋白质和维生素含量非常少，而这些又是宝宝生长发育所必需的。因此实际上宝宝并不宜多吃巧克力，尤其是食用不当，反而会影响宝宝健康。

★ 巧克力不宜多吃

虽然巧克力的热量高，但它所含营养成分的比例，不符合宝宝生长发育的需要，宝宝生长发育所需的蛋白质、无机盐和维生素等，在巧克力中含量均较低；宝宝的生长发育需要各种营养素平衡的膳食，如肉类、蛋类、蔬菜、水果、粮食等，这是巧克力无法代替的；食物中的纤维素能刺激胃肠的正常蠕动，而巧克力不含纤维素；巧克力中所含脂肪较多，在胃中停留的时间较长，不易被宝宝消化吸收。

吃巧克力后容易产生饱腹感。如果宝宝饭前吃了巧克力，到该吃饭的时候，就会没有食欲，即使再好的饭菜也吃不下。可是过了吃饭时间后他又会感到饿，这样就打乱了正常的生活规律和良好的进餐习惯；巧克力吃多了容易在胃肠内返酸产气而引起腹痛。

★ 节制食用

父母应该选择适当的时间，有节制地给宝宝食用巧克力。比如说，每天只给宝宝吃一次巧克力，每次只一块，时间可安排在两餐之间，不要影响吃正餐。或者在宝宝大运动量活动之后，给宝宝吃一块巧克力，有助于宝宝恢复体力。特别是大人要给宝宝做出榜样，尽量当着宝宝的面不要表现出自己对巧克力的嗜好。

4. 避免食物过敏

食物过敏是指身体免疫系统对食物中无害的大分子物质（通常为蛋白质）过度敏感，会引发身体的免疫系统产生不正常或不正确的反应。

★ 食物过敏的症状

食物过敏临床常见的症状，以皮肤疹和胃肠道症状为主要表现。如荨麻疹、眼皮和嘴唇水肿（血管神经性水肿）、异位性皮肤炎的恶化、口唇周围痒和感觉异常、恶心、呕吐、腹痛、腹泻、舌头水肿、咽喉水肿，甚至可能影响呼吸。此外，也有可能引起鼻塞、喘鸣和过敏性休克的危险。

★ 食物过敏的发生时间

至于发生的时间，从食入过敏物后数分钟至数天后均有可能发生。然而大部分过敏食物会在被吃下后的 4 小时内就出现不适症状。因此病童家属及医师必须有高度警觉、细心观察，才能找出确定过敏物，以获得正确诊断与治疗。

★ 引起过敏的食物

引起过敏的食物很多，最常见的是异性蛋白食物，如螃蟹、大虾，尤其是冰冻袋装的加工鳝鱼、虾及各种鱼类、动物脏腑、蛋类、肉类等。有的蔬菜也可引起过敏，如黄豆、毛豆、扁豆等豆类，木耳、菌藻类、蘑菇、竹笋，还有香菜、芹菜、韭菜等香味菜，也可引起食物过敏。

★ 预防宝宝食物过敏

食物过敏最好的预防和治疗，是找出食物过敏的种类和避免摄取过敏食物。但是要完全避免食入过敏物，确实有困难，因此唯有保持高度警觉、细心观察、配合医师的治疗与建议、找出可能的过敏原，如此才能远离食物过敏。一般宝宝经过 1 ~ 2 年后，随着身体的强健会渐渐脱敏。但在再接触过敏食物时仍应注意，要从少量开始，并观察宝宝的反应。

5. 宝宝营养不良的信号

人们通常把消瘦、发育迟缓乃至贫血、缺钙等营养缺乏性疾病作为判断宝宝营养不良的指标。这一方法虽然可靠，但病情发展到这一步，宝宝的健康已经遭受到一定程度的损害，因此要及早发现宝宝营养不良的信号。

★ 情绪变化

大量调查研究资料显示，当宝宝情绪不佳、发生异常变化时，应考虑体内某些营养素缺乏：宝宝郁郁寡欢、反应迟钝、表情麻木，提示体内缺乏蛋白质与铁质；宝宝忧心忡忡、惊恐不安、失眠健忘，表明体内 B 族维生素不足；宝宝情绪多变，爱发脾气则与吃甜食过多有关，医学上称为"嗜糖性精神烦躁症"；宝宝固执、胆小怕事，多因维生素 A、B 族维生素、维生素 C 及钙质摄取不足所致。

★ 行为反常

宝宝不爱交往，行为孤僻，动作笨拙可能缺乏维生素 C；夜间磨牙、手脚抽动、易惊醒，常是缺乏钙质的一种信号；行为与年龄不相称，较同龄宝宝幼稚可笑，表明氨基酸摄入不足；喜吃纸屑、煤渣、泥土，此种行为称为"异食癖"，多与体内缺乏铁、锌、锰等矿物元素有关。

★ 过度肥胖

营养过剩仅是部分"胖墩儿"发福的原因。另外一部分胖宝宝则是起因于营养不良。具体说来就是因挑食、偏食等不良饮食习惯，造成某些"微量营养素"摄入不足所致。"微量营养素"不足导致体内的脂肪不能正常代谢为热量散失，只得积存于腹部与皮下，宝宝自然就会体重超标。

★ 面部"虫斑"

民间认为，宝宝脸上出现"虫斑"是肚

子里有蛔虫寄生的标志，事实并非如此，这种以表浅性干燥鳞屑性浅色斑为特征的变化，实际上是一种皮肤病，谓之"单纯糠疹"，源于维生素缺乏，同样是营养不良的早期表现。

★营养不良的治疗

宝宝营养不良的症状主要有恶心、呕吐、厌食、便秘、腹泻、睡眠减少、口唇干裂、口腔炎、皮炎、手脚抽搐、共济失调、舞蹈样动作、肌无力等。一旦发现宝宝营养不良，父母务必要在医生的指导下，调整宝宝饮食和补充营养物质，去除病因及促进消化功能的改善。

6. 维护宝宝的心理健康

现在的年轻父母，不仅关心宝宝的生长发育和身体健康，对宝宝的心理健康同样也十分重视。那么，如何在日常生活中维护宝宝的心理健康呢？

★心理健康的标准

宝宝的心理健康主要是指其合理的需要和愿望得到满足之后，情绪和社会化等方面所表现出来的一种良好的心理状态。良好的心理状态表现为：宝宝对自己感到满意，情绪活泼愉快，能适应周围环境，人际关系友

爸爸徐韦庆和妈妈王阿芳非常注重与宝宝墨墨进行温馨的身体接触。

好和谐，个人的聪明才智得到充分的施展和发挥。

★情感投资

宝宝情绪的发展具有易受感染性的特点，为使宝宝拥有良好的情绪体验，父母要做到：时时处处以自己乐观向上的情绪去感染宝宝；要对宝宝进行情感投资，和宝宝进行温馨的身体接触，一心一意地关心宝宝；要对宝宝宽严并济。

★以礼相待

民主协商型父母与独断专制型父母相比，前者培养出来的宝宝更通情达理，受同伴欢迎，能与人友好相处，乐于助人。因此父母要尊重宝宝，认识到宝宝也是一个独立的人，有自己的情感和需要；礼待宝宝，对宝宝讲文明礼貌，不打骂宝宝；当父母意识到自己对宝宝可能讲错了话、做错了事之后，要勇于向宝宝承认错误并及时道歉。

★循循善诱宝宝认识自我

宝宝是否能正确地认识自己、估价自己的能力，是其心理健康的一项重要指标。为了帮助宝宝形成良好的自我意象，保护宝宝的自尊心，提高宝宝的自我意识水平，父母应使宝宝认识到世界上只有一个"我"，塑造宝宝良好的个性品质。同时也要培养宝宝与人合作的意识，训练宝宝的合作行为，增加宝宝的合作能力。

父母必读

请勿儿权至上

如今的宝宝很容易成了家中的"小皇帝"、"掌上明珠"，久而久之，宝宝就不懂得什么是爱、什么是关心、什么是感谢，宝宝就会养成不尊重别人、很难听得进别人的意见、专断等个性。

7. 耐心教导言语粗鲁的宝宝

当宝宝语言粗鲁时，父母可能会非常吃惊，但是这很难避免，因为宝宝的学习能力强，只要他听到别人说，就会很轻易地学会。发现宝宝说粗话后，有些父母比较着急，以为宝宝学坏了，并以粗暴的方式强行禁止，可这样做是徒劳的。那么，父母该如何实施教育呢？

★ 表明你的立场

如果不能接受宝宝说的话或不能容忍他说话的语调，马上向他表明你的立场，可以这样说："我们家每个人都尊重别人，我们从不像刚才那样说话。"让他意识到这样是一个错误和不被人接受的。

★ 纠正粗鲁的语言

正在学习适当的社会行为的宝宝，还不能够理解和意识到他说出的话的影响度。通常，宝宝脱口而出的一些话，是为了保护他们自己，或者是一种笨拙的表示真实感情的方式。要注意受指责的应是粗鲁的语言，而不是宝宝本人。同时要给他重新选择的权利。你可用开玩笑的口气说："你真的要那样说吗？"如果宝宝意识到自己的错误并加以改正时，要向他表示感谢，用你的实际行动教他尊重别人。

★ 学会克制自己

小宝宝在生气、受挫折、失望或是感到无人疼爱时，就会说脏话，表现得粗野无礼，顶撞大人。通常这种极端的情绪不会持续得太久，有时大人忍不住要大发雷霆，但这种情况下最好还是克制自己，暂时不要理他。待他沉不住气主动搭讪并接近大人时，父母应抓住这个时机，指出他的错误，让他保证不再这样做。只在这个时候，父母的批评才是有效的。

★ 耐心解释

耐心向宝宝解释不礼貌的语言会给一个人带来如下伤害：它能使一个人感到很伤心、很生气。平静地向宝宝讲述他无礼顶撞时你的内心感受，让宝宝明白他伤害了你的感情。如果伤害到他人，一定要对被冒犯的那个人说声"抱歉"。将宝宝带到一旁，让宝宝明白你对他说的话的感受。问他要怎么处理这件事情。如果他不知道该怎么做，就告诉他应该说些什么。如果这些话是宝宝故意说的，就告诉宝宝该道歉，并且事后应该和宝宝谈谈。

8. 戒掉宝宝的恋物癖

对许多父母来说，要抽掉宝宝的奶嘴、旧毛毯、枕头，那可是一项艰巨的工程。善良的出发点总是换来宝宝的哭闹不休，然后又跌进妥协的深渊。究竟怎么才能改掉宝宝的恋物习惯呢？

★ 正确认识恋物癖

宝宝大部分的恋物行为只是正常需求。在宝宝逐渐走向独立的时候，这些物品是提供安全感的拐杖。不管宝宝形成恋物行为的原因是什么，只要宝宝有良好的亲子关系和依恋关系，能让宝宝时时获得安全感，很多恋物行为就不攻自破了。

★ 宽容的心态

随着年龄的增长，大部分宝宝的恋物行为会自然消失，所以爸爸妈妈不妨以宽容和理解的态度对待这个成长中的小插曲。不要因为宝宝偶尔的、短时间的一种倾向，就简单地认定他"恋物"，进而嘲笑、责骂，甚至激烈地对抗。

★ 不要轻易改变宝宝的生活习惯

如果宝宝已经建立了有规律的生活习惯，那就不要轻易改变。否则不仅习惯会被打乱，

图解育儿圣经

更重要的是，这样还容易扰乱宝宝认识世界的方式，从而产生不安全的感觉。

★多多拥抱宝宝

多拍抚宝宝的背部和头顶，以解其"皮肤饥饿"。拥抱和拍抚不是奖赏，而应该是日常的、无条件的。甚至宝宝做错事感到不安，也可以拥抱他，而且这种情况下的身体接触，比奖励性的身体接触更有意义，代表了无条件的爱和宽容。

★展现有生命的爱

慰藉物、替代物再好，也是没有生命的，无法给宝宝带来丰富的情感交流。宝宝只能通过单方面的幻想，自己对自己进行抚慰。所以爸爸妈妈要多关注宝宝，多与宝宝沟通和交流，让他感受到父母对他的关爱和重视。

9. 别让你的宝宝成为小懒虫

越来越多的妈妈在抱怨，宝宝更是经常窝在家里看动画片，哪儿都不想去，对其他游戏也不怎么感兴趣，显得很懒惰的样子。为什么越来越多的宝宝染上这种"懒惰病"？怎么让宝宝别偷懒呢？

★别忽视引起负面情绪的小事

治疗宝宝"懒惰病"最好的方式当然是带宝宝外出玩耍。如果外出总是带给宝宝一些不好的情绪体验，他对外出就不会那么热衷，甚至可能产生排斥心理。比如，将宝宝绑在汽车座椅上不能动弹，或者牵着宝宝不让他到处乱跑，将宝宝哐当放进购物车等等，这都会给宝宝带来一些不良的情绪体验，让他觉得外出实在不是那么美好的一件事情。

★邀请小伙伴一起玩耍

喜欢模仿是他们的天性，尤其模仿跟他一样大小的小伙伴，更是他满腔热情想要去做的一件事情。跟邻居或者朋友沟通，大家一起商议一些游戏活动，比如带着宝宝一起去骑三轮车等，当宝宝发现和小伙伴们在一起玩耍的乐趣，他会很快就适应这种有趣的生活，并且热衷于和他的小伙伴一起开发更多更有趣的游戏。

★为宝宝树立好榜样

统计显示，在父母不爱运动的家庭中长大的宝宝，往往也是个四体不勤的"小懒虫"。故在美国有这么一句口号：为了宝宝能爱好锻炼，您自己也必须爱好锻炼。

★经常带宝宝去一些新鲜的地方

如果总是带宝宝去一些对他来说很新奇的地方，相信他不可能对外出产生厌倦情绪。比如，如果周边有公园、游乐场，带宝宝去玩玩，别的宝宝疯玩的镜头会感染他，让他对他新处的游戏环境产生好奇，最终参与进去。

★让宝宝按照他自己的方式游戏

尽量少给宝宝不必要的限制可以防止宝宝感染"懒惰病"。宝宝天生就好动，喜欢蹦啊、跳啊、跑啊、爬啊……如果受到太多的限制，他可能就会对各种运动失去兴趣，养成懒惰的毛病。

10. 宝宝尿床的原因与防治

尿床是宝宝入睡后还不能控制排尿，从而不自觉地排尿。习惯性遗尿会使宝宝虚弱，影响身体健康和智力发育，经常尿床还会给家庭带来烦恼。

★尿床是否正常

一般说来，宝宝在1岁或1岁半时，就能在夜间控制排尿了，尿床现象已大大减少。但有些宝宝到了2岁甚至2岁半后，还只能在白天控制排尿，晚上仍常常尿床，这依然是一种正常现象。但是如果3岁以上还在尿床，次数达到每周2次以上，就不正常了。

★尿床的原因

引起尿床的原因很多，虽然有一些疾病可使宝宝患遗尿症，但对于大多数尿床的宝宝而言，尿床是一种功能性的问题，只要父母注意看护并去除生活中可能造成宝宝尿床的因素，宝宝尿床是可以纠正的。

精神因素有：宝宝入睡前玩得太累或兴奋过度；宝宝曾受了惊吓甚至是害怕尿床受到责骂等。

不良卫生习惯有：父母照顾不周；宝宝的内裤太紧、局部没有清洗尿渍刺激等。

环境因素有：突然换新环境；气候变化，如寒冷等。

★尿床的防治

从饮食方面进行调整：每天下午4：00后让宝宝少喝水，晚饭最好避免吃流质或喝很多汤，以减少膀胱的贮尿量。

养成睡前排尿的习惯：每天睡前2个小时，不要再让宝宝喝饮料或水，养成睡前把尿排净的习惯。

训练宝宝的膀胱功能：督促宝宝白天多饮水，并尽量延长两次排尿的间隔时间，促使尿量增多，训练宝宝适当地憋尿，提高膀胱控制力。

其他还有：睡前别让宝宝太兴奋；白天别让宝宝太疲劳；宝宝尿床，多些宽容；努力找出尿床的因素；治疗潜在的相关疾病。

11. 智能培育与开发

宝宝2岁半以上的这几个月，思考能力和创造能力开始发展，手部操作能力快速提高。父母可以通过各方面的训练，激活宝宝的大脑。

★语言能力训练

童谣（童诗）创作

培养目的：提供宝宝有创意的联想机会，提升语言表达的能力。

步骤：

1. 请宝宝为自己的童谣想一个主题，如下雨天。

2. 鼓励宝宝想一想，和雨天相关的事情，如大雨、小雨、青蛙叫、呱呱声等等。

3. 协助宝宝将所联想的事物联结起来，并大声朗诵出来。这样就完成了一个属于宝宝自创的童谣了。

提示：童谣没有一定的形式或长短，因此不要定规则给宝宝，以免造成宝宝的挫折感。

★动作能力训练

兔子跳圈

培养目的：练习宝宝双脚离地连续跳的能力。

步骤：

1. 在院子里用粉笔画一个圈作兔子的家。

2. 让宝宝离开圈2米。

3. 让宝宝头带小兔子头饰或者竖起两个手指放在头上代表兔子耳朵，双足离地跳跃，用双脚跳到兔子的家。

训练提示：2岁半以上的宝宝一般可以连续跳2米，不宜距离太长，以免宝宝疲劳。

★感觉能力训练

转转转

培养目的：让宝宝通过训练，开发宝宝的左脑空间想象能力。

步骤：

1. 父母把硬纸板剪成各种各样的空心的形状（高的，细长方形的，扇形的，梯形的等等）。

2. 让宝宝在棍子上套上一个环形，让它围绕着棍子转，每个环形都指导宝宝这样做。

3. 让宝宝去发现哪种形状最容易转起来。

提示：家长指导宝宝转的时候要注意力度，不要把纸板转出来。

第二十一章

在学习中促进宝宝的潜能发展与人格的完善

——第34～36个月

　　宝宝满3岁了，他无论是身体还是心智都发生了很大飞跃。从摇篮里的咿呀学语到口齿伶俐，从蹒跚学步到奔跑自如，宝宝终于迎来第3个生日。俗话说：三岁看大，七岁看老。宝宝的各方面优劣表现已经为父母所熟悉，不同的兴趣爱好和个性差异也已显露无遗。在这几个月里，父母最应该重视的是，在不断的学习中促进宝宝的潜能发展与人格的完善。

1. 宝宝的发育特点

宝宝满3岁了，这时他无论是身体还是心智都发生了很大的飞跃。俗话说：三岁看大，七岁看老。宝宝的各方面优劣表现已经为父母所熟悉，不同的兴趣爱好和个性差异也已显露无遗。

★ 宝宝体格发育状况

	男婴	女婴
体重	约 14.7 千克	约 14.2 千克
身长	约 97.2 厘米	约 96.2 厘米
头围	约 49.6 厘米	约 48.6 厘米
胸围	约 51.1 厘米	约 50.8 厘米

★ 运动发育

3岁的宝宝运动能力非常强，由于运动量大，宝宝的肌肉非常结实有弹性。现在宝宝已经具备良好的平衡能力，并会拍球、抓球和滚球，但是仍难以接住球。并能摆弄一些大纽扣、按扣和拉链。宝宝的空间感提高很快，能成功地把水和米从一个杯中倒入另一个杯中，而且很少洒出来。宝宝现在已经能自己开关水龙头洗手洗脸，吃饭时乐于为别人夹菜，会整理玩具，会自己上床睡觉，这都是宝宝自立行为的体现。

★ 智力发育

宝宝的提问更全面了，他对新鲜事物的

3岁的蒋天承越来越自立，已经能够自己在澡盆里洗澡了。

探索精神常让你疲于应付。宝宝从2岁多爱问"为什么？"，现在发展到进一步提出"是什么？""在哪儿？""怎么样？"等更深的问题，这说明宝宝的求知欲更加强烈。智力的发展与兴趣息息相关，只有宝宝对周围事物怀有极大兴趣时，才会对你刨根问底地问个没完，并在观察、学习、询问和理解的过程中完成智力发育。3岁的宝宝很喜欢猜谜语和编谜语，家长可以先编谜语让宝宝猜，然后再让宝宝自己编，让家长猜。这样轮流猜谜和编谜是发展言语和认知的良好方法之一。

★ 语言发育

语言能力发展显著，有900字的词汇；会说句子，常常自言自语；说话流利、自信；说话时用复数；能说出姓名、年龄、父母姓名、单位或住址；会背诵几首儿歌、唐诗、广告词及简单的故事。

2. 少带宝宝吃火锅

现在吃火锅不仅是一种饮食选择，也称得上一种时尚生活，火锅应当食之有度，不宜过量，尤其对消化系统还很稚嫩的宝宝而言。

★ 容易引起寄生虫病及细菌感染

涮火锅的时候，肉片是不可缺少的一道原料。无论羊肉还是肥牛，涮肉所用的肉片应该越新鲜越好。选择新鲜肉片时，要尽量切得薄一些，因为肉片如果较厚，涮锅时不易杀死寄生虫虫卵，会使潜藏于食物中的细菌、寄生虫卵随食物吞入胃肠从而导致疾病的发生，而宝宝抵抗力较差，这些细菌可能引起更严重的后果。一般来讲，薄肉片在沸腾的锅中烫1分钟左右，肉的颜色由鲜红变为灰白，才可以吃。

★ 易致溃疡和癌症

据有关部门检查发现，一些饭店中的百

图解育儿圣经

由于宝宝的消化功能还不像成人那样完善，火锅中的许多食物会造成宝宝消化不良，因此父母最好不要让宝宝吃火锅。

叶、黄喉、玉兰片等火锅涮料看起来很白，是因为使用了国家禁用的工业碱、双氧水、福尔马林等有毒物质发泡而成的。食品专家指出，双氧水能腐蚀胃肠，导致溃疡；而福尔马林则可能致癌。所以，涮火锅时一定要注意辨别涮料的质量。太白的百叶、黄喉不要吃。

★ "涮"出痛风

营养专家说，不少食客在食用火锅时喜欢味道鲜美的海鲜、动物内脏、蘑菇等食物，但实际上以动物内脏、虾、贝类、海鲜、蘑菇等为原料的火锅中都大量含有一种有机化合物"嘌呤"，可引发痛风。吃火锅时大量进食嘌呤含量高的动物内脏、骨髓、牛羊肉、海鲜、虾蟹，易导致痛风发作。肉汤内所含的嘌呤物质比正常饮食要高出30倍，易导致体内嘌呤代谢产物尿酸升高，喝酒又易使体内乳酸堆积，抑制尿酸的排出，这就是围坐火锅前开怀畅饮的人易患痛风的主要原因。

父母必读

羊肉火锅的不宜人群

"热体质"、素有痰火、感冒初期、服用泻药、急性扁桃体炎、急性咽炎、急性鼻炎、急性支气管炎、肝脏疾病及疮疖患者忌食。

3. 呵护感情脆弱的宝宝

有些宝宝，感情脆弱，遇点小事就哭鼻子。出大门同小朋友玩耍，稍稍被人呵斥一声，就会哭丧着脸回家了。这种宝宝怎么来呵护呢？

★ 培养自信心

这类宝宝很在乎别人的评价，尤其是受到嘲笑、轻视后会感到十分害怕，形成自卑脆弱、退缩逃避、气量偏小的性格。

因此家长要给宝宝营造一个宽松的环境，逐渐扩大宝宝的交往范围，尽可能地挖掘宝宝的优点，使宝宝在活动中获得最大的成功，让他有充分把握和表现自己的机会，获得他人的认可、赞美，树立自信心。

★ 降低虚荣心

现在很多的家庭助长了宝宝在物质上的虚荣心。再加上家长喜欢盲目地夸奖宝宝，使宝宝产生在精神上的虚荣心，攀比不过就容易失落。

所以家长就不要纵容宝宝的消费欲望，要培养宝宝节俭朴素的生活习惯；不要盲目表扬宝宝，使其对自己有一个客观的认识和评价，让宝宝经得起表扬也受得起批评。

每当宝宝王天享遇到挫折时，妈妈沈莉会鼓励他，把宝宝从失落的情绪中拉出来。

★赢得起也输得起

输赢乃兵家常事，可是有些宝宝赢了，他会高兴得手舞足蹈，输了，他就怨天尤人、垂头丧气，甚至自暴自弃。

因此家长首先要有一颗平常心，正确对待宝宝的输赢。当宝宝失败时，家长鼓励宝宝，把宝宝从脆弱的感情中拉出来，转移宝宝的注意力。家长能够对输赢淡然处之，宝宝对输赢的心态也就能摆正了。

★直面挫折

同样是摔跤，有的宝宝能自己迅速爬起来，拍干净身上的尘灰，继续若无其事地玩耍；而有的宝宝却只是趴在地上啼哭、伤心，这就是典型的经不起挫折。

在挫折教育上，身教重于言教，当家长受到挫折时，冷静、坚强、勇敢的心态可以潜移默化地培养宝宝直面挫折的勇气。当宝宝经过自己努力克服了一些挫折后，家长要及时赞扬宝宝，从而增强其克服挫折的自信心和意志力。

4. 和宝宝一起说真话

在宝宝的成长过程中，有一个能保护和培养宝宝说真话的环境，宝宝就会自然而然地养成说真话的好习惯，长大后定会成为一个很正派、很真诚的人，会受到人们的欢迎和尊敬。

★教宝宝说真话

父母要注意引导宝宝说真话。一个人说真话，相信别人，对生活有信心，才会问心无愧地面对各种事情，也才会得到别人的信任和理解。对父母来说，宝宝说真话，父母才能知道他们究竟在想什么，从而才能适当地给宝宝以鼓励、引导、帮助和劝阻、匡正。要是宝宝说假话成习惯，宝宝的行为就会变成当面一套，背后一套，很容易走上犯错误、

做坏事甚至违法犯罪的道路。所以，为人父母者，要教育宝宝不撒谎，说真话。

★父母必须为人师表

作为父母一定要自己首先做出榜样，无论在什么情况下，都不撒谎不作假，有一说一，说到做到，要让宝宝看到爸爸妈妈是怎么做的，并要让宝宝懂得为什么不能撒谎说假话。有些父母在宝宝不高兴的时候，或是在自己很高兴的时候，常常会"哄"宝宝，给宝宝开空头支票，许下种种并不准备兑现的诺言，这样很容易在宝宝心目中留下"爸爸妈妈说话不算数"的坏印象，从而使家庭教育失去基础，因为不被宝宝信任的父母，是没法教好宝宝的。

★要鼓励和保护宝宝说真话

父母是宝宝最信得过的人，宝宝听到什么事情或是想到什么东西，都会统统告诉爸爸妈妈。这时，不要管宝宝摩拳擦掌说的是什么，父母都要认真、耐心地听完，就是宝宝有些地方说错了，甚至使父母不愉快，父母也不要吹胡子瞪眼发脾气，而要亲切地跟宝宝交谈讨论，说自己的心里话，而不要应付、糊弄宝宝。如果宝宝因为说真话在外面吃了亏，父母应想办法帮助宝宝做思想工作，明确表示支持宝宝讲真话，鼓励宝宝做一个真诚的人，总之，不论在何时何地都要鼓励宝宝说真话。

5. 培养宝宝的动手能力

手是人重要的感觉器官，让宝宝多动手是促进智力发展的重要途径。通过手的活动，可以获取更多的外部信息，这些信息能促使大脑积极活动，促进宝宝的大脑发育，使宝宝心灵手巧。

★给宝宝创造动手环境

培养手指灵巧的动作，还可以借助于玩

由于宝宝黄天睿养成了自己动手的好习惯，因此变得越来越自信。

具。准备一些无毒而又能拆拆装装的玩具，宝宝们在玩的同时既获得快乐，又培养了动手能力。生活中，我们可以让宝宝做一些力所能及的家务事，如剥毛豆、洗手帕、扫地，不管宝宝做得怎样，我们都要支持鼓励他们，让他们越来越能干。

★培养宝宝自信的观念

宝宝既有自己动手的欲望，又有在困难时依靠父母的习惯，有些宝宝很懒惰，什么事儿都要父母做。父母要做的就是要教育宝宝树立自己动手做好宝宝的意识，树立克服困难最光荣的观念，并实际地教会他们动手的方法。告诉他们从小要养成自己动手习惯的意义。即使遇到困难，也要敢于试一试。看到宝宝有一点点进步，就要及时表扬"你真行！""你做得非常好。"有了正确的观念，取得自己通过动手获得成功的体验，宝宝就会信心百倍，坚持自己的事情自己做。

★让宝宝坚持动手锻炼

宝宝动手能力的培养，与家长的教育态度密切相关。不要对宝宝呵护太多，约束太多，我们要大胆地放手去让宝宝做，去让宝宝玩，给他们一个活动的空间。

一般来说，宝宝玩过之后，家里总会显得有点脏、有点乱，有些家长就会限制宝宝的活动，如手工剪贴之后有时地面上一片狼藉，有的家长就干脆不准宝宝剪贴。正确的做法应该是鼓励宝宝去多玩，多动手，多动脑，并让其玩个畅快。

宝宝年龄小，好奇心强，他们自己喜欢把玩具拆了，弄个明白。父母不应该害怕损坏玩具而不让宝宝拆拆玩玩，应该引导宝宝学会把被拆开的玩具复原安装。

6. 合理安排宝宝看电视的时间

目前已经有研究证实，看电视时间过长，会导致宝宝睡眠困难，并出现行为问题，同时，还会增加宝宝将来肥胖的风险。因此要合理安排好宝宝看电视的时间。

★忌时间过长

宝宝正处在身心迅速发展时期，每天长时间地看电视，容易使宝宝神经系统与机体产生疲劳，影响身心健康发展，影响学习等其他活动的正常进行。学龄前宝宝每天看电视时间最好控制在 40 分钟之内为好。

★注意保持距离

宝宝看电视 20 分钟左右，就要稍微休息片刻，否则很容易造成眼睛疲劳。切记莫让宝宝离电视过近，如果宝宝看电视坐得靠前，那么宝宝的眼睛在屏幕发出的强光的长时间刺激下，不仅容易使宝宝视觉的敏锐度与适应性降低，而且容易造成眼睫状肌调节功能的降低，晶状体逐渐变凸，导致近视出现。一般来说，看电视时，把宝宝的座位安放在距离电视机 2.5 ~ 4 米处为宜。还应注意不要躺着看电视。

★白天看比晚上看好

因为白天有自然光线做陪衬，可以起到

宝宝赵益的好奇心很强，刚开始看电视时会趴在电视上，爸爸妈妈及时纠正了他这个不好的习惯。

保护视力的作用。晚上看电视，室内光线过暗，则影响宝宝视觉功能的发展，也容易导致近视现象的出现。因此晚上和宝宝一起看电视时，不要把照明灯都关闭，在电视机后方安上一盏小红灯，可起到保护视力的作用。

★ 吃饭和饭后都不宜看电视

宝宝边看电视边吃饭或糖果、瓜子等，嘴里的食物往往咀嚼不够，容易加重宝宝的消化负担，影响消化功能。饭后宝宝即看电视，容易使宝宝的大脑兴奋中心转移，注意力高度集中于电视内容，形成消化液分泌的停滞与食物的沉积现象，影响肠胃的消化。饭后应让宝宝休息一下再看电视为宜。

7. 正面宝宝的嫉妒情绪

人天生都有嫉妒心理，宝宝从16～18个月就开始出现嫉妒表情，2～3岁时嫉妒吃醋的心理就已经很明显。宝宝会被嫉妒折腾得不高兴、不愉快，甚至担心害怕……此时父母应该对宝宝这种情绪进行正确的引导。

★ 帮助宝宝提高自我认知水平

一旦发现宝宝产生嫉妒情绪，千万不要拿宝宝的短处比他人的长处，这种比较可能严重地挫伤宝宝的自尊心，因而更进一步诱发宝宝对比较对象产生更深的敌意。如果妈妈能温和地对待宝宝，并帮助宝宝认识到每个人都有长处，也都有短处，那么宝宝就能学会客观地看待自己与他人，慢慢地摆脱他内心对别人的嫉妒情绪。

一个宽容而又十分自信的宝宝，不但不会嫉妒别的小朋友，并且还会与小朋友们和睦相处。

★ 倾听宝宝并理解他的感受

当宝宝满心嫉妒地对待他人时，不要责怪宝宝，而是要充满爱怜地将宝宝抱在怀里，耐心地听听他描述他的感受。千万不要纵容宝宝，满足他的愿望而平息他的嫉妒。

★ 减少使宝宝产生嫉妒的环境刺激

如果宝宝因为邻家小弟弟拥有某个玩具而产生嫉妒情绪，那么，妈妈可以换家里的另外一个宝宝喜欢的玩具来玩一些有趣的游戏，或者使用那种可以实现同样功能的玩具的替代品来满足宝宝的需求。

★ 和宝宝一道玩竞赛型游戏

竞赛型游戏可以为宝宝提供更多体验成功与失败的机会，经历自己不如他人时的那种来自心理上的矛盾冲突，锻炼宝宝的心理调节能力。让宝宝在玩耍中逐渐明白输赢都很正常，赢了可能会输，而输了也可能会赢的道理。

★ 让嫉妒成为宝宝进取的动力

嫉妒有它消极的一面，也有它积极的一面。有心的妈妈可以利用宝宝的嫉妒心，让宝宝摆脱嫉妒的困扰，向更好的方向发展。通过这种迂回曲折的方式，宝宝找到了一种积极地释放自己嫉妒情绪的方式，并且因此变得更加自信，更加宽容。

8. 帮助宝宝克服任性

宝宝出现任性行为，爸妈千万不能轻视或一味姑息。在反省自己的教育方式的同时，要采取措施加以纠正，让宝宝真正做到身心健康成长。

★ 说理引导

宝宝有些要求是无理的或不能满足的，

宝宝贺瑞东非常有个性，喜欢的东西抓住就不撒手，这时父母应根据宝宝的心理特点妥善处理，不宜简单粗暴。

你应赶紧利用童话、故事等方式，给宝宝讲清道理，这常常可以避免宝宝犯拧。但一定要及时，别等宝宝拧劲上来了再去说理。

★说理引导

小宝宝好胜，更喜欢"听好话""戴高帽"。在宝宝出现任性的初期，你或者顺向地夸奖他的某一长处，为宝宝"转变"找台阶，或者反向地激将，说他"不会怎样，不能怎样"，宝宝可能就来了"我能……"的劲。这样，也往往使宝宝摆脱任性的情绪状态。

★注意力转移

宝宝的注意力一般比较分散，对同一事物的兴趣持续的时间不长，很快会被其他的新鲜事物所吸引。因此，爸爸妈妈如果能抓住宝宝的这一心理特点，转移宝宝的注意力，就能够救自己脱离困境。反之，你越是不答应，他就会闹得越凶。

★不予理睬

在宝宝任性地耍脾气时，你在料定没什么"安全问题"的情况下，就可以不去理睬他，听任他闹一阵子。等他不闹了再去说理。这种方法需要你一不要太性急，二不要心太软。

★自我强化

宝宝任性的行为所导致的结果对自己也有强化作用，结果令人满意是正强化，宝宝就会继续这一行为；结果令人痛苦则是负强化，宝宝就自发地改变这一行为。利用这一规律可以矫治宝宝任性的毛病。比如，宝宝一犯拧不吃饭，拿不吃饭要挟大人。那么你就赶快收拾饭桌，让宝宝好好饿一顿。这饿肚子的感觉就是最好的负强化。

9. 培养宝宝乐观快乐的情绪

喜悦是人类发展的第一个情绪。而玩耍能够给宝宝带来最大的喜悦，从而培养宝宝乐观开朗的性格。作为父母，我们要善于引导和鼓励，帮助宝宝保持积极乐观的态度，让宝宝在快乐中玩耍，在玩耍中健康成长。

★多赞美

如果你能及时发现宝宝的优点并赞美他，比如当他画了一幅不错的画时，你能及时表扬他，而且表现得很具体："你画的恐龙尾巴真得很生动。"对于宝宝来说，这是一个很棒的礼物，他的脸上一定会绽放动人的光彩，帮助宝宝建立自信能使他以乐观的态度来面对未来新的挑战。

★幽默训练

幽默的力量是无穷的，1岁左右的宝宝已对他人的脸部表情十分敏感。在他学步摔倒时，不妨冲他做个鬼脸以表示安抚，此时他会被你扮的鬼脸引得破涕为笑。具有幽默感的宝宝大多开朗活泼。幽默还能帮助宝宝更好地应对生活和学习中的压力和痛苦，他们往往过得比较快乐，也能比较轻松地完成学业。要知道人的幽默感大约有3成是天生的，其余的7成则需靠后天培养。

宝宝袁婧雅非常喜欢运动，这将有助于她的身体和心理健康。

★建立温馨的家

建议把家变得更温馨，看来是个小问题，但对宝宝而言，这却是很重要的。家里不要乱七八糟，井井有条的家才会给宝宝带来平和与满足。需要注意的是，温馨不代表干净过头，因为舒适才是快乐的一个组成部分，而干净过头只会给宝宝带来束缚。

★多运动

经常参加体育运动不仅有助于宝宝的身体健康，还有助于宝宝的心理健康。健康强壮、体力充沛会带给宝宝良好的自我感觉，让宝宝快乐。另外，对宝宝来说，跑、跳、游泳、骑车等等体育运动本身就十分有趣，而这不恰恰就是快乐的源泉吗？

★兴趣爱好

兴趣爱好也不一定是指某种技能，例如集邮、拼图等，它们并不是某种竞技，却同样可以开发宝宝的智力，更能让宝宝学会投入的快乐。

10. 宝宝上幼儿园的准备

进入幼儿园对宝宝来说是一个必经的生活过程。因此父母在准备阶段帮助宝宝营造物有定位的环境，建立规律的作息时间，会降低宝宝入园后的焦虑，提高适应能力。

明智的父母应该为宝宝入园及早做好充足的准备，帮助宝宝更容易更迅速地喜欢上集体生活。

★宝宝心理训练

带宝宝参观幼儿园，看到其他小朋友怎么玩，让宝宝熟悉幼儿园环境；把去幼儿园当成好玩的事情，从积极的角度渗透幼儿园的概念；鼓励宝宝主动去交新朋友，和朋友分享。

★家长要有一颗平静的心

宝宝第一次离开家进入幼儿园，都会产生分离焦虑，此时家长要以平静的心态来看待宝宝的哭闹，不要充满焦虑与伤感。我就看到一些家长在教室里陪宝宝一起哭，场面就如生离死别一般，家长尚且如此，又叫宝宝如何适应新生活呢？

★要按时、准时接送宝宝

家长要尽量亲自接送宝宝，还要坚持送、按时接，这有助于班上全体宝宝情绪的稳定。否则，宝宝看到别的小朋友都回家了，会产生孤独、失落、甚至有被人遗忘的感觉，从而更怕上幼儿园。

★进行综合训练

睡眠训练：事先了解所要送幼儿园的作息规律，了解生活周期，每天带宝宝进行家庭的训练。

吃饭训练：鼓励自己吃；限定宝宝吃饭的时间，不要太慢；固定吃饭地点；不偏食不挑食。

如厕训练：自己能穿提裤子；定时排便。

表达能力训练：不舒服、想喝水等会表述出来。

穿脱衣训练等。

★其他预备

带上适合在幼儿园里穿的衣服，背带裤等不好穿脱的衣服不要带。选择比较舒适合脚的鞋，在鞋上做记号。挑选 2 ~ 3 个体积比较适中的、没有尖锐突起的、表面相对光滑柔软的玩具轮流带去。

11. 父亲也要关心宝宝成长

父亲与母亲的性别特征差异，使他在家庭教育中的角色和作用不同于母亲，是母亲不能替代的。所以，我们千万不能忽视父亲在育儿中所发挥的重要作用，每一个做父亲的，都应该努力做一个好爸爸，一个好丈夫。

宝宝韩宇庭喜欢骑在爸爸韩永强的脖子上玩，这种父子间亲密的游戏，既使宝宝感受着父爱，同时宝宝还能模仿、学习父亲的言谈举止，进一步使宝宝的运动能力得到提高。

★ 多与宝宝亲密接触

父亲应尽早地介入照料孩子的工作。在宝宝成长的过程中，父亲除了和宝宝一起游戏，如摇抱宝宝、引导宝宝爬行和走路等，还应帮助宝宝洗澡、换尿布、喂食等。这是父亲与宝宝建立良好关系的起点。做易让宝宝接近的父亲，对宝宝进行有效管理，形成权威感的重要前提是：宝宝信任你、亲近你。因为只有宝宝愿意接近你，才会坦诚与你交流。这样你才能真正地了解宝宝，并用合适的方法管教他。如果在宝宝想和父亲说话或有求于父亲的时候，父亲总是说"一边去，我正忙呢"或是"找你妈去，别烦我"，宝宝就会渐渐失去接近父亲的愿望。

★ 与妻子合作默契

养育宝宝是父母双方共同的"事业"，父母应始终保持合作，用相同的教育态度和管教方式对待宝宝。如果父亲忽略与母亲的合作，进行另一套的教育，会使宝宝无所适从，而养成一些不良的行为和个性。所以，在育儿过程中，父亲应成为妻子的精神支柱，不但可以做家务活，还可以与妻子一起，带宝宝出外游玩，营造温馨和谐的家庭气氛。

★ 不要做冷漠可怕的爸爸

有些做父亲的，常说工作忙，根本没有时间和宝宝交流。有的父亲虽然参与管教宝宝，但是过于严厉，让孩子感到害怕，也会失去孩子的亲近。这样的后果是父子间难以相互理解，最后往往会不知不觉地在父子之间产生一条无法逾越的鸿沟。因此，不要做冷漠可怕的爸爸，在宝宝成长的过程中，爸爸应该经常抱宝宝，和他玩，与他交流，不但会让宝宝长大后与爸爸更加亲密，还会促进宝宝在各方面的健康发展，培养出健康、开朗、性格好的孩子。

★ 做宝宝最初的偶像

经常参加体育运动不仅有助于宝宝的身体健康，还有助于宝宝的心理健康。健康强壮、体力充沛会带给宝宝良好的自我感觉，让宝宝快乐。另外，对宝宝来说，跑、跳、游泳、骑车等等体育运动本身就十分有趣，而这不恰恰就是快乐的源泉吗？

★ 做一个"绿色"父亲

烟酒的危害已为多数人所了解，如果父

父子间的游戏更有利于宝宝的成长

父子间的游戏比母子间的游戏有更多的身体活动，游戏的方式也更为刺激。例如，在婴幼儿期，父亲常常带宝宝做"乘飞机"游戏，让宝宝在父亲的大手中晃，体验"飞"的感觉。宝宝大一些，父亲在游戏中能高举宝宝旋转，或与宝宝追逐打闹。在这些活动中，宝宝的运动能力得到了提高。

亲吸烟，就会使你的妻子和宝宝成为被动的吸烟者，给宝宝的身体健康带来极为不利的影响；如果父亲酗酒，会给宝宝幼小的心灵带来阴影，影响宝宝的成长。所以，为了宝宝成长，每一个做父亲的都应该学做"绿色"父亲，不吸烟，不酗酒，养成良好的生活习惯。另外，爸爸们下班回来的时候，是否想抱一下，亲一下你的宝宝呢？但是在你要直接接触宝宝之前，首先注意一下清洁，因为这时候你的身上沾了很多的细菌与灰尘。为了抵抗力低的宝宝，为了保护他不被细菌感染，请先将你的手洗干净之后，再与宝宝接触。

12. 智能培育与开发

　　智力的发展与兴趣息息相关，只有宝宝对周围事物怀有极大兴趣时，才会在观察、学习、询问和理解的过程中完成智力发育。所以，在开发宝宝智力的时候，也要注意引起宝宝的兴趣。

张佳仪是一个很勤劳的小宝宝，她喜欢模仿妈妈扫地的动作。

★语言能力训练

　　心情日记

　　培养目的：通过记录的方式，让宝宝探索自己的内心世界，学习和自己交谈。

　　步骤：

　　1.帮助宝宝准备用品，并说明使用方法，在宝宝开始时，可以指导宝宝来做。

　　2.请宝宝每天用画画或用笔记录的方式，或是用录音的方式记录自己想要表达的事情，如今天很快乐，为什么感到快乐等等。

　　提示：最好持之以恒，直到宝宝养成习惯，有助于帮助宝宝了解自己并抒发情绪。

★动作能力训练

　　小帮手

　　培养目的：初步培养劳动习惯和劳动能力，增加宝宝的生活自理能力，发展其左脑。

　　步骤：

　　1.洗手帕：给宝宝一块手帕，家长做示范，让他学着洗，告诉宝宝手帕的用处。

　　2.扫地、擦桌子：给宝宝一把小扫帚，帮助他模仿家长扫地的动作，或给他一块小抹布，让宝宝学着擦桌子。

　　提示：宝宝做家务时可能给家长帮倒忙、添乱，不要因此责备宝宝阻止宝宝，以免挫伤宝宝帮家长做事的热情。

★交际能力训练

　　红绿灯

　　培养目的：让宝宝了解交通规则（红灯停，绿灯行），并学会按信号做动作。

　　步骤：

　　1.活动前家长与宝宝商量开到什么地方去。

　　2.爸爸或者是妈妈扮演"警察"，"警察"手拿红绿信号灯指挥交通。

　　3.宝宝当"司机"开着汽车，红灯时停车，绿灯时行驶。

　　提示：爸爸妈妈和宝宝可以交换角色。